정보화시대 국방개혁의 이론과 실제

박 휘 락

法 文 社

추천의 글

우리 민족은 예로부터 평화애호 민족이었다. 그러나 평화는 사랑한다고 하여 주어지는 것이 아니다. 우리 민족은 무엇보다 통일을 희구하여 왔다. 그러나 통일은 희망만으로 달성되는 것은 아니다. 평화론을 제창하는 것이 오히려 평화를 위태롭게 할 수 있고, 통일론에 심취하는 것이 통일을 멀게 만들 수 있다. 누구나 잘 알고 있듯이 평화와 통일을 실제로 구현되도록 하는 것은 바로 국가의 힘이고, 그의 핵심은 바로 국방이다.

새로 출범한 이명박 정부는 한국의 "선진화"를 기치로 한국의 도약을 추진하고 있다. 그러한 선진화에서는 국방분야도 예외일 수 없다. 선진화를 위한 개혁을 통하여 국방분야도 현 시대가 요구하는 방향으로 전쟁억제와 유사시 전쟁승리를 보장할 수 있어야 한다. 정보화시대에 요구되는 다양한 위협에 효과적으로 대응할 수 있어야 하고, 군사력 증강과 국방운영에 있어서 효율성을 강화할 수 있어야 하며, 군민간의 일체감을 보장하여야 한다. 이로써 국가와 국민의 안전을 보장하고, 한국의 선진화를 위한 기틀을 제공하며, 나아가 한반도의 평화와 통일을 힘으로 보장할 수 있어야 한다.

이러한 점에서 국방대학교 박휘락 대령/교수의 국방개혁에 대한 분석과 의견은 시의적절하고 활용성이 크다고 판단된다. 반복적인 노력에도 불구하고 지금까지 추진한 다수의 국방개혁들이 이룩한 성과가 불확실하다는 측면에서 본서에서 제시하고 있는 국방개혁의 성공을 위한 이론과 실제에 관한 내용은 국방을 담당하고 있는 정책결정자 및 실무자, 모든 군인, 그리고 국방에 관심을 갖고 있는 국민들도 일독할 가치가 있다고 판단된다. 그리고 본서에서 분석하고 있는 개혁의 방법론은 다른 분야의 개혁에도 유용하게 적용할 수 있을 것으로 판단된다.

동일한 내용으로 경기대학교 정치전문대학교에서 박사학위를 취득할 때 지도한 교수로서, 이번 기회를 통하여 책자화된 것을 다행스럽게 생각하면서, 많은 제위들이 읽어서 대한민국의 선진화와 국방개혁의 성공에 도움이 되기를 바라는 마음으로 추천하고자 한다.

2008년 2월

경기대학교 정치전문대학원

교수 남 주 홍

감사의 글

새로운 정부의 출범과 더불어 선진화를 통한 비약을 추구하고 있는 한국의 입장에서는 국방개혁도 성공시켜야 하는 핵심적 과제 중의 하나이다. 국가에 대한 안보 위협이 복잡하고, 국방개혁 2020이 법제화되어 이미 시작된 상황에서는 더욱 그러하다. 이 책자가 국방개혁의 지속적인 추진과 성공에 조그마한 보탬이 되었으면 한다. 그리고 노력하는 모습을 통하여 맡은 바 분야에서 꾸준하게 정진하고 있는 후배들에게 작은 귀감이나 격려가 되었으면 한다.

30년 이상을 군문에 몸을 담아온 것은 분명한 것 같은데, 그동안 군대에 기여한 것이 별로 없을 뿐만 아니라 군대에 관해서 아는 것도 별로 없는 것 같아서 부끄럽고 아쉽다. 가끔은 내가 군인이 맞는가하는 의심도 든다. 스스로의 의심을 떨치고자 군사적인 사항의 연구에 의도적으로 노력하고 있고, 그것이 나를 성장시켜 준 대한민국 국군에게 감사하는 길이라고 생각한다. 그의 일원으로서 전체 군대 및 육군에게 감사하고, 특히 지금 몸담고 있는 국방대학교, 과거에 근무했던 국방부, 육군본부, 한미연합사령부, 육군교육사령부, 육군사관학교, 그리고 2사단, 28사단, 15사단, 33사단 등의 부대와 그 당시 함께 땀을 흘렸던 동료들에게 이 자리를 빌어서 감히 감사드리면서, 애정과 의리를 간직하겠다는 마음을 전하고 싶다.

'가을 보리'의 씨를 뿌릴 수 있도록 배려해주신 국방대학교의 이상태 총장님과 정동환 총장님, 그리고 박사 논문을 지도해준 남주홍 교수님께 감사드린다. 경기대학교 정치전문대학의 조성환, 박상철, 차재훈, 김현기, 류재갑 교수님께 감사드리고, 박사논문을 심사해 주신 한용섭, 김영호 교수님께도 감사드린다. 전수받은 학식은 물론이고 진심어린 지도와 애정에 깊은 고마움을 전하고 싶다. 한솥밥을 먹고 있는 국방대학교 군사전략학부 동료 교수님들께도 그 인연과 이해에 관하여 감사드린다. 그 외 많은 선배, 동료, 후배님들의 질정과 격려에 대해서도 이 기회를 통하여 감사를 표하고자 한다.

동반자이자 안식처였던 아내, 친가 및 처가의 어른 및 족하들, 그리고 바르게 자라고 있는 지윤과 성호에게 작은 기쁨으로 느껴졌으면 한다.

2008년 2월 1일

박 휘 락

차　　례

제 1 장 서 론

I 국방개혁에 관한 시대적 배경

1. 안보 패러다임의 전환

이미 상식이 되었을 정도로 보편적이고 단순한 국제정치의 두 가지 시각은 이상주의(Idealism)와 현실주의(Realism)이다. 이상주의는 인간을 착하고 선한 존재로 인식하는 가운데, 조화, 공존, 평화를 중시하고, 이성적인 측면에서 옳거나 바람직한 국제질서를 추구하며, 국가 및 인간 간의 협력을 통하여 그러한 옳거나 바람직한 국제질서를 만들 수 있고 만들어야 한다는 점을 강조한다. 대신에 현실주의는 인간을 악하고 탐욕스러운 존재로 인식하는 가운데, "만인에 의한 만인의 투쟁"과 같은 정글법칙이 적용되는 것으로 국제사회를 인식하고, 옳거나 바람직하다는 구분에 얽매이거나 그러한 국제질서를 만들어야 한다는 데도 집착하지 않으며, 있는 그대로의 국제질서를 수용하는 가운데 문제점을 감소시켜 나가는 정도에 만족한다. 국제정치에서 이상주의는 외교나 협력의 강화를 주장하고, 현실주의는 갈등과 투쟁의 현실성을 강조한다고 할 수 있다.

이상주의와 현실주의의 2분법을 바탕으로 하면서도 현 국제질서의 발전을 도모하기 위한 융통성있는 대안으로 최근 국제사회에서는 '공동안보'(common security), '협력안보'(cooperative security) 등의 용어가 빈번하게 사용되고 있고, 부잔(Barry Buzan)은 '국제안보'(international security)라는 개념을 통하여 국제체계(international system)를 중심으로 한 국가간 상호작용의 중요성을 강조한 바 있으며,1) 하프텐돔(Helga Haftendom)은 '국가안보'(national security), '국제안보'(international security), '지구안보'(global security)라는 새로운 구분의 패러다임을 강조하고 있다.2) 용어가 의미하는 바대로 국가안보는 국가중심의 안보를, 국제안보는 국가 간의 협력을, 그리고 지구안보는 전 지구적 안보공동체를 강조하는데, 앞으로는 국가안보에 집착해서는 곤란하고 궁극적으로는 지구안보, 최소한으로 국제안보를 지향할 필요가 있다고 강조한다. 이러한 패러다임들을 비교하면 <표 1-1>과 같다.

〈표 1-1〉 국제정치 안보 패러다임의 비교

	국가안보	국제안보	지구안보
사상적 기원	홉스	그로티우스	칸트
행 위 자	국가	국가제도	국가제도
국제체제	무정부적 국가체제	연합적 국가체제	연방적 국가체제
안보속성	안보의 절대성	안보의 상대성	안보의 보편성
결 과	안보 딜레마	지역적 안보공동체	지구적 안보공동체

출처: 이수형 · 전재성, "국제안보 패러다임의 변화와 동북아 안보체제," 『국방연구』, 제48권 제2호 (2005. 12), p. 79.

즉 국가안보 패러다임은 근대 유럽국가들 간의 패권 경쟁, 두개의 세계대전, 냉전(cold war)에 적용되어온 전통적인 안보개념과 같이 국

1) 국제안보에 관해서는, Barry Buzan, *People, States and Fear: An Agenda for International Security Studies in the Post-Cold War Era*, 김태현 역, 『세계화시대의 국가안보』(서울: 나남출판, 1995); 국제체계에 관해서는 Barry Buzan and Richard Little, *International Systems in World History* (New York: Oxford Univ. Press, 2000).

2) Helga Haftendom, "The Security Puzzle: Theory-Building and Discipline-Building in International Security," *International Studies Quarterly*, No. 35 (1991), pp. 3-17. 이수형 · 전재성, "국제안보 패러다임의 변화와 동북아 안보체제," 『국방연구』, 제48권 제2호 (2005. 12), p. 73에서 재인용.

제관계를 제로섬 게임으로 인식하고 있고, 현실주의적 국제정치이론과 일맥상통한다. 지구안보 패러다임은 이상주의의 논리와 일맥상통한다고 볼 수 있는데, 세계는 너무나 긴밀하게 연결되어 있어 개별국가 간의 협력으로는 분쟁을 예방 및 해소하기가 어렵고, 결국 전 지구적인 차원에서 안보협력체제가 수립되어야 한다는 입장이다. 국제안보 패러다임은 국가안보의 부작용을 완화시키고 지구안보 패러다임으로의 전환을 모색하는 중간적인 입장으로서, 이상을 추구하면서도 현실의 제한사항을 인정하여 다수 국가 간의 안보협력체제나 제도를 통한 타협적이고 점진적인 구현을 중요시한다. 그리고 국가별로 차이가 있기는 하지만 최근에는 국제안보나 지구안보로 전환되어 가는 양상을 보이고 있고, 2001년 9월 11일 미국에 대한 항공기테러 이후에는 그 필요성이 더욱 강조되고 있다고 할 것이다.

이러한 패러다임의 전환에 따라 국방에 관한 접근시각도 변화될 필요가 있다. 국가의 안전을 보장하기 위한 전통적인 방법은 어떤 상황에서든 충분한 군사력을 유지하는 것이지만, 이렇게 될 경우 상대방의 경계심을 자극하여 국가안보 패러다임으로 복귀할 가능성이 있기 때문이다. 국제안보나 지구안보의 구현을 위해서는 가급적이면 군사적인 방법의 사용이나 그에 대한 의존도를 최소화할 필요가 있다. 따라서 대부분의 국가들은 군대의 외형적인 규모를 감축하거나 전쟁 이외의 작전에 대한 군대의 적극적인 활용을 강조함으로써 국제안보와 지구안보의 패러다임에 적응함과 동시에 질적인 정예화를 병행함과 더불어 예상과 다른 상황이 발생하였을 경우를 대비하고 있다. 그리고 이것이 바로 현 시대에 각국이 추진하고 있는 '국방개혁'의 근본적인 배경을 이루고 있다.

2. 위협의 다양화와 정보화

모든 조직은 외부환경의 변화에 효과적으로 적응하고 내부 역량의 충실을 보장하고자 지속적인 노력을 기울이게 되는데, 공조직의 경우에는 민간조직에 비해서 변화에 대한 적응의 기민성이 떨어지기 때문에 변화의 요구가 충분히 누적된 이후에야 '개혁', '혁신', '개선' 등의 용어를 통하여 집중적인 변화를 추진하는 경우가 많다. 특히 국방조직의 경우에는 임무가 워낙 막중하고 그 규모가 방대하여 적응의 기민성이 더욱 떨어진다. 군대의 경우 오래 전에 냉전이 종료되었고, 정보화시대가 개막된 이후에도 상당한 시간이 흘렀지만, 이에 대한 적응 노력은 그다지 활발하지 않은 수준이다. 따라서 통상적인 '발전'보다 변화의 속도와 폭이 큰 '개혁'과 같은 집중적인 노력을 통하여 현재까지 누적되어온 시대적 변화 요구에 부응할 필요가 있는 상황이다.

현대의 군대는 국가에 의한 전통적(traditional) 위협뿐만 아니라, 비정규적(irregular), 재앙적(catastrophic), 붕괴적(disruptive) 위협 등 현대에 들어서 예상되고 있는 모든 위협에 효과적으로 대응할 수 있는 태세를 구비할 수 필요가 있다. 그리고 이러한 다양한 위협에 대하여 어떤 우선순위와 비중으로 대응능력을 구비해야 할 것인가라는 정책적인 결정으로부터 그러한 결정을 구현할 수 있는 교리, 구조, 훈련, 물자, 간부, 병력, 시설 등을 어떻게 발전시켜야 할 것인가는 것은 군대의 전반적인 변화를 요구하는 과제로서, 개혁 차원에서 국방의 근본적 틀을 재검토하고 변화시킬 것을 요구한다.

또한 현대의 군대는 정보기술(information technology)의 발전에 효과적으로 적응하거나 이를 최대한 활용할 필요가 있다. 고도의 정보화된 사회로부터 군대가 섬으로 존재할 수는 없고, 정보기술을 효과적으로 활용하면 전투력을 효율적으로 향상시킬 수 있기 때문이다. 다만, 이 또한 희망만으로 가능한 것이 아니라 정보화시대의 요구에 부합되도록 군대의 교리, 구조, 훈련, 물자, 간부, 병력, 시설을 전반적으로 변화시키지 않으면 안되는 사항으로서, 개혁 차원의 집중적인 변화가 필요하다. 어떤 국가가 정보화시대에 먼저 효과적으로 적용하느냐에 따라서 장차전에서의 승패가 결정될 수 있기 때문에 신속한 변화는 더욱 필수적이라고 할 수 있다.

현대의 군대에게는 바람직하기 때문이 아니라 급격하게 변화되고 있는 외부환경의 변화에 적응하거나 생존해야 하기 때문에 개혁이 필요하다. 통상적인 발전과 같은 속도와 범위의 변화로는 이러한 과제들을 효과적으로 해결할 수 없기 때문이다. 시대적 환경의 변화를 정확하게 파악하고 신속하고 알차게 개혁을 수행하는 군대는 국민의 신뢰를 받으면서 유사시 승리를 거둘 수 있지만, 그렇지 못한 군대는 열심히 노력하고도 패배할 가능성이 크다. 현대의 군대는 '개혁'이라는 이름의 예비 전쟁을 치러야 하는 상황에 직면해 있다고 할 수 있다.

3. 미국의 국방개혁 사례

변화를 추진하는 슬로건의 명칭과 형태, 추진의 강도와 내용은 다를지라도 세계 대부분의 군대는 현 시대의 패러다임 변화와 개혁 요구에 부응하기 위하여 다양한 형태의 국방개혁을 추진하고 있고, 그 중에서 가장 적극적인 국가는 미국이다. 미국은 1990년대 후반부터 "군사분야에서의 '혁명'(RMA: 'Revolution' in Military Affairs)[3]을 주창하여 바람직한 변화의 방향에 관하여 심층깊은 토의를 계속하면서 필요한 사항을 구현하여 왔다.

특히 2001년 부시행정부가 출범하면서 미국은 '변혁'(Transformation)[4]이라는 슬로건을 통하여 국방분야의 전반적인 개혁을 추진하여 왔다. 정권의 출발과 동시에 국방장관으로 취임한 럼스펠드(Donald

3) 한국군에서는 RMA의 번역이 '군사혁신'으로 정착된 상황이지만 군이 직역한 것은 이 용어의 핵심단어가 '혁명'(Revolution)인데 변화의 강도와 폭이 현저히 다른 '혁신'으로 번역함으로써 실제 의미가 왜곡되고 있다고 판단하였기 때문이다. RMA는 변화 자체보다는 변화의 급속성과 광범성을 강조하는 용어이다.

4) 미군들은 대부분 '변혁'(Transformation)이라고 언급하지만 이 용어는 지나치게 일반적이라서 혼란스러울 수 있기 때문에 '군사변혁'(military transformation)'으로 통일하면서 군이 '군사'를 붙이지 않아도 혼동되지 않을 곳에는 '변혁'으로 언급하고자 한다. 미군은 Force Transformation이나 Defense Transformation이라는 용어도 사용하지만, 내용상의 차이보다는 사용자의 시각에 따른 것으로 판단된다. 그리고 'Transformation'에 대한 번역도 학계에서는 '변환'으로, 국방부에서는 '변혁'으로 사용하고 있는데, Transformation이 의도하는 변화의 크기를 고려할 때 국방부의 번역이 더욱 타당하다고 판단하여 그것을 적용하고자 한다.

H. Rumsfeld) 장관은 취임 직후부터 2006년 11월 사임할 때까지 냉전시대의 군대를 정보화시대의 군대로 탈바꿈시키겠다는 각오를 바탕으로 미군의 신속하고 포괄적인 변화를 추진하여 왔고, 그의 사임 이후에도 변화는 계속되고 있다. 럼스펠드 장관을 중심으로 하여 미군이 추진한 변화의 성공이나 성과에 대한 평가는 상당한 기간이 지난 이후에나 가능하고 시각에 따라서 다를 수도 있지만, 현 시점에서는 대체적으로 '상당한 진전'(considerable progress)을 이룬 것으로 평가되고 있다.[5)]

더욱 중요한 것은 미군의 이러한 변화는 미군에게만 해당되는 것이 아니라 전 세계의 군대에게 전파 및 확산되어 각국 국방개혁의 속도와 범위를 강화 및 자극시키고 있다는 것이다. "단극의 순간"(The Unipolar Moment)[6)]을 구가하고 있고, 세계 첨단의 군사이론 및 무기체계를 보유하고 있는 미군의 변화사례는 당연히 현 시대 국방개혁의 모델이나 정답으로 인식되기 때문이다. 따라서 국방개혁은 세계적인 차원에서 보편적인 토의 및 노력의 주제가 되고 있고, 그러한 개혁의 성과와 질의 정도가 미래 전쟁 및 국력 경쟁에서의 우위를 결정할 것으로 인식되고 있다. 국방개혁은 현 시대 군대의 핵심어(key word)가 되었다고 할 것이다.

---

5) Walter P. Fairbanks, "Implementing the Transformation Vision," *Joint Forces Quarterly* (3rd Quarter 2006), p. 36. 럼스펠드 국방장관이 2006년 11월 8일에 사임하였을 때 대부분의 언론은 군사변혁 주창자로서 그가 기여한 바에 관해서는 긍정적으로 평가하고 있다. 사임시 언론 평가를 종합한 내용은 다음을 참조. Ronald O'Rouke, *Defense Transformation: Background and Oversight Issues for Congress,* CRS Report for Congress, RL32238 (Washington D.C: Library of Congress, Updated Nov. 9, 2006), pp. 39-41.

6) 냉전에서 승리한 미국 중심의 세계질서가 30-40년 정도 지속될 것이라는 전망을 바탕으로 Krauthammer가 1990년에 사용한 말이다. 2002년 두 번째 논문에서 그는 그 순간이 더욱 장기화될 것으로 전망하면서 '단극의 시대'(unipolar era)라는 말로 수정하고 있다. Charles Krauthammer, "The Unipolar Moment," *Foreign Affairs,* Vol 70 (1990-1991); Charles Krauthammer, "The Unipolar Moment Revisited," *The National Interest* (Winter 2002/03).

Ⅱ 한국의 국방개혁

한국군의 역사는 국방개혁의 역사라고 할 수 있을 정도로 대부분의 정부와 국방장관은 국방개혁이라는 명분으로 새로운 시각에서 국방분야를 발전시켜 나갈 것을 약속하고, 이를 위한 청사진을 제시하였으며, 그의 추진을 독려하였다. 최근 참여정부에서도 "협력적 자주국방"의 슬로건으로 "국방개혁 2020"을 주창하여 2020년까지 한국군을 근본적으로 변화시킨다는 취지에서 2006년 12월 1일 부로 『국방개혁에 관한 법률』(이하 국방개혁법)을 제정하여 장기적인 추진을 약속하고 있다.

그러나 지금까지 추진된 한국의 국방개혁들은 대부분 계획이나 논의 수준에 머물렀을 뿐 실천에 이르지 못하였고, 단편적으로 이루어졌을 뿐 그 효과를 확산시키지는 못하였다고 평가되고 있다.[7] 수차례에 걸친 국방개혁은 군 내부의 반발 등 여러 가지 요인으로 인해 번번히 좌절되었고,[8] 어떤 식으로든 실제로 구현된 것은 1988년 시작되었고 "818계획"로 명명된 "국방태세발전방안" 뿐이라고 평가되기도 한다.[9] 수많은 국방개혁의 추진에도 불구하고 실제로 성공된 사례는 많지 않다고 할 수 있다.

국방개혁의 성과가 미흡한 원인은 다양하게 분석될 수 있다. 국방개혁의 중점이 분명하지 못하였고, 국방장관의 짧은 임기 등으로 인하여 일관성이 유지되기 어려웠으며, 개혁의 내용에 대한 공감대를 형성하지 못하였고, 개혁과정에서 실행력과 효율성이 부족하였다고 분석되기도 하고,[10] 개혁의지 부족, 개혁 핵심사항(군 구조개편과 병

7) 장기덕 외, 『국방경영혁신: 선택과 도전』, 연구보고서 자05-2210 (서울: 한국국방연구원, 2005), p. 25.

8) 이철기, "국방개혁과 남북관계의 상관성," 『국방개혁과 21세기 한국의 안보』, 2006 국방안보학술회의 (한국 국제정치학회, 2006), p. 25.

9) 김상범, "국방개혁의 추진에 따른 공중전력 발전과제와 방향," 『국방정책연구』 제72호 (한국국방연구원, 2006. 여름), p. 112.

력 감축) 추진 미흡, 각군간 이해 상충 및 제도적 장치 미흡 등으로 실질적 성과를 얻지 못하였다고 분석되기도 하며,[11] 지도자의 의지 부족, 군 간의 갈등, 군 내부에서 개혁 추진, 국방예산 부족, 북한의 당면 위협, 미국과의 역할관계 등이 복합적으로 작용하여 성공하지 못하였다고 평가되기도 한다.[12] 대체적으로 수뇌부의 개혁의지 미흡, 공감대의 형성 미흡, 예산의 부족 등으로 함축할 수 있다.

그러나 더욱 근본적인 원인으로 인식될 필요가 있는 사항은 '개혁'이란 용어에 관한 잘못된 이해이다. 개혁이란 용어가 의미하는 변화의 속도와 범위를 정확하게 이해하지 못한 채 '발전'에 해당되는 장기적이면서 점진적인 변화를 종합하여 개혁이라는 슬로건으로 제시함에 따라서 개혁이란 용어를 사용하면서도 실천은 느린 결과를 초래하였기 때문이다. 개혁은 상당한 변화를 당장 구현하지 않으면 심각한 문제가 발생할 수 있다는 위기의식을 바탕으로 사용하는 용어임에도 불구하고 10-20년에 걸쳐 시행하고자 함에 따라, 약속과 청사진만 반복적으로 남발하고 실천은 실종되는 결과를 초래하였다.

또한 한국은 국방개혁에 있어서 어떠한 과제를 어떠한 방향으로 발전시킬 것이냐에 대해서는 많은 고민을 하였지만 국방개혁의 성공을 위한 방법론을 토의하여 적용하고자 하는 노력은 등한시하였다. 좋은 요리를 만들겠다는 성의와 열정, 좋은 음식 재료와 도구, 최종적인 식탁의 모습에 관해서는 열정적으로 묘사하였지만, 정작 그러한 요리를 만들기 위한 최선의 방법에 관한 토의와 구현은 드물었다. 따라서 대부분의 경우 새로운 국방장관이 취임하고 나면 개혁의 당위성을 열렬하게 강조하고, 특별팀을 구성하여 개혁을 위한 청사진을 정립하며, 공감대 형성을 위한 설명과 토의를 실시하고, 각 부서에 필요한 과제를 부여하여 추진하도록 하는데, 그러한 과정이 진행되는

10) 민진, "국방개혁입법 연구: 프랑스 국방개혁을 중심으로," 국방대학교 안보문제연구소 안보연구시리즈 제6집『국방개혁과 국방관리체제의 혁신』(2005), pp. 17-18.

11) 백재옥, "국방개혁 2020안 효율성 제고를 위한 과제,"『군사논단』, 통권 제 47호(2006년 가을), p. 4

12) 김상범, "국방개혁의 추진에 따른 공중전력 발전과제와 방향," p. 113.

도중에 행정부나 국방장관이 교체되어 동일한 과정을 처음부터 다시 시작하거나 도중에 개혁의 열기가 식어버리곤 하였다.

과거의 전철을 반복하지 않고 성공적인 국방개혁을 보장하기 위해서는 개혁해 나가야할 방향과 참신한 과제를 식별하고자 노력하기 이전에, 기본적인 사항으로 되돌아가서 국방개혁에 관한 일반적인 개념부터 재정립하고, 실제적인 성과를 도출할 수 있는 합리적인 방법론을 개발하고 적용하고자 노력할 필요가 있다. 예를 들면, 개혁이란 어떤 의미이고 어떻게 추진되는 것이며, 국방분야의 개혁에서 특별히 고려하거나 관심을 두어야 할 사항은 무엇이고, 정보화시대에 따라서 변화되어야 할 방법 및 내용에는 어떤 것이 있으며, 저항과 비판은 어떻게 관리해야 하는가를 명확하게 이해한 바탕 위에서, 이론적인 분석을 통하여 국방개혁의 성공을 보장할 수 있는 방법론을 발굴하고, 최근에 다른 국가에서 성공한 국방개혁 사례를 통하여 유용한 교훈을 학습하여 한국군의 상황과 여건에 맞도록 적용하고자 노력할 필요가 있다.

국방개혁은 그 당위성을 강조하거나 화려한 청사진을 수립하였다고 해서 구현 및 성공되는 것이 아니다. 전투에서 지휘관이 승리의 의지를 강조하거나 최선의 작전계획을 수립하였다고 하여 승리하는 것이 아닌 것과 같다. 국방개혁의 성공을 위해서는 성공을 보장할 수 있는 개혁의 방법론을 채택하여야 한다. 우리 군이 추진한 개혁안 중에서 제대로 구현된 것이 거의 없는 것이 현실이라면 어떠한 방법론을 사용하였는지에 대한 분석과 검토가 선행될 필요가 있고, 제대로 된 방법론을 적용하지 못하였다고 판단될 경우 이론적이거나 경험적인 접근을 통하여 최선의 방법론을 정립한 상태에서 국방개혁을 추진할 필요가 있다.

Ⅲ 책자의 구성

본 책자는 한국군의 국방개혁을 위한 방향과 과제를 제시는 대신에 국방개혁의 성공을 위한 이론과 방법론을 제시하고자 한다. 고기를 제공하는 것이 아니라 고기잡는 방법을 제시하고자 한다고 할 수 있다. 따라서 본 책자에서는 국방개혁의 체계적이면서 실질적인 추진을 보장할 수 있도록 국방개혁에 관한 이론적인 분석을 실시하고 모형을 정립한 다음에, 그러한 이론과 모형에 미군이 수행하고 있는 변혁의 사례를 대입함으로써 현 시대 국방개혁의 바람직한 방법론을 검증하고, 그리고 나서 이러한 사항들이 한국군의 국방개혁에 대하여 지니는 함의를 분석하고자 한다. 정보화시대로 표현되는 현 시대에 있어서 한국의 국방개혁 방법론에 대한 개략적인 방향을 제시하고, 시행착오를 반복하지 않을 수 있는 참고자료를 제공하고자 한다.

특히 국방개혁의 방법론과 관련하여 본 책자에서는 개혁에 관한 다음의 몇 가지 기본적인 질문을 제기하고, 이에 대한 해답을 제공할 수 있도록 모형을 구성하였다. 즉 <*첫째, 개혁은 시대적 상황에 부응하는 형태여야 하는가, 아니면 지도자가 주도해 나가는 형태여야 하는가? 둘째, 지도자가 주도해 나간다고 할 때 하향식 추진에 많은 비중을 둘 것인가, 아니면 상향식 의견수렴을 중시할 것인가? 셋째, 이 경우 변화의 속도와 범위는 어느 정도가 적절한가? 넷째, 개혁을 추진함에 있어서 이상적인 목표를 설정한 다음 달성하고자 노력하는 방식이 적절한가, 아니면 현재 상태에서 점증적인 발전을 누적해 나가는 방식이 효과적인가? 다섯째, 최근에 논쟁되고 있는 바와 같이 냉전시대처럼 설정된 위협에 효과적으로 대응할 수 있도록 국방개혁을 추진해야 할 것인가, 아니면 다른 접근방법을 새로이 적용해야 할 것인가?*>이다. 국방개혁의 방법론에 관해서는 이외에도 다양한 쟁점이 있고, 제시된 쟁점 중의 일부는 중복되는 측면도 있을 수 있지만, 제시된 사항들은 국방개혁에 관한 '주체', '방향,' '정도', '방식', '기준'

에 관한 사항으로서, 이들에 대한 체계적인 분석과 선택은 효과적인 방법론 결정의 중요한 요소라고 판단하여 선정하였다.

국방개혁에 관한 이론 및 방법론의 결론을 검증하고 더욱 실제적인 교훈을 도출하기 위한 사례로서 본 책자에서는 럼스펠드(Donald H. Rumsfeld) 미 국방장관이 중심이 되어 추진한 미국의 군사변혁을 사용하였다. 지금까지 미군의 변혁에 관한 사항이 일부 소개 및 분석되기는 하였으나 '지구적 배치검토'(GPR: Global Positioning Review)에서 보듯이 한국과 관련있는 부분에만 치중된 점이 있다는 측면에서, 럼스펠드 장관이 추진해온 미국 군사변혁의 경과와 범위, 접근방법, 핵심 추진과제 등 전반적인 내용을 포괄적으로 소개하였다. 그리고 '변혁'이라는 슬로건의 사용 여부와는 상관없이 미국의 군사변혁은 지속되고 있지만, 국방개혁의 방법론에 관한 사례 연구의 성격이기 때문에 2001년 1월 부시행정부가 출범한 직후에서부터 2006년 11월 8일 럼스펠드 국방장관이 사임하기까지 5년 10개월 정도에 걸친 미군의 개혁 노력을 분석의 대상으로 설정하였다.

따라서 본 책자의 제2장에서는 개혁, 국방개혁, 정보화시대, 저항과 비판 등 국방개혁과 관련된 일반적인 개념들을 명확하게 정리한 상태에서, 다른 학문분야에서 활용되고 있는 모형들을 활용하여 국방개혁의 방법론에 관한 이론적 틀을 제시하고 있다. 개혁의 주도요소와 관련하여 상황(situation)과 지도자(leader), 개혁의 방향과 관련하여 하향식(top-down)과 상향식(bottom-up), 개혁의 정도와 관련하여 혁명적 변화(revolutionary change)와 개혁(reform), 개혁의 정책결정에 관해서는 합리적 모형(rational model)과 점증적 모형(incremental model), 그리고 소요도출의 기준에 관해서는 위협기반 국방기획(threat-based planning)과 능력기반 국방기획(capabilities-based planning)으로 대비되는 모형을 선택하여 각 모형별 내용과 장단점을 설명하고 분석하였다.

제3장은 미국 군사변혁의 추진 내용을 전반적으로 분석하는 부분으로서, 그의 목표와 범위, 접근방법을 설명하고, 그에 따라 미군이 실제적으로 추진해 온 변혁의 핵심과제들을 정리하여 설명하고 있다.

럼스펠드 장관의 재임기간을 중심으로 하여 미국이 추진해온 군사변혁에 관한 전반적인 내용을 체계적으로 정리하여 제시함으로써 분석의 객관성을 강화하고자 노력하였다. 이번의 미국 군사변혁은 국방부·합참의 주도로 추진되었다는 점에서 미 국방부·합참의 수준에서 제반 사항을 기술하였고, 각군의 노력은 적절한 비중으로 조절하였다.

제4장에서는 제2장에서 설명한 이론적 틀을 미국의 군사변혁이라는 구체적인 사례에 적용하여 교훈을 도출하고 있다. 즉 개혁, 국방개혁, 정보화시대 국방개혁, 저항과 비판에 관한 일반적인 개념과 본 논문에서 제기하고 있는 국방개혁의 '주체', '방향', '정도', '방식', '기준'에 관한 다섯 가지 질문에 관한 모형들을 미국의 군사변혁 사례에 적용하여 분석 및 평가하였다. 미국의 사례를 통하여 국방개혁에 관한 이론적 틀의 타당성을 검증하고 실용화하는 과정이라고 할 수 있다.

제5장은 본 연구를 통하여 도출된 사항을 한국군에게 유용한 내용으로 전환시키기 위한 부분이다. 지금까지 한국이 추진해온 국방개혁의 추진경과와 문제점들을 살펴본 다음에, 개혁을 요구하는 시대적 상황과 이에 부응하기 위하여 노무현 정부가 추진하고 있는 '국방개혁 2020'의 내용을 소개하고, 제2장에서 설명한 국방개혁에 관한 이론적 틀과 제4장에서 미국 군사변혁의 사례를 통하여 도출한 교훈을 바탕으로 한국의 국방개혁 성공을 위하여 적용되어야 할 사항을 제시하고 있다.

제6장은 결론으로서 지금까지의 분석결과를 종합하고, 한국군에게 유용할 수 있다고 판단되는 정책적 교훈들을 제시하고 있다.

그리고 부록으로서 정보화시대에 세계적으로 토의되고 있는 군사작전에 관한 세 가지의 가장 대표적인 개념을 정리하여 제시하였다. 효과기반작전(EBO; Effects-based Operations), 네트중심환경(NCW: Net-Centric Environment), 분산작전(DO: Distribution Operations)에 관한 사항으로서, 국방개혁의 궁극적인 목적은 미래의 군사작전에서 승리하는 것이라는 차원에서 국방개혁을 담당하거나 이해하고자 하는 사람들에게는 위와 같은 현대적 개념에 대한 명확한 이해가 전제되어야 한다고 판단하여 정리하였다.

제 2 장 국방개혁에 관한 이론적 검토

국방과 군사에 관한 사항은 실천지향적인 사항임과 동시에 비밀로 유지되는 사항이 많기 때문에 그에 관한 이론화는 활발하지 않았다. 국방개혁의 경우에도 개혁의 목표와 중점, 계획, 일정표를 작성하여 추진하는 사항이 우선시됨에 따라서 그와 관련된 일반적인 개념이나 방법론은 심층깊게 분석되지 못하였고, 모형을 개발하여 체계화하고자 하는 노력은 거의 시도되지 않았다. 본 장에서는 국방개혁에 관한 체계적이고 정확한 이해를 보장하고, 미국의 군사변혁으로부터 교훈을 도출하거나 한국 국방개혁에 관한 참고사항을 정립하는 데 적용하기 위한 이론적 틀로서, 다른 학문분야에서 정립된 내용을 차용하여, 국방개혁의 일반적인 개념과 방법론에 관한 사항을 분석 및 제시하고자 한다.

I 국방개혁의 일반적 개념

1. 개혁의 의미와 구성요소

개혁의 의미

개혁의 성공을 위해서는 개혁이 지니는 의미를 구성원들이 정확하게 이해하고 그에 맞춰 타당한 노력을 기울이도록 하는 것이 최우선 과제이다. 그래야 요망하는 결과를 산출하는 데 필요한 적절한 속도와 강도로 제반 노력이 통합될 수 있기 때문이다. '개혁'이란 용어를 사용하면서도 실제로는 '혁명'을 지향하고 있다면 '개혁'이란 기준으로 투입되는 노력의 속도와 강도는 미흡한 상태가 될 것이고, 반대로 '발전'을 지향하고 있다면 과도해질 가능성이 크다. 이러한 점에서 개혁을 중심으로 하여 '발전', '혁신', '개선', '혁명' 등의 유사한 용어들을 비교해 보면 <표 2-1>과 같다.

〈표 2-1〉 개혁 유사 용어의 비교

용어	사전적 의미[1]	특 징	개혁과의 비교
발전	더 낫고 좋은 상태나 더 높은 단계로 나아감	•현재보다 나아지는 모든 변화에 대한 가장 포괄적인 용어 •분야별로 'ㅇㅇ발전론'으로 이론화	개혁에 비해 특별성이나 집중성 미약
혁신	묵은 풍속, 관습, 조직, 방법 따위를 완전히 바꾸어서 새롭게 함	•새로운 방식이나 기술의 적용 강조 •1930년대 J. A. Schumpeter가 경제 분야에서 강조한 이후 'ㅇㅇ혁신론'으로 이론화	발전보다는 크나 개혁보다는 변화의 속도와 범위 제한
개선	잘못된 것이나 부족한 것, 나쁜 것 따위를 고쳐서 더 좋거나 착하게 만듦	•세부적이고 점진적인 변화 •일본 기업에서 사용된 후 확산	개혁에 비해서 보수적이고 세부적인 변화 강조
혁명	이전의 관습이나 제도, 방식 따위를 단번에 깨뜨리고 질적으로 새로운 것을 급격하게 세우는 일	•현재 상태를 부정 •비약적, 불연속적인 변화 강조	개혁보다 변화의 속도와 범위 강화

한자의 '개(改)'나 영어의 're'는 현재가 잘못되었다는 인식을 바탕으로 새로운 방향으로 재조정해 나간다는 의미이듯이, 본 연구의 대상인 '개혁(reform)'은 "제도나 기구 따위를 새롭게 뜯어 고친다"[2]는 뜻으로, 발전에 비해서는 "급속하고 근본적인 변화"(rapid and fundamental change)[3]를 추구하는 용어이다. 개혁은 변화하지 않으면 문제가 발생할 수밖에 없다는 인식, 즉 현재를 부정한 상태에서 올바른 방향으로 시급하게 변화해 나가야 한다는 점을 강조한다.[4] 단지, 개혁은 혁명이나 혁명적 변화가 암시하는 급진성을 경계하기 때문에 혁명과 비교할 때 변화의 속도나 범위가 온건한 것으로 인식될 뿐이다. 즉 개혁은 "혁명과는 달리...합법적인 방법에 의해 점진적으로 새롭게 고쳐나가는 절차"[5]이고, "혁명적 결과에 이르는 진화적 변화"(evolutionary change leading to revolutionary outcomes)라고 할 수 있으나,[6] 본질은 상당히 급격한 변화를 추구한다. [그림 2-1]은 변화의 정도를 중심으로 용어들을 비교한 것인데, 이를 바탕으로 개혁이 의미하는 바를 세부적으로 설명하면 다음과 같다.

첫째, 개혁은 지금까지를 부정하는 바탕 위에서 새로운 방향으로의 변화를 지향하고 있다. 개혁은 "낡은 현재에 대한 부정이고, 새로운 미래에 대한 구상이다. 조직의 습관화된 관행에 대한 비평적 성찰이고, 미래에 대한 창조적 구상행위이다."[7] 개혁은 "후회"(repentance)가 전제되어 있는 것으로 "과거의 방법은 비효과적이거나 비생산적

---

1) 국립국어연구원, 『표준 국어대사전』(서울: 두산동아, 1999).

2) Ibid.

3) James A. Blackwell, Jr., and Barry M. Blechman, ed., *Making Defense Reform Work* (Washing D.C.: Brassey's Inc., 1990), p. 1.

4) 이의 전형적인 것이 16세기 유럽의 종교개혁이다. Martin Luther(1483-1546)와 John Calvin(1509-1564)은 당시의 교회가 본래의 기독교 정신과는 어긋나는 방향으로 나간다는 생각을 바탕으로 새로운 교회정치로 탈바꿈하고 새로운 신학을 발전시킬 것을 주장하였다.

5) 노정현 외, 『행정개혁론』(서울: 나남출판사, 1994), p. 13.

6) Franscis J. Harvey, "A Letter to the Soldiers of the United States Army," (January 2005). Available: http:www.army.mil/leaders/leaders/sa/messages/2005Feb21.html. (검색일: 2007. 1. 4).

7) 김선명, "공공부문 혁신의 접근방법에 대한 인식론적 비평: 현상학적 접근방법을 중심으로," 『한국행정학보』, 제39권 제4호 (2005년 겨울), p. 6.

[그림 2-1] 변화의 정도를 통한 개혁관련 용어 비교

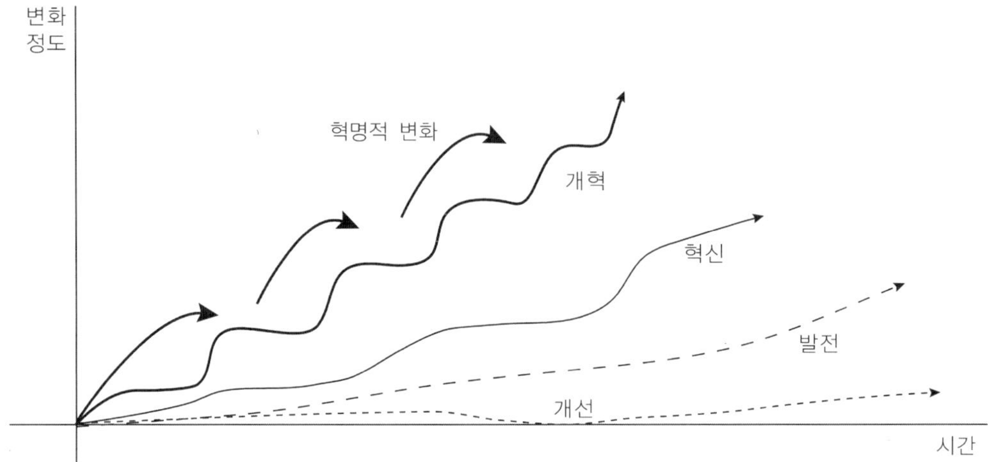

이었다는 결론에 근거하여 업무수행의 사고와 방법을 바꾼다는 것이다."[8] 따라서 대부분의 경우 개혁은 현실의 과감한 변화를 희구하는 외부요원이나 하부구성원에 의해서는 환영받고, 현재 상태의 지속을 선호하는 조직의 상층부에서는 환영받지 못하는 경향이 있다.

둘째, 개혁은 혁명보다는 미약하지만 일반적인 발전에 비해서는 무척 의도적이면서 집중적인 비약을 지향하고 있다. 통상적인 정도의 변화로는 상황이 요구하는 바를 충족시키지 못하기 때문에 특별하면서도 집중적인 노력, 즉 자연스럽지 못한 손에 의한 변화를 촉진한다는 의도에서 개혁을 시도하기 때문이다. 현재 추진하고 있는 방향을 존중하는 가운데 노력과 시간을 증가시켜 나가는 것이 아니라, 현재의 문제점을 분석하고, 이 문제점을 해결할 수 있는 목표를 설정하며, 그러한 목표를 달성할 수 있는 최선의 방법과 수단을 발견하고자 노력한다. 따라서 개혁은 목표지향적이고, 탁월한 지도자나 지도그룹에 의한 선도를 필요로 하다.

셋째, 앞에서 언급한 바와 같이 개혁은 혁명에 비해서 급진적인 변화를 경계하고 있다. 실제적으로나 결과적으로는 급진적일 정도의

8) James A. Blackwell, Jr., and Barry M. Blechman, ed., *Making Defense Reform Work*, p. 1.

변화가 유도될 수 있지만, 개혁에서는 급진적 변화로 인한 위험부담을 회피하고자 하는 노력이 강조된다. 동일한 결과를 지향하더라도 개혁은 변화의 범위를 적정선에서 유지하고자 노력하고, 변화를 위한 시간적 여유를 확보하고자 하며, 구성원들의 동참과 공감대를 중시한다. 그렇기 때문에 대부분의 조직이나 사회에서 '혁명'에 대해서는 거부감을 가지면서도 '개혁'은 긍정적으로 수용한다.

넷째, 발전에 관한 대부분의 노력이 그러하지만 개혁 역시 결과를 산출하는 것을 중요시한다. 개혁이란 용어를 빈번하게 사용하거나, 그 필요성 및 방향을 적극적으로 강조하거나, 개혁을 위한 계획을 수립하는 것으로는 개혁일 수 없다. 개혁이라는 거창한 구호를 사용하지 않는 가운데서도 결과를 통하여 개혁적인 정도의 변화를 달성하였다면 그것은 개혁일 수 있다. 어느 정도의 변화를 개혁으로 볼 것이냐는 것은 시각에 따라서 다르고, 특정한 시점에서는 성공적으로 평가된 것이 나중에는 그렇지 않은 것으로 평가될 수 없는 것은 아니지만, 최소한 개혁은 그 당시에 목표와 중점으로 내걸은 변화들을 통상적인 정도보다는 신속하고 광범하게 달성하는 것이다.

개혁의 구성요소

개혁의 실체를 더욱 정확하게 이해하기 위해서는 개혁을 구성하는 몇 가지 요소를 구분하여 분석하는 것도 효과적일 수 있다. 세부적이면서 체계적인 분석이 가능하기 때문이다. 이 경우 인간이 노력하는 모든 활동에게 공통적으로 해당될 수 있는 사항이지만 개혁은 일반적으로 <*① 개혁을 통하여 해결해야할 대상으로서의 상황 또는 과제 ② 개혁을 추진해 나가는 지도자나 지도세력 ③ 상황이나 과제를 해결하기 위하여 지도자나 지도세력이 사용하는 재원, 노력, 시간*>으로 구성된다고 할 수 있다.

첫째, 개혁의 구성요소 중에서 가장 우선적인 요소는 개혁을 필요로 하는 상황과 과제이다. 현재의 상태를 부적합하도록 하는 외부 또는 내부의 도전요소가 존재해야 개혁이 촉발되는 것이기 때문이다.

대부분의 조직은 완벽하기가 어려워 개혁의 소지가 항상 존재하고, 문제가 없는 조직이라고 하더라도 상황이 변화하게 되면 개혁 소요가 발생하게 된다. 이 경우에 개혁해야할 상황과 과제를 정확하게 파악하는 것도 간단한 과업은 아니다. 따라서 개혁을 추진할 경우에는 조직에 대한 명확한 문제의식을 바탕으로 한 상태에서, 구성원들의 여론을 수렴하거나 전문가들을 동원하여 해결해야할 크고 작은 문제점들을 정확하게 파악하고, 파악된 문제점들의 비중을 판별하여 개혁해야할 핵심과제로 확정하게 된다.

둘째, 개혁을 추진하기 위해서는 개혁을 주도하는 지도자나 집단이 존재해야 한다. 지도자 개인이 탁월할 경우에는 혼자서 개혁을 주도할 수도 있으나 시간적 가용성 및 지휘의 폭에서 한계가 발생하기 때문에 통상적으로는 개혁을 주도하기 위한 집단을 형성한다. 이들은 개혁을 위한 제반 노력을 촉발시키는 원동력이고, 개혁의 시행 여부를 결정하거나 성공에 필요한 과제들을 도출하여 해결하는 주체이다. 이들은 현 상황과 여건을 분석하여 개혁해야할 문제점을 도출하고, 문제점을 해결할 수 있는 목표를 설정하며, 그러한 목표를 달성할 수 있는 일반적인 방향과 방침을 정립하고, 그러한 방향과 방침을 구현할 수 있는 방안을 구상하게 된다.

셋째, 개혁의 실제적인 추진과 성공을 위한 원동력이 되는 요소는 변화를 구현할 수 있는 재원, 노력, 시간 등의 자원이다. 기계의 동력에 해당되는 요소로서 이것 없이는 개혁이라는 기계는 움직일 수 없다. 예를 들면, 미래전에서의 승리를 보장할 수 있는 군대로의 개혁은 첨단 무기체계의 구입을 위한 막대한 재원이 없이는 불가능하다. 자본주의가 발전될수록 개혁에 관한 재원의 중요성이 증가하고 있다. 그리고 개혁의 공감대를 확산시켜 다수의 요원들이 그의 성공을 위한 노력에 가세하도록 할 필요가 있고, 어느 정도의 시간은 주어져야 개혁을 완수할 수 있다.

이러한 개혁의 구성요소들은 전체적으로 균형을 이루는 것이 무엇보다 중요하다. 해결해야할 상황과 과제가 크면 그를 위한 주도세력과 자원도 증대되어야 하고, 그 반대면 제한된 인원과 자원으로도 가능할 수 있다. 특히 자원이 제한됨에도 불구하고 지나치게 방대한 개혁을 추진할 경우 구성요소 간의 균형이 맞지 않아 실패하게 될 가능성이 크기 때문에 자원의 범위 내로 개혁의 과제를 제한하든가 자원을 증대시키기 위한 비상한 조치를 강구할 필요가 있다.

2. 국방개혁의 특성과 중점

국방개혁의 특성

국방은 국가가 수행하는 다양한 기능 중의 하나로서, 다른 분야와 공통되는 점도 많지만 구별되는 점도 적지 않다. 따라서 개혁의 일반적인 개념이나 방법을 그대로 적용하기는 곤란하고 국방분야의 특성을 감안하여 수정 및 보완할 필요가 있다. 국방개혁의 추진시 고려할 필요가 있는 국방분야의 특성을 몇 가지로 설명하면 다음과 같다.

첫째, 국방은 국가의 생존에 관한 사항이기 때문에 다른 어느 분야와도 비교 및 대체할 수 없는 절대적 중요성을 지니고 있다. 평시에는 경제발전이나 국민복지 등이 국방보다 더욱 중요하게 보일 수도 있지만, 국가의 존망이 좌우되는 위기 시에는 국방보다 중요한 사항이 있을 수 없고, 다른 어느 것으로도 국방을 대체할 수 없다. 건강한 상태에서는 건강 외에도 인간에게 중요한 사항이 적지 않다고 생각하지만 심각한 질병에 걸리게 되면 건강을 회복하는 일보다 더욱 중요한 사항이 없게 되는 것과 마찬가지이다. 국방분야에서의 시행착오나 실패는 전쟁에서의 패배, 또는 국가의 멸망으로 연결될 수도 있다는 점에서 국방개혁은 효율성(efficiency)만을 중시할 수는 없고, 다소의 중복이나 비효율이 존재하더라도 전쟁에서의 승리, 또는 국가의 안전을 보장할 수 있는 효과성(effectiveness)에 치중하지 않을 수 없는 특성이 존재한다.[9]

---

9) 효율성은 수단과 방법의 적절성에 초점을 맞추는 개념으로서 동일한 노력이나 비용으로서 더욱 큰 결과를 산출했거나 작은 노력이나 비용으로서 동일한 결과를 산출하

둘째, 국방분야의 경우 상대국의 국방태세가 우리에게 위협으로 작용하고, 그러한 위협의 크기와 형태가 우리 국방력의 적절한 규모와 태세를 결정하는 핵심적인 요소로 기능한다. 다른 분야의 경우에는 주변국과의 '상생의 상황'(win-win situation)이 많지만, 국방분야의 경우에는 그 반대의 측면이 강하다. 군비통제의 개념에서와 같이 상호가 합의하면 상생도 가능하지만, 반대로 잠재적국이 급속한 군비증강을 할 경우 유사한 정도로 증강하지 않으면 국방력은 급격히 감소하게 되고, 상대국가가 의욕적으로 국방개혁을 추진할 경우 우리도 유사한 정도로 개혁하지 않는다면 나중에는 결정적인 열세에 직면할 수 있다. 따라서 국방개혁은 이상적인 상태를 지향하기 보다는 잠재적국이나 주변국가를 참고하여 상대성을 중시할 필요성이 크고, 상대와의 군사력 격차를 파악하여 해결책을 강구하는 측면을 중요시하게 된다.

셋째, 일반적인 국민들에게 국방은 '기회비용'(opportunity cost)의 측면을 지닌 것으로 인식된다. 국방이 제공하는 '공공재'(public goods)인 '안보'의 가치는 평화시에 실감하기 어려운 반면에 동일한 양의 재화가 경제분야 등에 투자될 경우 국민들에게 돌아갈 수 있는 혜택은 직접적으로 느껴지기 때문이다. '빵과 대포'는 상충된다는 전제하에 국민들은 국방에 대한 투자를 필요한 최소한의 수준에 국한시키려고 한다. 따라서 국방개혁을 통하여 효율성을 향상시킴으로써 국민들의 신뢰를 획득할 수 있어야 하고, 유사시에 어떠한 위협이 대두되더라도 국가의 안전을 보장할 수 있는 역량을 구비할 필요가 있다. 국방개혁을 통하여 국민과 군대의 상충되는 요구를 적절하게 조화시킬 수 있어야 한다.

넷째, 다른 분야도 그렇지 않은 것은 아니지만 국방에 관한 대부

면 효율성이 높다. '일을 옳게 하는'(doing things right) 측면으로서 중복과 낭비없는 군대를 유지하는 측면을 중시한다. 이에 비하여 효과성(effectiveness)은 결과의 달성 여부와 정도에 중점을 두는 개념으로서 요망하는 결과를 달성하거나 그 결과가 크면 효과성이 크다. '옳은 일은 하는'(doing right things) 측면으로서 다소의 중복과 낭비가 있더라도 전쟁에서 승리하거나 안전을 보장할 수 있는 충분한 역량을 보유하는 측면을 중시한다.

분의 사항은 불확실하다. 국방의 출발점이라고 할 수 있는 적 위협에 관한 사항의 경우에는 어떤 국가가 위협이 될 것이냐는 것부터 불확실하고, 잠재적국이 존재한다고 하더라도 그 국가가 실제로 어느 정도의 군사력을 보유하고 있고 어떠한 의도와 계획을 보유하고 있는지 정확하게 파악하기가 어렵다. 특히 국방개혁을 추진하여 그 효과가 나타날 미래의 시점에서 국제적 상황이나 군사적 대치 상태가 어떻게 변화될 것인지를 판단하는 것은 더욱 어렵다. 그렇기 때문에 단순히 더욱 좋은 상태로 변화해 나가기만 하면 되는 다른 분야의 개혁에 비해서 국방개혁은 더욱 복잡해지고 다음 글에서 강조하고 있는 바와 같이 주관성이 개입되지 않을 수 없다.

> 궁극적으로 모든 국방기획은 불합리하다. 왜냐하면 국방정책은 알려지거나 미지 상태인 자신의 약점에 대한 두려움에 기초하여 수립되기 때문이다. 두려움이란 주관적 요소에 기초하기 때문에 요청된 만큼의 충분한 국방예산이 제공되거나 적절한 규모의 전력구조가 구비되었던 적은 없었고, 앞으로도 없을 것이다. 실제로 더욱 많은 자금, 인력, 장비들의 제공이 이루어진다고 해도 원하는 욕구를 일부 채워줄 수는 있지만 만족시킬 수는 없다....분명한 사실은 국방기획 과정은 결국 주관적이 될 수밖에 없다. 과학적인 전력구조 결정방법은 개발된 적이 없고, 개발될 것이라고 기대하지 않는 편이 낫다.[10)]

다섯째, 국방개혁의 성공을 위해서는 문민통제를 바탕으로 한 정치지도자와 군인 간의 협동과 균형이 중요하다. 국방의 직접적인 담당자는 군인이지만, 국가의 생존은 워낙 중대한 문제이기 때문에 정치지도자도 적극적인 관심을 보이지 않을 수 없고, 국방개혁을 위한 재원은 정치지도자가 보장해줘야 하기 때문이다. 현대에는 정치적 및 군사적인 것으로 명확하게 구분하기가 어려울 정도로 국가의 모든 분야가 혼합되어 있기도 하다. 나아가 정치인들은 국민설득과 행정절차에 강점을 지니고 있어 국방개혁을 더욱 효과적으로 추진할 수도 있다.

10) David Chuter, *Defense Transformation: Short Guide to the Issues*, 국방부 역, 『국방개혁 어떻게 추진할 것인가: 쟁점에 대한 간략한 이해와 지침』(국방부, 2004), p. 208.

국방개혁의 중점

국방개혁을 추진할 경우에 중점을 두게 되는 분야는 특정 국가가 처한 상황과 과제에 따라 달라지겠지만, 대체적으로 국방이 지향하는 본연의 임무, 특히 미래전에서 승리할 수 있는 태세의 구비와 같은 본질적인 측면이 중심이 된다. 부정부패의 척결이나 인사관행의 개선 등이 특별한 상황에서 핵심적인 주제로 부각될 수도 있지만, 이러한 비본질적인 분야에 치중할수록 투자되는 재원, 노력, 시간에 비해서 성과는 제한될 가능성이 크다. 일반적 국방개혁의 핵심적 대상이 되어야 할 분야를 열거하면 다음과 같다.

첫째, 국방개혁에서 최우선시되어야 할 사항은 확고한 전투준비태세를 보장하는 것이다. 이것은 미래전 수행을 위한 군사작전 수행개념을 발전시키고, 이를 구현할 수 있도록 군대의 조직과 무기체계를 발전시키는 것으로서, 국방개혁의 진정한 목적과 내용이라고 할 수 있다. 이 분야의 경우 자칫하면 무기체계의 현대화에만 치중하기가 쉬운데,[11] 역사적 경험에 비춰보면 그보다는 혁신적인 군사작전 수행개념이나 교리적인 발전에 중점을 두어야 확실한 성과를 거둘 수 있다. 군대 발전의 편협성을 예방하기 위하여 다수 군대에서는 '전투발전 분야'(Combat Development Domain)라고 하여[12] 전투준비태세 향상 차원에서 동시에 발전시켜 나가야 할 사항들을 제도화하고 있는데, 미군은 '교리, 조직, 훈련, 물자, 간부개발, 인력, 시설'(DOTMLPF: Doctrine, Organization, Training, Materiel, Leader Development, Personnel, Facilities), 한국군은 '교리, 구조 및 편성, 무기・장비・물자, 교육훈련, 인적자원, 시설' 등으로 구분하고 있다.

---

11) 실체적 사항 위주의 군사발전에 대한 비판에 관해서는 다음을 참조. Edward N. Luttwak, *The Pentagon and the Art of War*, 박철규 역, 『미 국방성과 전쟁술』(서울: 명지출판사, 1986), pp. 135-166.

12) '전투발전'은 미래전 대비에 관하여 미군들이 사용하고 있는 'Combat Development'를 번역한 용어로서, '전투 수행에 중점을 두어 전력을 개발'하는 용어로 이해하면 된다. 전투발전은 군대의 전투력 발휘에 필수적인 분야에 걸쳐 미래전 승리에 필요한 소요를 도출하여 건의하거나 직접 구현해나가는 집중적인 과정과 활동이다. 미국을 비롯한 대부분의 국가에서는 각군별로 이러한 기능을 담당하는 전문적인 기관을 설치하여 수행하고 있고, 한국군에서는 각 군별로 '교육사령부'나 '전투발전단' 등을 조직하여 임무를 수행하고 있다.

전투준비태세와 관련해서는 현재의 준비태세를 강화하는 측면과 미래전력의 향상을 위한 투자 간의 균형을 유지하는 것이 중요하다. 현재에 치중할 경우 당장의 전쟁억제와 대비에는 유리하나 일정한 기간이 지나면 투자된 부분이 금방 진부화되어 새로운 개혁이 필요해지게 되고, 미래에 치중할 경우에는 국방개혁의 일관성을 보장하고 시행착오를 최소화할 수는 있으나 오랜 구현 기간 동안에 예상치 않은 요인으로 인하여 개혁이 중단될 가능성이 있기 때문이다. 대부분의 국방개혁에서는 즉각적이고 가시적인 성과에 치중한 나머지 “미래를 담보로 현재에 투자하는 우(愚)”를 범하기가 쉽다는 차원에서[13)]국방개혁에서는 변화의 장기적 타당성을 의도적으로 강조할 필요가 있다.

둘째, 국방의 개혁은 군대의 전반적인 효율성을 향상시키는 데도 중점을 둘 필요가 있다. 군대의 경우에는 어떤 희생을 감수하더라도 전쟁에서 승리할 수 있어야 한다는 점에서 효율성보다는 효과성이 강조되지만, 비효율성이 과도해지면 노력이나 재원이 낭비되고 결과적으로는 군대의 발전이 늦어질 수 있기 때문이다. 현대에는 사회 전반적으로 효율성이 중시되고 있기 때문에 국민들도 군대의 양적 측면(how much is enough)보다는 질적 측면(how efficient is enough)에 더욱 큰 관심을 보이고 있다.[14)] 지금까지 효율성이 등한시된 점이 있었다면 국방개혁을 통하여 시정해야할 내용이 더욱 많을 수 있다.

국방개혁 차원에서의 효율성은 군대의 관리 및 운영 분야를 우선적인 대상으로 추진된다. 전투수행에 직결된 분야의 효율성은 판단기준이 애매하고 장기간을 요구하며 위험성이 큰 반면에, 일상적인 관리 및 운영 분야는 효율성 여부의 판단도 쉽고, 처방과 성과도 명확하며, 위험성이 적기 때문이다. 따라서 이 분야에 투자되는 노력과 재원을 절약하여 전투수행 분야에 대한 집중도를 강화하는 것이 평

13) 장기덕 외, 『국방경영혁신: 선택과 도전』 (서울: 한국국방연구원, 2005), p. 29.

14) 전경만 외, 『중장기 안보비전과 한국형 국방전략』(서울: 한국국방연구원, 2004), p. 72.

시 국방개혁의 중요한 부분을 차지할 필요가 있다.

셋째, 국방개혁은 시대의 기술적 발전성과를 최대한 활용하는 데 중점을 둘 필요가 있다. 산업화 시대 이후 기계가 인간의 힘을 대체하게 되면서 기술적 우위를 통하여 기습을 달성하거나 군사적 우위를 확보하고자 하는 것이 군대발전의 핵심을 구성하여 왔고, 최근 정보화시대로 이행됨에 따라 네트워크를 통하여 모든 군대를 연결함으로써 지리적 제약을 극복하거나 보유하고 있는 전투력의 운용 효율성을 극대화하고자 하는 노력이 군사적 경쟁의 핵심을 구성하고 있다. 그리고 기습적 효과를 보장할 수 있는 기술은 제한된 시기에 비약적으로 출현하는 경우가 많다는 점에서 보면 일상적인 발전보다는 개혁과 같은 특별한 노력을 통하여 집중적으로 필요한 기술을 도입하는 것이 불가피할 수도 있다. 특히 현 시대에는 정보화시대에 가용해지고 있는 첨단 기술을 다른 국가보다 더욱 신속하고 효과적으로 도입하거나 활용하기 위한 경쟁이 이미 진행되고 있는 상태이다.

넷째, 국방개혁은 합동・통합・연합성[15]도 지속적으로 강화할 수 있어야 한다. 다른 분야도 그러하지만, 군대의 경우에 추가적인 노력과 재원의 소요를 최소화하면서 전력을 증강시킬 수 있는 효과적인 방법 중의 하나는 다양한 요소간의 상호의존성(interdependence)을 활용하여 중복을 제거하고 시너지(synergy) 효과를 창출하는 것이기 때문이다. 육군, 공군, 해군 내에서의 통합성은 잘 구현되고 있는 상태이지만 그들 간에는 자군중심주의(parochialism)가 여전히 장애로 작용하고 있다는 차원에서 합동성(jointness)을 우선적으로 향상시켜야 하고, 나아가 국가 제분야 및 다른 국가 역량과의 통합 및 협동도 대폭적으로 강화해 나갈 필요가 있다. 특히 국가 제역량의 적극적 활용을 통하여 군사적 역량을 절약할 수 있도록 자본주의 시장경제 질서

15) 민간분야에서는 특별한 구분을 두지 않고 사용하지만, 군대에서는 합동작전(joint operation), 통합작전, 연합작전(combined operation)이 명확하게 구분되어 사용되고 있다. 합동작전은 육군, 해군, 공군이라는 제반 군종(service)이 함께 작전을 수행하는 경우에 사용되고, 한국군의 경우 통합작전은 민・관・군이 함께 작전을 수행할 때 사용되며, 연합작전은 다른 국가의 군대가 함께 작전을 수행할 때 사용되는 용어이다.

를 활용한 새로운 개념의 총력안보 논리를 발전시킬 필요성이 있다.

다섯째, 현대의 국방개혁은 군대의 전문성(professionalism)과 응집력(cohesiveness)을 향상시킬 수 있는 방향이어야 한다. 무형적인 요소라서 간과되기가 쉽지만 이러한 요소들이 제대로 구비되지 않으면 개혁의 지속이나 제도화는 어렵다. 군대의 전문성 향상을 위한 의식개혁, 군사문제에 관한 연구 및 토의 분위기의 강화, 군사전문교육(professional military education) 체계의 현대화 등은 국방개혁의 지속과 일관성을 보장하는 기초이기 때문이다. "과거의 전쟁도 장군들에게만 맡겨 두기에는 너무나 중요한 것이었지만, 오늘날의 전쟁은 무지한 사람들 — 군복을 입었건 입지 않았건 — 에게만 맡겨 두기에는 너무나 중요하다."[16]라는 말처럼, 전쟁의 대비와 수행에 관한 전문지식없이는 현대전을 제대로 억제하거나 수행할 수 없다. 그리고 국방개혁은 군대 전체의 사기, 단결, 군기를 유지하는 측면에도 관심을 가짐으로써 정보화시대에도 군대로서의 정체성을 상실하지 않도록 해야 할 필요가 있다.

이 외에도 개혁의 중점은 다양할 수 있다. 장병들의 사기와 복지를 향상시키는 데 높은 비중을 둘 수도 있고, 민군관계(civil-military relations)의 향상을 지향할 수도 있으며, 부정부패를 척결하고 올바른 군대문화를 육성하는 데 중점을 둘 수도 있고, 국가발전에 대한 군대의 기여노력을 극대화하는 데 치중할 수도 있다. 그러나 이러한 내용들은 특정한 상황에서는 유용할 수도 있으나, 지나치게 비중이 증대될 경우에는 전쟁의 억제와 승리라는 본연의 임무수행태세가 지니는 긴요성을 약화시킬 수 있다. 그리고 이러한 분야에서의 변화가 필요한 경우에도 단기간에 변화를 종료시킴으로써 비본질적인 분야로 인한 노력의 분산을 예방할 필요가 있다.

---

16) Alvin Toffler and Heidi Toffler, *War and Anti-War: Survival At the Dawn of the 21st Century*, 이규행, 『전쟁과 반전쟁』(서울: 한국경제신문사, 1994), p. 26.,

3. '정보화시대'의 국방개혁 방향

'정보화시대'(Information Age)라는 말은 다른 어떤 사항보다 정보(information)와 정보기술(information technology)의 역할과 비중이 부각되고 있는 시대라는 의미로서, 농경시대나 산업시대와 같은 특징적인 시대 구분이 현 시대를 중심으로 일어나고 있다는 진단을 바탕으로 사용되고 있다. 상식화된 내용이지만 엘빈 토플러(Alvin Toffler)는 농업시대의 제1물결, 산업시대의 제2물결에 이어서 정보화시대를 '제3의 물결'로 지칭하고, 지식을 창조하고 이용하는 방법의 질이 시대적 우위를 결정할 것이라고 예측하였다. 정보와 정보기술이 인간의 사고와 생활방식을 좌우하는 가장 중요한 요소가 되고, 부가가치 창출의 원동력이 되며, 이의 획득과 활용이 인간 활동의 중요한 기준이 될 것이라는 시각이다.

군대에서는 사회에서 발전시킨 정보 및 정보기술을 군사적으로 활용하는 측면에 중점을 두어 정보전(Information Warfare)[17] 또는 정보화시대의 전쟁에 대한 연구와 전망이 강화되어 왔다. 정보화시대에는 실시간 정보의 유통으로 시간적이거나 공간적인 장애가 상당부분 극복된다는 차원에서 과거와는 전혀 다른 패러다임의 전쟁수행이 필요한 것으로 주장하고 있다. 정보화시대의 전쟁은, "화력 · 기동 중심 전쟁에서 정보 · 지식 중심 전쟁으로 변화하고, 전장영역은 영토 개념을 벗어나 우주 및 사이버 공간으로 확대될 것이며, 첨단 과학기술의 발전으로 인하여 전장가시화와 전장공유, 시 · 공간적으로 네트워크에 의해 통합된 시스템 중심의 전쟁"[18]이 될 것이라고 전망하고 있다.

17) '정보전'이라는 용어는 애매한 용어이다. 'intelligence'와 'information'에 대한 한글 번역상의 혼란으로 인하여 첩보활동 및 역정보제공 등을 중심으로 제공되었던 전통적 개념과 정보기술의 활용을 중시하는 현대적 개념이 혼합되어 있기 때문이다. 최근에는 정보작전(information operation)이나 정보우세(information dominance) 등이 더욱 실용적으로 사용된다. 이러한 점에서 정보전이라는 용어보다는 '정보화시대의 전쟁'이라는 용어를 통하여 포괄성을 강조하고자 한다.

18) 국방부, 『국방정보화』(서울: 국방부, 2003), p. 9.

따라서 현 시대의 국방개혁은 정보화시대의 상황에 효과적으로 적응하고, 정보화시대의 요구를 적극적으로 수용하며, 정보화시대가 제공하는 산출물을 적극적으로 활용함으로써 정보화 시대 전쟁에서의 승리를 보장할 수 있어야 한다. 특히 이러한 목표는 "냉전 · 산업화시대의 패러다임에 대한 단순한 '부분 수정'"으로는 달성될 수 없다는 차원에서,[19] 시대적 특성을 충분히 반영한 근본적 변화가 요청되고 있다. 이러한 점에서 '정보화시대'의 국방개혁이 지향해야할 방향을 설명하면 다음과 같다.

첫째, 정보화시대의 국방개혁은 당연히 현대의 발전된 정보 및 정보기술을 군대에 적극적으로 활용하는 데 중점을 둘 필요가 있다. 국방개혁을 통하여 "미래 다차원 전장에서 합동 · 통합작전을 수행할 수 있고, 적의 전략적 · 작전적 중심을 경제적으로 타격"할 수 있는 군대로 변화시킬 수 있어야 하고, "정보 · 감시 · 정찰 체계와 지휘 · 통제 체계 및 정밀타격 · PGM 체계를 첨단 네트워크 기술을 이용하여 공간 · 거리 · 시간에 무관하게 복합적으로 결합"시킬 수 있어야 한다.[20] 정보화시대의 부대들은 물리적인 네트워크를 통하여 연결된 바탕 위에서 인지적(cognitive), 정보적(information) 영역을 효과적으로 공유할 수 있어야 하고, 정보의 공유와 의사결정의 적시성을 향상시킴으로써 전체 전투력의 효율성을 극대화할 수 있어야 한다.

둘째, 정보화시대에는 변화의 속도가 빠르기 때문에 국방개혁의 적시성이 무엇보다 중요하다. 필요한 시기를 놓치면 금방 상황이 변화되어 새로운 계획을 수립해야 하거나 개혁의 요구가 누적되어 복잡성이 더욱 증대될 수 있기 때문이다. 비록 개혁의 횟수가 증대되고 불완전한 추진이 예상되더라도 변화의 속도를 강화함으로써 시대적 변화의 속도에 부응할 필요가 있다. 개혁을 위한 전체적인 청사진과 구체적인 계획을 마련하는 과정에서 지나치게 많은 시간을 사용하는

---

19) Anthony D. McIvor, ed., *Rethinking The Principles of War* (Annapolis: Naval Institute Press, 2005), p. 1.

20) 국방부, 『한국적 군사혁신의 비전과 방책』(서울: 국방부, 2003), p. 104.

것보다는, 기본적인 방향만 제시한 상태로 일단 개혁을 시작하고 나서 실천하는 과정에서 방향과 계획을 지속적으로 발전시키거나 변화시킬 수도 있다. 전통적인 개혁이 고정적인 계획의 성격이 크다면 정보화시대의 개혁은 변동적인 계획의 성격이 커져야 할 것이다.

셋째, 정보화시대에는 개혁의 포괄성이 더욱 강조될 필요가 있다. 정보화시대에는 과거에 비해서 제반 업무간의 상호 관련성과 상호의존성이 커졌기 때문에 한 두 분야를 개혁해서는 전체적인 효율성이나 역량을 강화하기가 어렵고, 관련된 모든 분야가 동시에 개혁되어야 요망하는 효과를 거둘 수 있다. 짧은 시간에 포괄적인 개혁을 추진하는 것이 현실적으로 어려울 경우에는 핵심적인 역량을 선택하여 중점적으로 변화시킴으로써 나머지 기본적인 역량들이 자연스럽게 변화되도록 유도할 수 있다. 이러한 점에서 [그림 2-2]에서 나타나고 있듯이 정보화시대에는 '불연속 도약'(discontinuous jumping), 즉 한 시대를 뛰어넘은 차원의 군사력 발전을 추구해야할 필요성이 커진다.

넷째, 정보화시대의 국방개혁에는 전문가들의 역할과 비중이 증대될 필요가 있다. 정보화시대에는 상식만으로 해결할 수 없는 사항이 점점 많아지고, 전문적인 사항이 좌우할 수 있는 여지도 더욱 커질

[그림 2-2] 정보화시대의 도약적 군사력 발전

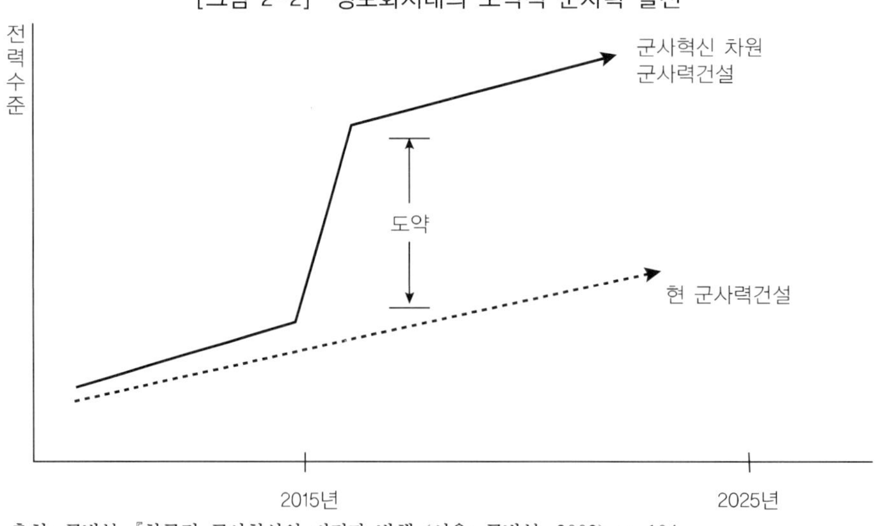

출처: 국방부, 『한국적 군사혁신의 비전과 방책』(서울: 국방부, 2003), p. 104.

것이기 때문이다. 예를 들면, 첨단 무기 및 장비의 개발과 운용에 관한 전문요원들이 참여하지 않고는 정보화시대의 군사작전 수행개념을 정립하기가 어렵고, 컴퓨터 망을 구성하거나 자료 및 정보의 공유를 보장할 수 있는 소프트웨어의 개발 및 운용에 관한 전문가의 참여 없이는 네트워크중심전(NCW: Network-Centric Warfare)을 구현할 수 있는 군대로의 발전은 불가능하다. 국방장관과 군수뇌부들은 전문가들이 판단한 바에 의존하여 개혁의 방향을 설정하거나 세부적인 조치를 결정해야 하는 상황에 더욱 빈번하게 직면하게 된다. 정보화시대에는 각 분야의 전문가들이 통합되어 개혁주체를 형성하고, 리더는 그러한 전문가 집단의 노력을 통합 및 정리하는 역할을 수행할 가능성이 크다.

4. 저항과 비판

개혁의 성공과 관련하여 추가적으로 고려될 필요가 있는 사항은 '저항과 비판'[21]이다. 저항과 비판은 개혁에 반대하는 적대적 태도와 행동으로서 그 형태와 정도는 다를지라도 모든 개혁에 공통적으로 존재한다. 물체의 운동에 대한 마찰처럼 대부분의 저항과 비판은 개혁의 추진에 장애로 작용하고, 따라서 이것의 극복 여부와 그 극복방법의 적절성은 개혁의 성공을 좌우할 수 있는 중요성을 지니고 있다.

가장 보편적인 저항과 비판은 개혁을 추진하는 조직의 구성원들로부터 비롯된다. 개혁을 추진하고자 하는 조직의 구성원들은 개혁의 성공으로 전체 조직이 발전하면 장기적으로는 자신들에게 이익임은 분명히 이해하고 있지만, 단기적으로는 변화 자체가 자신에게 불리한 상황을 초래할 수도 있고, 변화를 위한 노력 자체가 수고를 요구하기 때문에 개혁에 저항하게 된다. 그리고 개혁의 지도자나 그가 주창하

21) 개혁에 관한 이론에서는 '저항'이라고만 하지만 굳이 '저항과 비판'이라고 한 것은 이 둘은 구분하는 것이 어렵고, 저항이라고만 할 경우 실제로는 더욱 빈번한 비판 차원의 행동이 무시될 우려가 있기 때문이다.

는 계획을 수용하고자 하는 마음도 보유하고 있지만, 지도자의 진실성과 계획의 실현가능성 측면에서 의심을 갖게 된다. 그렇기 때문에 개혁은 조직의 구성원에게는 딜레마로 작용할 가능성이 적지 않고, 그 중에서 부정적인 측면이 크게 인식될 경우 저항과 비판의 형태로 가시화된다.

개혁이 강력하게 추진될수록 구성원들과는 대립적 관계가 형성될 가능성이 크다. 현재의 상태가 바람직하지 않다는 시각을 바탕으로 변화를 도모하는 것이 개혁이기 때문에, 개혁을 강하게 추진하면 할수록 그러한 바람직하지 않은 상태를 만든 현재의 구성원들을 긍정적으로 인식하거나 적극적으로 활용하기는 더욱 어렵기 때문이다. 강력한 개혁을 추진할수록 개혁의 주체들은 기존의 구성원들을 기계적, 관행적, 수동적 행위자로 보게 되고, 구성원들 또한 자신을 개혁의 주체로 생각하기 보다는 개혁을 "자신과 무관하거나 자신을 억압하는 제도적 장치로밖에 인식하지 못하고", 개혁의 조치에 대하여 "방어적이면서 수동적"이 된다.[22] 이들은 현재의 상태를 변화시키고자 하는 개혁으로부터 피해를 보지 않으려는 성향을 지니게 되고, 따라서 내용과는 상관없이 개혁 자체에 반대하게 된다.

이러한 저항과 비판은 일차적으로는 개혁에 역기능으로 작용한다. 개혁이라는 시도가 '바람직한 것'이라면 그에 대한 저항과 비판은 당연히 '바람직하지 않은 것'이 되기 때문이다.[23] 그 강도에 따라 달라질 수는 있지만, 저항과 비판은 개혁 조치가 이행되지 못하도록 하거나, 개혁의 추진을 지체시키거나, 최소한으로 개혁의 방향을 변경시키고자 한다. 개혁을 추진하는 것보다는 저지시키는 것이 쉽다는 차원에서 보면, 제대로 관리되지 못할 경우 소규모의 저항과 비판도 전반적인 개혁의 추진에 결정적인 피해를 줄 수 있다.

저항과 비판의 순기능이 전혀 존재하지 않는 것은 아니다. 아무런

---

22) 김선명, "공공부문 혁신의 접근방법에 대한 인식론적 비평: 현상학적 접근방법을 중심으로," p. 12.

23) 오석홍, 『행정개혁론』, 제5판 (서울: 박영사, 2006), p. 39.

근거없이 발생하는 것이 아니라면 저항과 비판도 나름대로의 논리를 보유하고 있을 것이고, 따라서 문제를 제기함으로써 좋지 않거나 불필요한 변화는 방지하는 대신에 바람직한 변화를 선택하도록 유도할 수 있으며, 개혁의 주체는 저항과 비판을 고려하여 개혁의 입안과 시행에 더욱 큰 정성을 기울이거나 신중한 추진에 노력하게 된다. 저항과 비판 과정에서 문제점을 제기해 주기 때문에 개혁주체는 문제의 소지를 사전에 파악하여 시정하게 되고, 저항과 비판을 극복하는 과정에서 개혁주체와 구성원 간 의사소통이 활성화되고 이해가 증진될 수 있다.[24]

동시에 개혁의 성공을 위해서는 저항과 비판을 효과적으로 극복하는 것도 필수적이다. 모든 저항과 비판이 합리적일 수 없고, 시간이 무한정 가능한 것이 아니기 때문이다. 따라서 개혁의 주체는 저항과 비판을 극복하기 위하여 명령, 제재, 긴장조성, 권력구조 개편 등의 강제적 방법을 사용할 수도 있고, 신망제고와 솔선수범, 의사전달과 참여의 촉진, 사명감 고취와 역할인식 강화, 적응 지원, 갈등 해소, 교육과 발전 등의 규범적이거나 사회적인 방법을 사용할 수도 있으며, 개혁으로 인한 불이익의 방지, 경제적 보상, 개혁의 이익에 대한 홍보, 시기 조정, 적응성 제고 등의 공리적이거나 기술적인 방법을 사용할 수도 있다.[25] 어떤 경우이든 저항과 비판으로 인하여 개혁이 중단되어서는 곤란하다고 할 것이다.

Ⅱ 국방개혁의 방법론

국방개혁의 방법론은 수립된 국방개혁 계획을 효과적으로 추진하는 전략이나 방향에 관련된 사항으로서, 다양한 접근법이 존재할 수 있다. 다만, 국방개혁에 관한 이론적 분석이 풍부하지 않다는 차원에

24) Ibid., pp. 38-39.
25) Ibid., pp. 44-46.

서 국방개혁의 추진에 필수적인 몇 가지 쟁점을 제기하고 이에 관한 상반된 모형을 설정하여 분석하고자 한다. 즉 <*첫째, 개혁은 시대적 상황에 부응하는 형태여야 하는가, 아니면 지도자가 주도해 나가는 형태여야 하는가? 둘째, 지도자가 주도해 나간다고 할 때 하향식 추진에 많은 비중을 둘 것인가, 아니면 상향식 의견수렴을 중시할 것인가? 셋째, 이 경우 변화의 속도와 범위는 어느 정도가 적절한가? 네째, 개혁을 추진함에 있어서 이상적인 목표를 설정한 다음 달성하고자 노력하는 방식이 적절한가, 아니면 현재 상태에서 점증적인 발전을 누적해 나가는 방식이 효과적인가? 다섯째, 최근에 논쟁되고 있는 바와 같이 냉전시대처럼 설정된 위협에 효과적으로 대응할 수 있도록 국방개혁을 추진해야 할 것인가, 아니면 다른 접근방법을 새로이 적용해야 할 것인가?*>이다. 국방개혁의 방법론에 관해서는 이외에도 다양한 쟁점이 있을 수 있지만, 제시된 사항들은 국방개혁에 관한 '주체', '방향,' '정도', '방식', '기준'에 관한 사항으로서 부분적으로는 중복되는 내용도 있을 수 있지만 국방개혁의 방법론을 형성하는 핵심요소라고 할 수 있고, 그렇기 때문에 이들에 대한 체계적인 분석과 선택은 국방개혁의 성공을 보장하는 데 필수적인 요소라고 판단하였다. 그리고 이러한 쟁점에 관하여 국방개혁과 직접적으로 연계되어 정립된 모형이 존재하지 않기 때문에 다른 학문분야에서 발전되어온 모형을 차용하고자 한다.

먼저, 국방개혁의 주체에 관해서는 리더십 이론에서 사용되고 있는 상황(situation)이라는 '주어진 환경'과 리더(leader)라는 '인간적 요소' 간의 상호작용에 관한 이론이 유용할 수 있다. 그러한 분석을 통하여 국방개혁에서 지도자가 담당할 수 있는 범위와 한계를 식별할 수 있고, 지도자가 구비해야 할 리더십의 본질을 도출할 수 있기 때문이다. 행정개혁에서도 유사한 내용으로 '피동적 개혁'과 '능동적 개혁'이라고 구분하여 환경의 변화가 개혁의 근본적 전제라는 시각과 지도자와 조직구성원들이 환경을 변화시켜 나갈 수 있다는 시각을 대비시키고 있다.[26]

국방개혁을 추진하는 방향에 관해서는 하향식(top-down)과 상향식(bottom-up)의 대조가 유용할 수 있다. 이것은 증강해 나가야할 무기·장비·물자의 적정한 소요를 도출하기 위하여 군대에서 사용하는 대조적인 접근방법이지만, 국방개혁에도 충분히 적용될 수 있다. 군대는 표면적으로는 상급부대에서 제시한 목표를 하급부대가 일사불란하게 시행하는 것이 부각되지만, 실제로는 하급부대가 필요한 사항이나 의견을 건의하는 측면도 매우 중요시되고, 상황에 따라서 두 가지의 비중이 달라진다. 상급부대의 지시가 강조되면 시행의 효율성은 커지나 현실성이 취약해질 수 있고, 하급부대의 건의에 지나치게 의존하면 현실성은 보강되나 일관성이 취약해질 수 있기 때문이다.

변화의 정도에 관해서는 '행정개혁론'에서 최근에 모형화하여 소개하고 있는데,[27] 개혁의 변화 속도와 범위를 기준으로 '점증적 변화'(incremental change)와 '급진적 변화'(radical change)로 대비시키기도 하고,[28] '진화적 변화'(evolutionary change)와 '혁명적 변화'(revolutionary change)'로 대비시키기도 한다.[29] 정치학에서도 헌팅톤(Samuel P. Huntington)은 '혁명'(revolution)과 '개혁'(reform)간의 대비를 통하여 변화의 속도와 범위를 구별하고 있다.[30] 따라서 이러한 모형들을 결합하여 적용할 경우 국방개혁이 추구해야할 변화의 적정한 정도를 설정할 수 있다.

국방개혁을 실제로 추진해 나가는 방식, 즉 국방개혁과 관련된 제반 정책을 결정해나가는 방식에 관해서는 의사결정론에서 사용하는 대표적인 모형인 '합리적 모형'(rational model)과 '점증적 모형'(incremental model)을 적용할 수 있다. 합리적 모형은 장기적인 차원에서 이상상태를 설정한 다음 이를 달성할 수 있는 방향으로 제반 사

---

26) Ibid., p. 4.

27) Ibid., p. 56.

28) Richard L. Daft, *Organization Theory and Design*, 8th ed. (South-Western College Publishing, 2005), 김광점 외, 역, 『조직이론과 설계』(서울: 한경사, 2005) p. 398.

29) Jennifer M. George and Gareth R. Jones, *Understanding and Managing Organizational Behavior*, 4rd ed. (Upper Saddle River: Prentice-Hall, 2005), p. 574.

30) Samuel P. Huntington, *Political Order in Changing Societies* (New Haven and London: Yale University Press, 1968), p. 344.

항을 변화시켜 나간다는 시각이고, 점진적 모형은 그러한 이상상태를 설정하는 대신에 현재보다 좋아지는 의사결정들을 지속적으로 누적시킴으로써 긍정적인 변화를 달성해나가는 측면을 강조하고 있다. 국방분야의 경우 대부분은 전자를 지향하고 있지만, 실제로는 후자에 근거하여 추진하는 측면도 적지 않다는 차원에서 이 두 가지 모형도 국방개혁의 방법론을 분석하는 데 유용할 수 있다.

국방개혁을 통하여 충족시켜 나가야할 소요(requirement) 도출 기준에 관해서는 최근에 '위협기반 국방기획'(threat-based planning)과 '능력기반 국방기획'(capabilities-based planning)의 대비가 핵심적인 토론 주제로 부상된 상태이다. 국방개혁을 통하여 달성해 나가야할 군사력의 규모, 형태, 양, 질을 결정하는 데 있어서, 냉전 시대처럼 특정한 위협을 지정하여 그러한 위협에 효과적으로 대처할 수 있는 수준을 지향해야 하는지, 아니면 특정한 위협의 지정없이 어떠한 위협이 대두되더라도 대처할 수 있는 충분한 능력의 구비를 지향해야 하는지에 관한 토론이다. 이 대립되는 두 가지 모형 중에서 어느 쪽을 선택하느냐에 따라서 국방개혁의 지향점이 근본적으로 달라질 수 있다.

그러므로 본 책자에서는 국방개혁을 주도하는 요소에 관해서는 '상황'과 '인물', 추진의 방향에 관해서는 '하향식 개혁'과 '상향식 개혁', 변화의 정도에 관해서는 '혁명적 변화'와 '개혁', 정책결정 방식에 관해서는 '합리적 모형'과 '점증형 모형', 그리고 소요도출의 기준에 관해서는 '위협기반 국방기획'과 '능력기반 국방기획'을 대비시켜 각 모형을 설명 및 분석하고자 한다.[31]

---

31) 이 경우 각 모형의 특징과 장단점을 명확하게 부각시키기 위하여 2분법적인 대비를 사용하고자 한다. 개혁을 위하여 실제적으로 적용되는 모형은 대비되는 두 극단의 어느 지점에 있을 가능성이 크지만, 이론적 모형을 정립하는 단계에서부터 중도적인 형태를 포함시킬 경우에는 최선의 모형을 암시하거나 자명한 사항을 중복하여 설명하는 결과가 될 수 있다.

1. 주도요소에 관한 모형

국방개혁은 전쟁, 위기, 월등한 무기의 등장, 국방예산의 갑작스런 변화 등 지금과는 전혀 다른 환경이 출현함에 따라 추진될 수도 있고, 국방장관을 비롯한 군 수뇌부의 적극적이고 능동적인 노력에 의하여 추진될 수 있다. 현실적으로 이 두 가지는 복합적으로 작용하겠지만, 어느 요소가 더욱 큰 영향을 끼치느냐에 따라서 국방개혁의 과정과 결과가 달라질 수 있다.

상황에 의한 주도

상황이 주도하는 개혁은 주변 여건이 변화함에 따라 특정한 방향으로의 개혁적 변화가 불가피해지는 경우에 해당된다. 상황이 주도하는 개혁은 '피동적 개혁'으로도 불리는데, 외부의 개혁요구에 대응하는 방식으로 변화가 추진된다. 전쟁, 위기, 국제정치 상황의 급변, 국방예산의 삭감 등 특별한 변화가 발생하면, 그러한 상황에 적응할 수 있는 방향으로 조직과 체제를 변화시키지 않을 수 없다. 군대의 임무와 기능이 달라지거나 특별히 창의적인 전쟁수행방법이 개발되었거나 특별한 군사과학기술이 출현하였을 경우에도 이에 적응하기 위하여 군대는 변화를 모색하게 된다. 즉 지리적이거나 전략적인 환경이라고 할 수 있는 맥락(context), 임무나 기능의 변화에 관한 사항인 목적(ends), 그리고 방법(ways)과 수단(means) 들이 변화하거나 그러한 변화들이 복합적으로 발생하게 되어 군대의 개혁이 불가피해지는 경우이다.[32)]

특히 이 중에서 전략적 환경이 변화할 경우 개혁이 절대적으로 필요해지는데, 제2차 세계대전 이전에 독일과 일본은 물리적인 힘으

---

32) Jack D. Kem, "Military Transformation: Ends, Ways, and Means," *Air & Space Power Journal* (Fall 2006). Available: http:www.airpower.maxwell.af.mil/airchronicles/apj/apj06/fal06/kem.html (검색일: 2007. 1. 4).

로라도 현상을 타파해야만 하는 불리하고 절박한 전략적 환경에 처해 있었기 때문에 대폭적인 국방개혁을 추진하여 전쟁수행을 준비하지 않을 수 없었고, 제2차 세계대전에서 공격을 받은 유럽과 미국은 독일과 일본의 그러한 시도를 좌절시키지 않으면 안되는 전략적 환경에 처해 있었기 때문에 급속하게 군사력을 증강시키기 위한 개혁을 추진하지 않을 수 없었다. 한국의 경우에도 1969년 닉슨 독트린에서 시작하여 카터 대통령에 의하여 일방적 미군 철수 결정이 내려지자 '자주국방'이라는 기치로 급속하면서도 포괄적인 국방개혁을 추진하지 않을 수 없었다. RMA를 주창하는 이들은 정보화시대의 요구가 현대 군대에게 혁명적인 변화를 강요하고 있다고 주장하고 있다.

이렇게 볼 때 상황이 주도하는 개혁은, *① 타율적인 측면이 크고 ② 대부분 큰 폭의 변화를 요구하며 ③ 변화의 최종상태가 사전에 확정된 경우가 많다*고 할 것이다.

상황이 주도하는 개혁의 장점은 공감대 형성이나 지지와 지원의 획득이 용이하다는 것이다. 상황에 의하여 불가피하게 개혁할 수밖에 없음을 누구나 인식하기 때문이다. 그래서 상황이 주도하는 개혁의 경우에는 그 당위성을 설명하려는 노력이 그다지 필요하지 않고, 최고책임자는 개혁의 시동을 걸기만 하면 개혁을 추진할 수 있다. 외부적인 상황이 개혁의 필요성을 대신 설명해주고, 개혁에 저항하려고 하는 군대 구성원들의 관료주의적 보수성도 약해질 수밖에 없으며, 구성원들의 개혁참여를 촉진하거나 시야를 넓힐 수 있고, 이상적 상태를 목표로 급속한 개혁을 추진할 수 있다.[33] 개혁에 대한 국민적인 지지와 지원을 획득하기도 쉽고, 필요시에는 법적인 강제조치도 보장받을 수 있다.

상황에 의한 개혁의 경우에는 개혁방향에 있어서 혼란이 최소화될 수 있다. 상황이 요구하는 바에 의하여 지향해야할 개혁의 방향이 명백하게 지정되기 때문이다. 구성원들은 명백한 방향을 이해하는 바탕 위에서 각자가 담당하고 있는 영역에서 세부적인 실천과제를 발

33) 오석홍, 『행정개혁론』, pp. 27-28.

전시키거나 구현해 나가면 되고, 개혁방향에 관한 지루한 토론이 생략됨으로써 시행에 노력을 집중할 수 있게 되며, 결과적으로 개혁의 일관성과 실질성이 보장될 확률이 높다. 제2차 세계대전시 독일과 일본의 공격이라는 전략적 환경에 의하여 강요되었던 동맹국의 국방개혁 사례는 상황에 의한 개혁의 이러한 장점을 잘 묘사하고 있다.

> 독일의 경탄할만한 성공으로 인하여 동맹국 내에 존재하였던 변화에 대한 제도적 저항과 비판의 대부분은 사라졌다. 독일의 전격전 실행으로 인하여 새로운 혁명의 진정한 모습이 명확하게 제시되고, 제1차 세계대전 이후 지속된 격렬한 토론이 잠재워 졌다. 변혁에 관하여 볼 때 독일의 행동은 연합군의 위험계산을 변화시켰고, 변혁을 둘러싼 불확실성을 크게 감소시켰으며, 무행동(inaction)의 위험을 크게 증대시켰다. 유사하게 진주만에 대한 일본의 공격도 그 결과와 방법으로 인하여 미 해군의 교리와 작전을 혁명적으로 발전시키도록 하였다.[34)]

상황에 의한 개혁의 경우는 모든 조직과 구성원들이 자발적이면서도 동시에 변화에 참여하기 때문에 추가적인 시너지 효과를 기대할 수 있고, 인접 조직 간의 학습과 자극이 가능해진다. 구성원들의 개혁을 위한 협조와 경쟁을 쉽게 가열시킬 수 있다. 따라서 상황의 요구를 정확하게 식별하여 제시할 경우 작은 노력으로도 전체적인 개혁을 촉발할 수 있다.

그러나 상황이 주도하는 개혁의 단점은 비효율성이나 시행착오를 수반할 가능성이 있다는 것이다. 상황이 주도하는 개혁의 대부분은 가용한 시간과 자원에 비해서 요구하는 변화의 폭이 클 것이기 때문에 임시방편적인 개혁이 시행될 가능성이 적지 않고, 개혁의 내용을 평가하여 수정 및 보완할 여유를 갖지 못할 수 있다. 국방개혁에 필요한 재원은 금방 조달되는 것이 아니라는 점에서 본다면 상황에 의한 개혁의 실제적인 실천성이나 효율성도 의문시될 수 있다. 그리고 능동적으로 추진해 나가는 것이 아니라 변화의 요구에 적응하는 데

---

34) Carl Conetta, *We Can See Clearly Now: The Limits of Foresights in the pre-World War II Revolution in Military Affairs (RMA)*, Project on Defense Alternatives Research Monograph #2(2 March 2006), p. 4. Available: http://www.comw.org/fulltext/0603rm12.pdf (검색일: 2007. 2. 6).

급급하게 됨으로써 겨우 '헤쳐 나가는'(muddle through) 형태의 국방개혁이 될 가능성이 있다.

상황적 요구가 명확하지 않을 경우 잘못된 방향으로 개혁을 추진하게 될 위험성도 적지 않다. 전쟁이나 위기와 같은 명확한 상황이 발생하지 않은 상태에서는 개혁과 같은 정도의 변화를 요구하는 상황을 식별하기도 어렵고, 바람직한 변화의 방향을 결정하는 것도 쉽지 않기 때문이다. 상황의 요구가 불확실한데도 불구하고 특정한 방향을 선택하여 급속한 개혁을 추진할 경우 그 방향이 정확하면 80의 효과를 얻을 수 있지만, 그 반대일 경우에는 오히려 -80의 시행착오를 겪을 수 있다. 따라서 변화의 흐름을 사전에 정확하게 파악하거나 전망하여 대응하는 조직은 비약적인 발전을 도모할 수 있지만, 동일한 상황에서도 그렇게 하지 못한 조직은 커다란 혼란에 휩싸일 수 있다.

지도자에 의한 주도

지도자 주도의 개혁은 군대의 최고 지도자를 중심으로 하는 개혁추진세력들이[35] 시대적 변화와 그에 따른 요구사항을 먼저 예측하고 그에 부합되도록 군대를 변화시켜 나가는 형태이다. 상황의 변화가 전혀 없는데도 이러한 형태의 개혁이 추진되기는 쉽지 않지만, 특정한 지도자가 아니었다면 그러한 변화의 폭이 매우 제한적이거나 잘못될 가능성이 컸다고 판단될 경우에는 지도자 주도의 개혁이라고 말할 수 있다. 이는 '능동적 개혁'이라고도 불리는데, 현대에는 개혁의 과제가 훨씬 복잡해져서 피동적 개혁이 쉽게 한계를 노출시킴에 따라 강조되는 추세를 보이고 있다.[36]

지도자 주도의 개혁과 관련해서는 '변혁적 리더십'(transformational

35) 이론상으로는 지도자 개인이 주도하는 경우와 단체가 주도하는 경우를 구분하는 것이 가능하지만, 현실상에서는 그러한 사례도 많지 않고, 특정한 단체를 구체적으로 지정하기도 쉽지 않다. 그러한 단체를 구성하거나 제도화하는 것도 결국 그 단체의 지도자라고 본다면 명확하게 구분하지 않은 상태에서 지도자를 중심으로 한 수뇌부라는 의미로 이해하는 것이 타당할 수 있다.

36) 오석홍, 『행정개혁론』, pp. 28-29.

leadership)이 강조되고 있다. 변혁적 리더십은 "사람들로 하여금 그들 자신의 능력을 뛰어넘도록 고무시키고 미래에 대한 공통의 비전에 그들을 몰입시킴으로써 그들이 원래 가능하다고 생각했던 것보다 더 많은 것을 만드는 리더십"으로서 "보통사람으로 하여금 보통이 아닌 일을 하게 하는 것"(making common man do an uncommon thing)이고, 비전을 구비한 영웅적 리더십(visionary hero leadership)이다.[37] 변혁적 리더십은 강한 카리스마를 가진 지도자가 비전을 제시하고, 모범을 보이며, 부하들을 자극하여 대폭적인 변화를 결과해 나가는 측면을 강조하고 있다.

이렇게 볼 때 지도자 주도의 개혁은 지도자가 선봉에 서서 개혁을 추진하는 형태로서, *① 지도자가 비전을 제시하여 그 방향으로의 발전을 독려하는 형태이기 때문에 개혁의 각오와 의지가 크고 ② 변화의 속도, 범위, 형태, 그리고 성공의 정도가 다양하며 ③ 대체로 지도자 개인의 역량과 임기에 따라 개혁의 성과가 크게 좌우된다.*

지도자 주도 개혁의 장점은 개혁의 효율성과 집중성이 크다는 점이다. 지도자가 열정, 비전, 계획을 갖고 개혁을 추진함에 따라 일사불란한 구현이 가능해지고, 관련된 모든 노력을 집중시킬 수 있기 때문이다. 나름대로의 충분한 문제의식과 체계적인 계획에 바탕을 두어 개혁을 추진하기 때문에 시행착오가 발생할 가능성도 적다. 대폭의 변화를 요구하는 이론이나 개념을 전격적으로 수용하는 등의 위험스러운 결정을 지도자가 내릴 수 있는 여지가 크기 때문에 어려운 여건에서도 예상외의 결정적인 성과를 달성할 수 있다. 상명하복을 중시하는 군대에서 지도자 주도의 개혁은 성과를 더욱 효과적으로 증폭시킬 수 있다.

지도자 주도의 개혁은 문제의 발생을 사전에 예방하거나 시대적 상황에 먼저 적응할 수 있다. 불확실한 가운데서도 미래에 관한 사전

---

37) 이종인 · 독고순 · 김인국, 『군 리더십』(서울: 한국국방연구원, 1999), p. 24. 변혁적 리더십에 관한 집중적인 설명을 위해서는 다음을 참조할 것. P. G. Northouse, *Leadership: Theory and Practice*, 김남현 역, 『리더십』(서울: 경문사, 2005), pp. 227-268; 신응섭 외, 『리더십의 이론과 실제』, pp. 220-225.

대비를 독려하고 추진하기 때문에 나중에 그 미래가 현재가 되었을 경우에는 이미 대비된 상태일 수 있고, 적이 그러한 개혁을 추진하지 못한 상황이라면 그러한 변화만으로도 결정적인 우위를 확보하게 된다. 적보다 앞서거나 주도적으로 추진하기 때문에 적에 비해 능동성과 전략적 유리점을 확보할 수 있다.

지도자 주도의 개혁은 필요한 시간과 자원을 사전에 획득할 수 있고, 상황적 요구와 현실적 여건을 적절하게 조절함으로써 개혁의 이상과 현실을 조화시킬 수 있다. 지도자가 능동적으로 계획을 수립하고, 그러한 계획을 지원할 수 있도록 시간 및 자원 투입의 양과 일정을 조절하며, 나타나는 문제점에 관해서도 능동적으로 조치할 것이기 때문이다. 지도자 주도의 개혁은 변화되는 상황과 여건에 유기체적인 능동성과 융통성으로 대응함으로써 개혁의 현실성을 강화하게 된다.

그러나 지도자가 주도하는 개혁의 가장 큰 단점은 개혁을 시작하기는 쉽지만 완수하기는 어렵다는 것이다. 완수할 때까지 강력한 지도력을 계속적으로 유지하기가 어렵고, 지휘관들의 임기가 짧은 현대에는 특정한 지도자가 개혁을 추진하고 완수할 수 있는 충분한 기간이 주어지지가 어려울 수 있기 때문이다. 대부분의 경우 최초에는 열정을 갖고 시작하더라도 어느 정도의 시간이 지나면 의욕이 쇠퇴하게 되고, 개혁을 추진하였던 지도자가 교체될 경우에는 추진하던 개혁이 중단되거나 전혀 다른 방향의 또 다른 개혁을 추진하게 될 가능성이 높다.

지도자 주도의 개혁은 그 지도자의 개인적 역량에 좌우되는 측면이 크다. 지도자가 천재적 혜안을 구비하였을 경우 군대는 크게 발전할 수 있지만, 그 반대일 경우에는 오히려 바람직하지 않는 방향으로 변화하여 문제점을 키울 수 있다. 지도자 주도의 개혁을 위해서는 최소한 “성장지향적이고 새로운 경험을 원하며 수단보다는 목표에 더 큰 관심을 갖고 새로운 일을 위해 위험을 무릅쓸 수 있는 성향, 여러 가지 행동 대안에 대한 개방적 태도, 성취지향적이고 스스로 책임지는 자유를 누리려는 욕망"[38] 등을 구비한 지도자나 그 집단이 필요한데, 현실적으로 그러한 자질을 충분히 구비한 개인들을 발견하기는 쉽지 않다. 그리고 지도자의 개인적 열정과 비전에만 전적으로 의존하기에는 국방은 너무나 중요한 과제일 수 있다.

지도자 주도의 개혁은 공감대를 형성하기가 쉽지 않거나 공감대 형성에 상당한 시간과 노력을 소모하게 된다. 대부분의 사람들은 탁월한 지도자가 생각하는 미래지향적인 이상을 이해하기 어렵기 때문이다. 지도자의 방향이 옳은 것으로 모두가 공감한다고 하더라도 변화에 따른 불안을 느끼고 손해를 두려워하는 요원들은 개혁에 저항하거나 지도자를 비판하고자 할 수 있다. 개혁의 추진 과정에서 독선과 저항이 갈등을 일으킬 수 있고, 이로 인하여 개혁의 추진이 내부적인 장애에 봉착할 수 있다.

지도자가 주도하는 개혁의 또 하나 중요한 문제는 초기의 변화를 넘어서서 더욱 변혁적인 발전을 도모하고자 할 경우 그 지도자의 존재가 오히려 장애로 작용할 수 있다는 것이다. 최초에 변화를 불러일으키는 시기에는 지도자의 새로운 시각과 사고방식이 변화의 핵심적인 동력이 되지만, 어느 정도 시간이 지나서 추가적인 변화가 필요해질 경우에는 그 지도자의 고정된 견해에서 벗어나는 것이 어려워지기 때문에다. 어떤 형태의 성공으로 인하여 그 지도자의 권위가 높아져서 압도적인 존경을 받게되어 버린 경우에는 더욱 그러하다. 나폴레옹을 격퇴한 이후 영국군에서는 웰링턴(Arthur Wellesley, 1st Duke of Wellington)이 가장 영향력있는 지도자가 되었는데, 누구도 그의 견해에 도전할 수 없을 정도로 그의 권위가 높아졌기 때문에 나중에는 오히려 웰링턴이 영국군의 개혁에 장애로 작용하였고, 따라서 그의 죽음이 "군을 위해 다행한 해방"으로 평가되었다고 한다.[39]

---

38) 오석홍, 『행정개혁론』, p. 22.

39) 원태재, 『영국육군개혁사: 나폴레옹전쟁에서 제1차 세계대전까지』(서울: 도서출판 한울, 1994), p. 65.

분 석

특정한 시점에서는 지도자 주도의 개혁이 부각되는 모습을 보이지만 역사를 평가하는 입장에서 보면 상황의 변화가 개혁을 주도한 것으로 평가되는 경우가 많다. 개혁의 성공과 전쟁에서의 승리는 결국 "맥락이 결정"(contexts rule)하는 측면이 매우 크고,[40] 특별한 계기가 없는 가운데서 지도자가 개혁을 시도할 경우에는 피상적인 개혁에 그치거나 실패하기가 쉽기 때문이다. 그리고 지도자의 입장에서는 상당한 변화를 주도했다고 평가하겠지만 긴 역사의 흐름에서 보면 그렇지 않은 것으로 평가되는 경우도 많다.

이러한 점에서 전쟁이 발생하거나 국제관계가 급격하게 변화하는 등의 국방환경에 있어서의 급격한 변화는 국방개혁을 위한 중요한 계기가 된다. 새로운 군사작전 수행개념이나 항공기 및 핵분열 현상과 같은 새로운 군사과학기술의 발전 등 개념적이거나 기술적인 변화도 군대의 전반적인 모습을 바꿀 수 있다. 즉 "최초에는 새로운 기술에 의하여 촉발되거나 증폭될 수도 있는 사회적 및 문화적 힘이 미래 군사혁명의 성격을 결정하고, 군사조직이 전쟁을 대비하고 수행하는 방법에 결정적인 영향을 끼치게 된다."[41]

그리고 특정한 국가의 국내적인 여건도 상황 측면에서 중요한 역할을 한다. 특정 국가가 재정적으로 부유하거나, 기술적인 발전 정도가 크거나, 국민들의 상무정신이 고양되어 있을 경우에는 국방개혁이 활발하거나 신속할 수 있고, 그 반대인 경우에는 국방개혁이 수사에 그치거나 지지부진해질 가능성이 크다. 특히 '안보문화'(security culture)라고 할 수 있는 안보에 관한 국민들의 일반적 인식의 정도와 방향, 행동의 방식은 국방개혁의 추진 여부와 속도에 상당한 영향을 끼칠 수 있다. 따라서 국방개혁을 추진할 경우 이러한 국내적이거나

40) Colin S. Gray, *Recognizing and Understanding Revolutionary Change in Warfare: The Sovereignty of Context* (February 2006), p. 31. Available: http://www.strategicstudiesinstitute.army/mil/pdffiles/PUB640.pdf (검색일: 2007. 2. 6).

41) MacGregor Knox and Williamson Murray, *The Dynamics of Military Revolution, 1300-2050* (United Kingdom, Cambridge: Press Syndicate of the University of Cambridge, 2001), pp. 177-178.

문화적인 요소도 중요하게 반영 및 고려될 필요가 있다.

실제로 대부분의 개혁은 당연히 상황과 지도자의 결합에 의하여 발생한다. 리더십 이론에서 지금까지도 논쟁이 계속되고 있는 바와 같이 변화를 일으키는 요인으로서 상황과 지도자 중 어느 것의 비중이 큰가를 판별하기는 어렵다. 판별한 결과가 있다고 하더라도 어떤 경우에는 상황이 주도하는 부분이 조금 크고, 어떤 경우에는 지도자가 주도하는 부분이 조금 크다는 차이에 불과할 수도 있다. 대부분의 성공한 개혁은 개혁을 필요로 하는 상황이 존재하는 상태에서 그러한 요구와 발전방향을 적절하게 파악한 지도자가 등장하여 추진한 경우라고 할 수 있다. 다만, 이러한 주도부분의 작은 차이가 장기적으로 누적되면 상당히 다른 결과를 초래할 수 있고, 전쟁에서의 승패를 좌우할 수도 있음은 유념할 필요가 있다. 유사한 시대적 변화 속에서 특정 국가는 지도자가 주도하는 개혁을 추진하고 다른 국가는 상황이 주도하는 개혁이었다고 할 때 전자는 후자에 비해서 개혁의 신속성과 체계성이 클 가능성이 있고, 따라서 그 당시에 전쟁이 발발하면 전자가 승리할 확률이 당연히 높아진다.

특히 인간의 입장에서 시대적 상황을 변화시키기는 어렵지만 탁월한 지도자는 양성할 수 있다. 그렇기 때문에 모든 군대는 간부계발(leader development)의 중요성을 강조하고, 체계적이면서 반복적인 양성 및 재교육제도를 통하여 간부들의 전반적인 자질을 지속적으로 향상시키고 있다. 대부분의 국가에게 상황의 변화가 대등하게 초래된다고 한다면, 상황을 선도하든 아니면 상황에 대응하든과는 상관없이 미래전에서의 우위를 좌우하는 것은 그러한 상황에 효과적으로 부응할 수 있는 지도자의 질이라고 할 것이다.

2. 추진방향에 관한 모형

국방개혁은 상위의 가치나 제대를 우선적으로 변화시킨 이후에 그 효과를 하위의 가치나 제대로 확산시킬 수도 있고, 그 반대일 수도 있다. 통상적으로 하향식(Top-down) 접근방법과 상향식(Bottom-up) 접근방법으로 불리는 이 두 가지 대조적인 방식은 결과적으로 전체를 변화시킨다는 의도는 동일하지만, 어디에서부터 시작할 것인가에 대한 선택이 다르다. 하향식 접근방법은 상급부서에서 근간이 되는 사항부터 변화시킨 이후에 하급부서로 확산시키고자 하고, 상향식 접근방법은 그 반대이다.

하향식(Top-down) 개혁

하향식 개혁은 국방에 관한 기본 방향과 정책부터 변화시킨 다음 이를 세부적인 사항으로 확산시키는 방식, 즉 상급자와 상급부서부터 개혁한 다음 그 결과를 하급자와 하급부서로 확산시키는 방식이다. 하향식 개혁은 "정책결정자의 입장에서 집행을 보는 시각"[42]이 바탕이 되어 있고, 이들의 생각이나 입장이 개혁을 주도하게 된다. 개혁의 목표와 방향을 설정하는 지도자의 역할이 중요하고, 선험적 직관에 의한 의사결정을 중시하며, 피라미드식으로 구성된 수직적 조직과 권위주의적인 지휘관계를 중시한다. 하향식 개혁은 "전문가들의 우수한 지적능력과 정교한 분석기법을 적용함으로써 정확한 대안분석이 가능하다"[43]는 사고를 바탕으로 하고 있다.

이렇게 볼 때 하향식 개혁은, *① 개혁의 목표, 방향 등 근본적이고 추상적인 사항부터 개혁을 추진하고 ② 최고 책임자를 비롯한 지도자들이 개혁을 주도하며 ③ 신속하고 일관성있는 개혁을 중시하고 ④ 하급자와 하급부서는 개혁의 대상이거나 시행자가 된다.*

하향식 개혁의 장점은 효율적이라는 것이다. 중요한 사항부터, 상급부대로부터 변화가 시작되기 때문에 피라미드식 조직을 기본으로 하는 군대의 경우에는 단기간에 일사불란하게 개혁을 추진할 수 있다. 적의 중심(center of gravity)을 선정하여 노력을 집중함으로써 결국은 최소한의 노력으로 전체를 무력화시키는 결과를 확보하는 전쟁

---

42) 정정길 외, 『정책학원론』(서울: 대명출판사, 2005), p. 631.
43) 육군사관학교, 『국가안보론』(서울: 박영사, 2001), p. 362.

에서의 경우처럼, 하향식 접근방법은 결정적이고 우선적인 사항에 최우선의 관심과 노력을 집중하고, 이로써 전체적인 성공을 보장하게 되기 때문이다. 또한 하향식 개혁에서는 개혁의 기본방향을 설정하는 단계부터 성공에 필요한 조건과 구조를 형성하거나 계획과 시행을 조화시켜 나가기 때문에 문제의 발생을 사전에 예방할 수 있고, 노력의 낭비를 최소화할 수 있다. 제대로만 시행된다면 하향식 개혁은 효율적인 방식이라고 할 수 있다.

하향식 개혁은 우선순위를 정확하게 판별하여 접근하기 때문에 개혁의 전체적인 균형과 조화를 보장할 수 있다. 하향식 개혁은 핵심적인 목표와 그를 달성하는 데 필수적인 방법과 수단에 우선적인 관심을 집중시키기 때문에 미시적인 사항보다는 거시적인 성공에 초점을 맞출 수 있고, 실제적인 비중에 부합되도록 관심과 노력을 균형되게 분배할 가능성이 크다. 또한 "정책형성-집행-재형성-재집행"이라는 순환적인 점검을 중시함으로써 장기적인 추진을 보장할 수 있고, 객관적 평가가 가능해지며, 기존 정책에 대한 단점의 파악과 개선이 용이해진다.[44] 그리고 큰 문제부터 조정되기 때문에 부분별로 추진되는 노력들이 시행착오가 될 가능성이 적어진다.

하향식 개혁은 우수한 지도자의 역량을 극대화할 수 있다. 하향식 접근방법에서는 개혁의 결정과 집행에 있어서 지도자의 의지와 역량이 차지하는 비중이 결정적이기 때문에 유능하고 통찰력을 구비한 지도자가 존재할 경우 그의 역할을 극대화할 수 있고, 결과적으로는 개혁의 성과를 극대화시킬 수 있다. 단기간에 놀랄만한 성과를 거둘 수 있을 뿐만 아니라, 모든 분야에서 일관성있고 적극적인 개혁을 추진할 수 있다. 그렇기 때문에 후진상태를 조기에 극복해야할 상황에 처한 국가에서는 이러한 방식을 선호하게 된다.

그러나 하향식 개혁의 결정적인 단점은 개혁의 논리를 개발하고 계획을 수립하는 데 지나치게 많은 시간을 보낼 개연성이 크다는 것이다. 국방의 근본부터 개혁한다는 과업은 너무나 중대한 사안이기

44) 정정길 외, 『정책학원론』, p. 674.

때문에 어느 것 하나 쉽게 결정할 수 없고, 따라서 시간이 어느 정도 소요되더라도 충분한 토의와 검토를 거쳐야 한다는 주장이 설득력이 있기 때문이다. 그래서 개혁을 위한 토의와 계획 작성에 시간과 노력을 낭비한 결과로 실제 구현에는 착수도 못한 채 개혁의 열기가 식어지는 경우가 적지 않다. 대부분의 군대는 무엇을 개혁해야할 것인가를 충분히 식별하고 있기 때문에 하향식 접근방법이라는 이상에 집착하는 것보다는 작은 부분이라도 한 가지씩 실천하는 것이 더욱 중요하다는 의견도 적지 않다.

하향식 개혁은 이상에만 집착한 나머지 현실을 무시하기가 쉽다. 상급자나 상급부서가 하급자 및 하급부서의 실상을 정확하게 파악하여 반영하거나 집행과정에서 발생하는 모든 문제들을 예견하여 필요한 대안과 지침을 명확하게 제시하기가 어렵기 때문이다. 실제적으로 하급자와 하급부서는 변화를 위한 의지와 역량을 충분하게 구비하지 못한 상태인데도 지나치게 높은 목표를 설정하여 독려하는 결과가 될 수 있고, 일사불란하고 신속한 개혁을 추진함에 따라 목표와 현실간의 괴리를 증폭시킬 수 있다. 상급부서의 입장에서는 그 괴리를 즉각적으로 파악할 수가 없어 표면상으로는 개혁이 잘 추진되는 것 같지만 실제적으로는 그렇지 않거나 과장되는 경우가 발생할 수 있다.

하향식 개혁은 구성원들의 동참의지를 약화시킬 수 있다. 위에서 강요된 개혁으로 받아들여질 우려가 많기 때문이다. 위에서 제기하는 목표와 방향에 대하여 아래에서 금방 동의하거나 파악하는 것이 쉽지 않기 때문에 상급자나 상급부서의 지시와 결정이 없으면 조치를 취하지 않고, 지시가 내려왔다고 하더라도 수동적으로 반응하기가 쉽다. 그리고 위로부터 어떤 조치가 하달된다는 사실 자체가 부정적인 인식을 자극하여 하급자와 하급부서로 하여금 냉소적으로 반응하도록 할 수 있다.

하향식 개혁은 반대자들의 입장을 수렴하거나 반영하는 것이 쉽지 않기 때문에 자칫하면 독선적인 개혁으로 변질될 우려가 있다. 개혁을 지지하고 추진하는 사람들만을 주요 행위자로 인식하고 다른 행위자들은 방해물로 간주하는 경향이 발생하기 쉽기 때문에, 개혁과 관련된 다양한 기관이나 요원들의 생각과 행동에 대한 이해가 부족해지고 개혁의 실제적 구현에 관한 그들의 영향력을 파악하지 못할 수 있다. 또한 모든 개혁조치의 성공을 위해서는 한 두가지의 요소가 아니라 다양하면서도 복합적인 요소를 고려하지 않을 수 없는데, 하향식 개혁에서는 이러한 측면이 강조되기 어려워 전체적인 균형을 상실할 우려가 있다.

상향식(Bottom-up) 개혁

상향식 개혁은 현실을 가장 잘 파악하고 있는 하급자 및 하급부서의 건의를 종합하여 개혁의 청사진과 계획을 수립하고 구현하는 방식이다. 이는 "정책결정권자가 집행과정에서 발생하는 모든 것에 결정적인 영향력을 행사할 수 있고 그렇게 해야 한다는 하향식 접근방법의 가정에 의문을 제기하고 그와 반대되는 논리로 집행연구에 접근하는 방식"으로서,[45] 현실과 직접 관련되어 있는 요원 및 부서들의 비중을 강조한다. 이 모형은 실무자들을 정책의 발의나 개혁의 주체로 인식하고, 그들 간의 토의와 공감대를 중시하며, 경험적 자료를 바탕으로 한 의사결정을 중시하고, 아래에서 공감대를 구축한 이후에 위쪽 방향으로 변화를 추진해 나간다. 이는 개혁에 관한 "민중론적인 접근태도"로서 어떠한 정책대안에 대한 체계적이고 정확한 분석보다 일반 대중들의 입장과 의견을 중요시한다.[46]

이렇게 볼 때 하향식 개혁은, *① 실질적인 사항이 중심이고 ② 실무를 담당하고 있는 요원들이 실천을 통하여 개혁을 추진하며 ③ 다양하고 분권적인 개혁노력을 중시하고 ④ 상급자 및 상급부서는 개혁의 동기부여나 여건조성에 노력하게 된다.*

행정조직의 경우에 상향식 접근방법은 지도자의 결심보다는 각 부처 간의 토의와 타협을 통하여 필요한 사항을 결정하고 시행하는

45) Ibid., p. 677.
46) 육군사관학교, 『국가안보론』, p. 362.

것을 중시하는 방식으로서, 수평적 관계를 보장할 수 있도록 유연하게 편성된 조직에게 효과적으로 적용될 수 있다. 군대의 경우에는 무기 및 장비의 발전으로 인하여 개념의 변화가 초래되거나, 말단 부대의 변화된 사항이나 요구를 상급부대가 수렴하여 반영하는 경우에 해당된다. 클린턴 정부 시절이었던 1993년 미국은 냉전이 종료된 상황에서 그들이 보유해야 할 적절한 병력규모를 산정하기 위하여 상향식 검토(Bottom-up Review)를 실시한 바 있는데,[47] 이것은 전략과 개념만을 기준으로 국방부에서 판단하는 대신에 지역별 방어임무를 수행하고 있는 통합사령부별로 요구되는 병력의 규모와 질을 건의하도록 하여 종합하는 것이 최선의 결론을 얻을 수 있다는 인식을 바탕으로 한 노력이었다.

상향식 개혁의 장점은 실질성과 현실성이 크다는 것이다. 제반 사항이 실제로 시행되는 일선에서 종사하는 사람들의 의견과 전문성을 중시하고 존중하기 때문에 개혁의 조치가 탁상공론이 될 가능성이 적고, 실제로 필요한 분야를 중심으로 변화가 발생할 가능성이 크다. 적은 부분에서부터 변화가 일어나기 때문에 그러한 변화가 나중에 예상하지 못한 문제점을 산출할 수 있는 소지가 적고, 큰 변화로 연결될 경우에도 현실성이 보장된다.

상향식 개혁은 지속성이 높을 수 있다. 하급자와 하급부서부터 변화되기 때문에 그러한 변화는 오래 지속되고 금방 바뀌지 않는다. 구성원들이 개혁의 방향에 공감하고, 자발성을 바탕으로 참여하게 되기 때문에 일관성이 유지될 확률이 매우 높다. 개혁에 관한 거부감과 저항이 최소화될 수 있다.

그러나 상향식 개혁의 큰 단점은 시행착오의 가능성이 크다는 것이다. 밑에서부터 일어난 변화는 그 부분에 국한해서 보면 타당하지만, 전체적인 맥락에 비춰보면 그렇지 않을 수 있기 때문이다. 이미 발생한 세부적인 변화가 위로부터의 다른 변화에 의하여 무용지물이 되거나 또다시 변화해야 하는 상황이 발생할 수 있다. 부서별로 컴퓨

47) Les Aspin, *Report on the Bottom-Up Review* (Washington, D.C.: GPO, 1993).

터 프로그램을 발전시킬 경우 전체적으로는 통용되지 못하고 상급부서에서 다른 형식의 프로그램으로 통일하게 되면 폐기해야 하는 것과 같다. 개혁을 통하여 특정한 성과를 달성했다고 하더라도 그것을 평가해줄 객관적인 기준이 없기 때문에 그 방향이 타당한지를 파악할 수 없고, 수정하기가 어렵다. 그리고 부서간의 경쟁과 이기주의를 발생시킬 수 있고, 이러한 것들이 부정적으로 작용하여 전체적인 개혁을 후퇴시키는 결과를 초래할 수도 있다.

상향식 개혁은 시간이 많이 소요되고 그 범위가 한정적일 수 있다. 상향식 모형에서는 각 분야별로 발전을 추진하기 때문에 대대적인 개혁노력을 점화하는 것이 어렵고, 각 분야별로 어느 정도의 변화가 발생하고 있는지를 파악하기도 쉽지 않으며, 상충되는 요소가 있더라도 문제화되기 전까지는 발견하지 못할 수 있다. 상향식 개혁을 위해서는 모든 요원들과 부서의 개혁의지를 고양시켜야 하는데 이것 자체가 실제로는 어렵고 시간이 많이 걸린다. 부서별 범위를 초과하는 내용에 관해서는 개혁이 이루어지기 어렵고, 부서 간의 토의를 통한 합의의 도출도 쉽지 않다. 따라서 전체적으로 개혁이 비효율적이거나 불균형적일 가능성이 크다.

분 석

올바른 개혁을 위해서는 당연히 상향식과 하향식의 개혁이 적절하게 조화되어야 한다. 그 적절한 조화의 정도를 측정하기는 어렵지만, "집권화가 과도하면 하급제대에서의 주도성을 질식시킬 수 있고....분권화가 과도하면 조정되지 않은 행동들의 집합에 이르게 되기"[48] 때문이다. 또한 지도자의 역량이 탁월하거나 시간이 촉박할 경우 하향식 개혁의 비중이 커질 필요가 있고, 부하들의 열정과 역량이 우수하고 시간적 여유가 있으면 상향식 개혁의 비중이 커질 필요가 있다. 개혁의 초기에는 하향식 개혁의 비중이 크지만, 시간이 지날수

48) David C. Hendrickson, *Reforming Defense* (Baltimore: Johns Hopkins Univ. Press, 1988), pp. 47-48.

록 상향식 개혁의 비중이 커질 수도 있다. 따라서 대부분의 개혁사례에서는 그 비중에 있어서나 시간적인 차원에서 상향식 개혁과 하향식 개혁이 병존한다고 할 수 있다.

군대의 경우에는 근본적으로 하향식 개혁의 비중이 중시되지 않을 수 없다. 군대 자체가 하향식 명령시행에 바탕을 두어 구성된 조직으로서, 하급자와 하급부대는 상급자와 상급부대에서 내려진 지침과 명령을 시행하는 데 철저하도록 강조되고 있고, 그러한 것들이 생활화되어 있는 상태이기 때문이다. 따라서 국방장관은 국가지도자의 지침에 부합되도록 군대의 변화 방향을 설정하고, 이를 구현하기 위한 지침과 계획을 발전시켜 제시할 수 있어야 하며, 예하의 모든 부대들은 그에 부합되도록 나름대로의 지침과 계획을 구체화하여 그 예하의 부대에게 하달할 수 있어야 하고, 이러한 과정이 피라미드식으로 확산됨으로써 전체 군대가 하나의 방향으로 변화하게 된다. 하향식 개혁은 군대의 특성을 가장 효과적으로 활용할 수 있는 방식이라고 할 수 있다.

평시의 개혁도 적과의 경쟁이라는 차원에서 군대는 하향식 개혁이 지니는 효율성을 중요시할 필요가 있다. 적이 우리보다 높은 효율성으로 국방개혁을 추진할 경우 우리는 결정적으로 불리해질 수가 있기 때문에 국방개혁에 있어서도 적보다 높은 효율성을 달성하고자 노력해야 하기 때문이다. 군대는 상급자 및 상급부대부터 변화의 방향과 계획을 명확하게 정립하여 제시하고, 이를 바탕으로 일사불란한 개혁을 추진함으로써 적보다 더욱 신속하고 철저하게 개혁된 군대로 변모되는 방법을 우선시할 필요가 있다. 시간과 노력을 낭비하거나 시행착오를 겪을 우려가 있음에도 불구하고 중지의 수렴과 현실성 강화를 위하여 상향식 개혁을 추진할 여유를 군대는 보유하지 못하고 있을 가능성이 크다.

개혁의 초기에는 하향식 개혁을 중시하고, 실천 단계에서는 상향식 개혁의 장점을 활용할 수 있도록 접근방법의 비중을 조정하는 방법도 효과적일 수 있다. 개혁의 초기에 지도자는 개혁에 관한 확고한 의지와 명확한 철학을 구비한 상태에서, 변화를 위한 구체적인 방향과 계획을 신속하게 제시하면서 이의 구현을 독려하고, 개혁이 어느 정도 추진되면 하급자 및 하급부서와의 원활한 의사소통을 통하여 현장에서의 상황을 정확하게 파악하고 필요할 경우 수정해 나갈 수 있다. 개혁의 후반기에 이르러 상향식 개혁의 방식이 가능한 여건을 만드는 것도 국방개혁과 관련된 지도자의 중요한 과업 중의 하나라고 할 것이다.

3. 변화의 속도와 정도에 관한 모형

통상적인 '발전'에 비해서 더욱 의도적이거나 집중적인 변화를 추구하는 노력 중에서 변화의 속도와 범위가 가장 큰 것이 '혁명'(revolution)이고, 그 보다 온건한 것은 '개혁'(reform)으로 구분된다. 헌팅톤(Samuel P. Huntington)은 정치적 차원에서 혁명과 개혁을 대비시키면서, 혁명은 가치, 사회구조, 정치제도, 정부정책, 사회-정치적 지도력의 변화가 큰 폭으로 일어나는 것으로, 이와는 대조적으로 변화의 범위가 제한되고 속도가 완만한 것을 개혁으로 구분하고 있다. 여기에서 '혁명'은 부정적 어감이 추가되어 거부감을 줄 수 있다는 차원에서 변화의 속도와 범위에 국한하여 '혁명적 변화'라는 말을 사용하고자 한다.

혁명적 변화(revolutionary change)

'혁명적 변화'의 경우 변화의 속도와 범위가 큰 것을 말하는 것은 분명하지만, 어느 정도의 변화부터 그러한 것으로 평가할 수 있을지를 명확하게 규정하기는 어렵다. 정치적 분야에서의 혁명이 신속하고(rapid), 근본적이며(fundamental), 폭력적인(violent) 변화를 의미한다고 한다면,[49] 군사분야에서도 혁명적 변화는 이전과는 상당히 다른 방향

49) Samuel P. Huntington, *Political Order in Changing Societies* (New Haven and London: Yale Univ. Press, 1968), p. 344.

이나 상태로 급속하게 전환됨으로써 비연속적 변화가 발생하는 상태나 과정을 말한다. 즉 군사분야에서의 혁명적 변화는 "혁명적 목표(revolutionary goals), 대담한 의제(bold agendas), 급속한 진전(fast progress), 큰 변화(big changes)"를 지향하고, 단기 또는 중기에 치중하는 것이 아니라 장기적인 차원에서 변화를 추구한다.[50)]

이러한 사항을 구분하여 제시하면 혁명적 변화는, *① 현재 상태를 근본적으로 부정하고 ② 모든 분야에 걸쳐 과거와 전혀 다른 방향으로 변화가 진행되며 ③ 급속한 속도로 변화가 진행되고 ④ 변화에 따른 부작용이 감수해야할 비용으로 수용된다*고 할 수 있다.

군사분야에서 발생하는 혁명적 변화는 주로 새로우면서도 영향력이 큰 기술이 발명됨에 따라 교리 및 조직 등을 비롯한 군대 전반에까지 포괄적이면서 큰 폭의 변화가 확산됨으로써 패러다임이 전환되는 것을 말한다. 군사분야에 관한 혁명적 변화의 예로 장궁, 기관총, 대륙간 탄도탄, 전격전, 항공모함 등이 등장하여 일으킨 변화를 거론되는 것이 그 예이다.[51)] 90년대 후반부터 미군이 제기한 '군사분야 혁명'(RMA: Revolution in Military Affairs)은 정보기술을 통하여 과거의 사례와 같은 혁명적 변화가 발생하고 있다는 인식이 바탕이 되었다. 미군에 의하면 "RMA는 군사작전의 본질과 수행에 관한 패러다임의 전환을 포함하고 있다. 이것은 이전까지 주도적 역할을 수행하던 측이 보유하고 있는 하나 또는 그 이상의 핵심역량을 진부화 또는 부적절하게 만들거나, 새로운 차원의 전쟁과 관련하여 하나 또는 그 이상의 새로운 핵심역량을 창출하는 것, 아니면 두개 모두를 의미한다."[52)]

혁명적 변화의 장점은 변화에 대한 자유성이 크다는 것이다. 혁명

---

50) Hans Binnendijk, ed., *Transforming America's Military* (Washington D.C.: National Defense Univ. Press, 2002), p. 77.

51) Richard O. Hundley, Past Revolution, *Future Transformation: What Can the History of Revolution in Military Affairs Tell Us about Transforming the U.S. Military* (Santa Monica: Rand, 1999), p. 190.

52) Ibid., p. 187. 그리고 이러한 점에서 RMA를 '군사혁신'으로 번역함으로써 변화의 폭을 오해하게 만든 점이 있다. 혁신은 전체적으로는 점진적이면서 부분적으로 새로운 방향을 모색하는 성격의 용어이기 때문이다.

적으로 변화해야 한다는 명분으로 인하여 모든 범위에 걸쳐서 광범한 변화를 추진할 수 있고, 변화에 따르는 부작용도 어느 정도 감수되며, 구성원들도 그것을 수용해야 하는 것으로 인식하기 때문이다. 혁명적 변화라는 이름 하에 모든 것을 새로이 검토하고, 가용한 모든 조치를 시행할 수 있다. 헌 집을 부순 다음에 다시 새로운 집을 짓는 경우와 유사하다.

혁명적 변화는 실제적인 변화를 결과할 가능성이 높다. 강력한 의지를 바탕으로 전반적이면서 급속하게 변화를 추진하기 때문에 그 타당성과는 상관없이 가시적인 변화가 금방 나타날 수 있다. 구성원들이 변화의 절박감을 공유하기 때문에 노력의 집중이 용이하고, 구체적인 성과를 달성할 수 있다. 지휘관의 임기가 짧은 군대와 같은 조직의 경우에는 제한된 시간 내에 상당한 변화를 유도한다는 측면에서 혁명적 변화가 지니는 속도와 범위는 매우 효과적일 수 있다.

혁명적 변화는 변화에 대한 지원의 확보가 용이하다. 혁명적 변화는 상당한 비용과 희생을 소요하는 것으로 모든 사람들이 인식함에 따라 재원을 비롯한 대규모 지원이 당연시되고, 변화에 대한 군대 및 국민들의 저항과 비판도 최소화되기 때문이다. 다음 글은 미군의 입장에서 혁명적 변화가 지니는 장점을 잘 설명하고 있다.

> (혁명적 변화 또는) 비약적 발전전략(leap ahead strategy)의 핵심적 매력은 혁신성, 창조성, 미래지향적 정신자세이다. 이는 단기간에 집착하지 않고 먼 미래, 새로운 기술, 새로운 전쟁의 형태에 관심을 집중한다. 사과수레를 뒤집고(현상을 타파하고) 대규모 보상을 겨냥하여 높은 위험을 감수하고자 하는 이 전략의 태도는 관료주의적 보수주의에 대한 건전한 해독제로 통상적으로 묘사된다. 흥분할 정도의 고도기술 군대를 향한 문호를 개방함으로써, 비약적 발전전략은 미군에게 과거의 전통적인 관행으로부터 탈피할 수 있는 방도를 제공한다. 이것은 몇 가지의 대담한 작전적 개념을 강조함으로써 현재와 다르게 전쟁을 수행하게 되는 미래의 군대를 구상할 수 있도록 하고, 새로운 기술의 획득을 보장함으로써 이 둘을 통합된 교리로 결합시킨다.[53]

그러나 혁명적 변화는 단점도 지니고 있는 바, 무엇보다 그 방향

---

53) Hans Binnendijk, ed., *Transforming America's Military*, p. 78.

이 잘못될 경우 심각한 시행착오를 겪을 수 있다는 것이다. 미래는 불확실함에도 불구하고 혁명적 변화는 잘못된 방향을 선택하여 지나치게 진전시킬 수 있는 위험성을 내포하고 있기 때문이다. 그래서 혁명적 변화를 추진하는 경우에는 그러한 "혁명적 변화에 따르는 불확실성"(RMA uncertainty)을 효과적으로 처리할 수 있어야 하고,[54] 추진 주체는 변화되는 상황에 유연하게 적응할 수 있는 자세와 역량을 구비해야 한다. 그리고 시행착오 가능성에 대한 이러한 우려로 인하여 민주주의 국가나 현상유지를 원하는 국가의 경우에는 혁명적 변화를 선택하기가 어렵고, 프랑스혁명 시기의 나폴레옹이나 제2차 세계대전 시의 독일의 경우에서 알 수 있듯이 위기의식이 큰 경우에는 혁명적 변화을 통한 모험을 감행하게 된다.

혁명적 변화는 변화하고자 하는 욕구에만 집착한 나머지 동시적이고 대폭적인 변화를 추구함으로써 혼란을 초래할 수 있다. 국가나 군대와 같은 대규모 조직에서 급속하고 광범한 변화를 체계성있게 추진하기는 어렵고, 혁명적 변화를 추구하는 과정에서 그 타당성이나 파급효과를 정확하게 계산하기가 어렵기 때문이다. 특히 혁명적 변화를 추구하다가 그것이 잘못되었다고 판단하여 중도에서 중지하거나 취소할 경우에는 그 혼란이 더욱 커질 수 있다. 따라서 인류의 역사를 보면 최초에 의도한 성과도 달성하지 못한 채 혼란만 야기한 것으로 평가되는 혁명적 변화의 사례가 적지 않다.

혁명적 변화는 장기적인 이익을 지향하지만 단기적으로는 문제점을 오히려 누적시킬 수 있다. 혁명적 변화는 현재를 방치할 경우 장기적으로 상당한 문제점이 누적될 것이라는 판단으로 다소간의 시행착오나 혼란이 발생하더라도 급속하고 근본적인 변화를 추구해야 한다는 것이 전제되어 있기 때문이다. 따라서 그러한 변화가 진행되고 있는 도중에 어떤 사태가 발생하게 되면 적절하게 대응하기가 어려울 수 있다. 장기적인 미래를 위하여 현재를 희생한다고도 볼 수 있

54) Carl Conetta, *We Can See Clearly Now: The Limits of Foresights in the pre-World War II Revolution in Military Affairs (RMA)*, p. 2.

는데, 내복약 대신에 충분히 입증되지 못한 수술방법을 통하여 치료하는 방식과 같이, 성공하였을 경우에는 효과가 크지만 당장의 희생이 따르고 실패의 위험도 적지 않다. 다음 글은 미군의 입장에서 혁명적 변화의 이러한 문제점을 잘 설명하고 있다.

> (혁명적 변화의) 핵심적인 부담은 먼 미래에 투자하기 위하여 단기 및 중기를 저장잡힐 수 있다는 것이다. (혁명적 변화를 추구하는) 향후 10-15 년간이 상대적 평화가 존재하는 전략적 휴식이 아니고 주요 분쟁이나 전쟁이 발생할 경우 미국의 안보는 어떻게 될 것인가? 이 기간 동안에 세계가 위험해진다면 미국은 필요한 능력과 융통성을 구비하고 있을 것인가? ...이 전략은 또한 엉성하게 생각되었거나 단순히 비현실적인 아이디어를 추구하기 위하여 미군을 분열시키는 위험성을 지니고 있다.....이 전략이 강조하고 있는 새로운 기술들에 관해서는 원칙적으로는 공감하지만 상당한 경우는 입증되지 않았거나 시험되지 않은 것이다.[55]

그리고 혁명적 변화는 강력하게 추진하는 만큼 저항과 반동도 클 수 있다. 속도가 클수록 마찰도 커지듯이 급속한 혁명적 변화는 그 속도 자체만으로도 저항과 비판을 발생시키게 되고, 유능한 지도자가 단호한 의지와 추진력으로 효과적으로 관리하지 못할 경우에는 중단되거나 원상회복될 위험이 크며, 원래의 취지마저도 왜곡될 수 있다. 이러한 단점을 이해하고 있기 때문에 혁명적 변화를 추구하는 지도자들은 중단이나 원상회복이 불가능할 정도로 더욱 큰 속도와 폭으로 변화를 초래하고자 하고, 이것이 저항과 비판을 더욱 극단화시키기도 한다. 이렇게 될 경우 혁명적 변화는 그 원래의 취지는 상실한 상태에서 변화와 저항 간의 투쟁으로 변모할 위험성이 있다.

개혁(reform)

혁명적 변화의 위험성과 급진성을 경계 및 방지하면서 새로운 방향으로의 변화를 추진할 때 가장 빈번하게 사용되는 것이 개혁이다. 변화는 추구하지만 혁명적 변화만큼의 강도를 지닌 것은 아니고, 그러면서도 통상적인 정도의 발전보다는 강도가 큰 상태이기 때문이다.

---

55) Hans Binnendijk ed., *Transforming America's Military*, p. 78.

혁명적 변화와 개혁을 명확하게 구분하기가 쉽지는 않지만 현재를 부정하여 발생하는 변화 중에서 대체적으로 변화의 속도가 완만하고 범위가 제한될 경우가 개혁에 해당된다.

개혁의 이러한 중도적인 의미로 인하여 현실상에서 추구하는 대부분의 발전 및 개선 노력에 관하여 개혁이라는 말이 사용된다. 혁명적 변화를 추구하면서도 '혁명적'이라는 용어에 대한 저항감을 고려하여 개혁이라는 용어를 사용하기도 하고, 일상적 발전에 불과하지만 개혁이라는 말로 과장하기도 하며, 전반적인 변화를 개혁이라고도 하고, 부분적인 범위만으로도 개혁이라고 부른다. 개혁이라는 용어가 남용되어 각각의 개혁이 의미하는 강도와 폭은 크게 다를 수 있다. 경제발전, 정치발전, 사회발전의 용어는 익숙하지만 국방발전이라는 용어는 생소할 정도로 국방분야에서는 개혁이라는 용어를 더욱 빈번하게 사용한다.

이러한 점에서 혁명적 변화와 대비하여 항목을 구분하여 본다면, 개혁은 *① 현재 상태를 근본적으로 부정하는 것은 아니고 ② 제한된 범위 내에서 변화를 추구하며 ③ 시간적 여유를 가진 상태에서 점진적 변화를 추구하고 ④ 변화에 따른 부작용이나 비용을 최소화하기 위한 노력을 병행한다*고 할 수 있다.

국방분야의 경우 개혁과 같은 '점진적'(evolutionary, steady as you go) 방법은 혁명적 변화에 비하여 지향하는 변화의 규모도 작고, 변화하고자 하는 비전의 범위도 제한된다. 미래의 혁신적 기술에 대한 막대한 투자보다는 현재 가용한 기술을 바탕으로 하는 무기체계의 획득을 강조하고, 현행 부대구조, 무기체계, 운용 등에 관한 점진적 개선을 제안한다.[56] "고장나지 않으면 고치지 말라"(If it ain't break, don't fix it)라는 격언처럼 문제가 되는 부분을 보완하는 데 중점을 둔다.

개혁의 가장 큰 장점은 변화가 온건하게 진행되기 때문에 시행착오가 적을 수 있다는 점이다. 변화시키기 이전에 체계적인 계획을 수

56) Ibid., p. 57.

립할 뿐만 아니라, 변화시켜 나가는 과정에서도 그 변화의 방향이나 내용을 가다듬을 수 있고, 필요하면 수정해 나갈 수 있기 때문이다. 변화를 추구하는 과정을 통하여 부정적 측면은 해소하고, 긍정적 측면은 극대화할 수 있다. 그리고 새롭게 발생하는 상황에 부합되도록 개혁의 방향, 내용, 속도를 어느 정도 조정할 수도 있다.

개혁은 변화에 따르는 혼란이 적다는 차원에서 변화에 대한 군대 및 국민의 동의를 획득 및 형성하기가 용이하다. 혁명적 변화는 변화 방향의 타당성과는 상관없이 변화의 폭이 크다는 자체만으로 군인이나 국민들에게 두려움을 불러일으킬 수 있지만, 개혁이 추구하는 점진성은 편안함을 제공하기 때문이다. 장기적인 기간을 포괄적으로 계산하게 되면 소요되는 예산의 총량이 적지 않을 지라도 특정 시점에서 일시적으로 소요되는 예산은 많지 않다는 점에서 개혁은 거부감을 불러일으키지 않는다. 다음 글은 미군의 입장에서 개혁이 지니는 장점을 잘 설명하고 있다.

> (개혁은) 국방부에 과도한 부담을 주지 않아서 관리가 용이하다. 이것은 미군으로 하여금 고도의 준비태세를 유지하게 하고, 어려운 변화의 눈사태에 노출시킴이 없이 점진적으로 현대화하도록 한다. 의도하지 않은 부정적인 결과를 초래할 수도 있는 위험하고 입증되지 않은 아이디어에 미래를 걸고 도박하지 않기 때문에 이는 신중한 방식이다. 현실적으로 가용할 것으로 예상되는 자원들을 바탕으로 추진되기 때문에 현실적이다.[57]

그러나 개혁이 지니는 가장 큰 단점은 그 속도나 정도가 애매하다는 것이다. 중간적인 개념이 통상적으로 그러하듯이 발전이나 혁명적 변화를 모두 개혁이라고 부를 수 있거나 부르고 있기 때문에 그 의미의 명확성이 희석된다. 개혁이란 용어는 너무 빈번하게 사용되어 참신성이 이미 약화된 상태이고, 개혁은 빈번하게 시작되지만 완성은 드문 것이 현실이기 때문에 '개혁 피로증'(reform fatigue)이라는 용어까지 발생하고 있다. 현 시대에 있어서 개혁은 과장된 구호나 미사여구로 인식되는 측면도 적지 않다.

---

57) Ibid., p. 76.

현재의 문제점을 바로 시정하기 위한 변화를 중시한다는 차원에서 개혁은 현재에 치중한 나머지 미래를 희생시킬 가능성이 적지 않다. 현재의 시점에서는 타당한 조치라고 하더라도 어느 정도의 시간이 지난 미래의 시점에서 보면 그렇지 않을 가능성이 적지 않고, 그렇게 될 경우에는 그 동안 미래에 대하여 사고하지 않음으로 인한 기회비용(opportunity cost)이 발생하며, 그 동안의 노력이 시행착오가 되거나 오히려 문제점을 추가한 것으로 판명될 수 있기 때문이다. 가시적인 성과를 당장 보여야하는 개혁일수록 이러한 단점이 클 수 있다.

실제에 있어서 개혁의 시기를 놓치거나, 의도하는 변화를 발생시키지 못할 가능성도 적지 않다. 개혁을 위해서는 개혁의 중점과 방향을 설정하고, 이에 대한 공감대를 형성해야 하며, 기본적인 계획과 세부적인 시행방안을 작성하고, 이를 바탕으로 온건한 속도와 범위로 변화시켜 나가야 한다. 그리고 각 과정 및 전반적인 차원에서 광범한 토의를 장려해야 한다. 그러나 이러한 노력은 상당한 시간을 필요로 하고, 따라서 변화를 위한 열기를 불러일으키거나 지속시키지 못할 가능성이 크다. 비록 고의는 아니라고 하더라도 개혁을 실제적으로 추진하는 것보다는 개혁의 필요성을 강조하거나 장기적인 계획을 수립하는 데 대부분의 시간을 소모하게 되는 결과를 초래할 수 있고, 책임자가 단기간에 교체될 경우에는 이러한 과정이 반복되는 결과가 발생한다.

개혁의 경우에는 고려해야할 사항이 지나치게 많아지고, 다양한 저항과 비판에 부딪칠 가능성이 크다. 혁명적 변화의 경우에는 변화의 속도와 범위가 크기 때문에 세부적인 사항은 무시되고, 개별적인 이해관계가 작용할 여지를 허용하지 않을 가능성이 크다. 그러나 개혁은 기존의 관행을 존중하는 가운데 추진한다는 전제가 설정되어 있기 때문에 세부적인 사항까지도 고려 및 수용하지 않을 수 없고, 구성원들도 각자의 이익을 강화하기 위한 노력을 경쟁적으로 추진하게 된다. 다음 글은 미군의 입장에서 개혁이 지니는 단점을 잘 설명하고 있다.

(개혁) 전략의 단점도 동일하게 분명하다. 미군을 거의 현재와 같은 수준으로 유지함으로써, 단기적으로는 충분할 수 있으나 중기 및 장기적인 적절성은 의심의 여지가 있다. 이것은 기술적이거나 기계적인 측면에서 미군의 능력을 향상시킬 것이나, 중기 및 그 이후까지 요구되는 융통성, 적응성, 기민성에서 성과를 달성할 수 없을 것이다.....둔중하고 느린 육군의 전개부대 형태와 같이 이 방식은 현재의 군사력 구조에서 명백하게 노출된 문제점을 계속시킬 위험이 있다. 이것은 합동작전, 정보화시대의 네트워크화, 새로운 교리를 과감하게 추진하지 못할 수 있다. 혁신적 사업의 추진, 장기적으로는 가용해질 것으로 판단되는 새로운 기술, 무기, 발사체계의 신속한 추진을 통하여 미군을 강화시킬 수 있는 기회를 놓칠 수 있다.[58]

분 석

정치적으로도 혁명이 자주 일어나지 않듯이 군대의 경우에 혁명적 변화도 자주 일어나지 않는다. 전쟁이 일어나지 않은 평시의 경우에 혁명적으로 변화해야 할 정도로 거대한 도전요인이 발생하거나 그러한 정도의 변화에 대하여 공감대를 형성하기는 어렵기 때문이다. 또한 혁명적 변화를 둘러싼 혼란과 대규모 투자는 현재의 준비태세를 위험하게 할 수도 있어 선뜻 채택하기가 쉽지 않다. 그리고 그 당시에는 혁명적 변화를 추구했다고 하더라도 결과를 통하여 혁명적 변화로 평가되기는 쉽지 않고, 어느 시점에서는 혁명적 변화로 평가되었다고 하더라도 장기적인 시각에서는 점진적 변화의 일부로 평가되기가 쉽다. 미군의 경우 제2차 세계대전 이후 무수한 개혁을 추진하였고 그 중에는 다수의 혁명적 변화도 포함되어 있었겠지만 그 변화의 본질은 점증적(incremental)이라는 평가도 있다.[59] 그렇기 때문에 군대에서는 혁명적 변화보다는 개혁이라는 말이 자주 사용되고 그러한 방식이 선호된다.

그러나 혁명적 변화가 필요하다고 판단되는 상황에서 위험의 최소화에만 집착하여 주저할 경우 상대방이 위험을 감수하면서 혁명적 변화를 추구하게 되면 결정적 패배를 당할 수가 있다. 예를 들면, 제

58) Ibid.

59) James A. Blackwell, Jr., and Barry M. Blechman, ed., *Making Defense Reform Work*, p. 1.

2차 세계대전 이전에 항공기와 전차 등 새로운 무기체계의 활용도를 강화하기 위해서는 혁명적 변화가 필요하다는 주장들이 풀러(J.F.C. Fuller)나 리델 하트(Liddell Hart)에 의하여 제기되어 유럽의 모든 국가들에게 전파되었는데, 영국과 프랑스는 적극적으로 수용하지 않았지만 독일은 혁명적 변화에 따르는 위험을 감수한 채 전격전(Blitzkrieg)으로 발전시킴에 따라 초기 전역에서 결정적인 승리를 달성하게 되었다. 이 경우에 위험성이 큰 초기단계에서는 관망하다가 다른 국가에서 그 유용성을 검증하고 나면 새로운 방향으로의 변화를 신속하게로 추진하는 방법도 생각해볼 수 있지만, 그러한 정도의 변화를 단기간에 따라잡기는 쉽지 않고 나중에 갑자기 변화하고자 할 경우 더욱 많은 비용을 감당하게 되는 것이 역사적 사례이다.[60)]

또한 최초부터 낮은 수준의 변화를 추구할 경우에는 실제적인 변화가 더욱 미약해져서 다른 국가에 비하여 시대적 요청에 부응하는 정도가 극히 미흡할 수가 있다. 변화의 필요성을 충분히 인식시키지 못할 수 있고, 현실안주(complacency)와 자기조직 중심주의(parochia-lism)에 지배당하여 구호에만 그치는 개혁이 될 수 있으며, 점진성을 핑계로 제반 사항의 구현이 지체될 수 있기 때문이다. 이러한 점으로 인하여 성공적인 개혁은 혁명보다도 더욱 드물고, 개혁추진자는 혁명가보다도 더욱 높은 역량을 구비해야 한다고 분석되기도 한다.[61)] 특히 대부분의 조직은 일반적으로 변화보다는 현상유지(status quo)를 선호하는 경향이 있다고 한다면, 현상유지를 위한 명분으로 개혁이 사용되어 문제점을 더욱 누적시시키는 결과를 초래할 수 있다.

따라서 최근에는 혁명적 변화와 개혁의 장점을 보완하고 단점을 상쇄시키기 위하여 변화의 속도와 범위를 적절하게 증대시키는 경향이 나타나고 있다. 미군이 개혁을 대체하여 최근 사용하고 있는 '변혁'(transformation)이라는 용어가 하나의 예이다. 즉 구성원들의 마음

---

60) MacGregor Knox and Williamson Murray, *The Dynamics of Military Revolution, 1300-2050*, p. 194.

61) Samuel P. Huntington, *Political Order in Changing Societies*, p. 345.

속에는 혁명적 변화가 필요하다는 인식을 강력하게 주입하고, 처음에는 혁명적이라고 할 수 있을 정도로 일시적이면서 대폭적인 변화를 감행하거나 변화의 대체적인 방향을 조기에 결정함으로써 그 방향으로의 변화가 지속되어야만 하는 환경을 조성한 이후에, 어느 정도 틀이 형성되면 그 추진속도를 조절하여 드러난 성과를 제도화하고 발생한 문제점을 해소시켜 나가는 것이다. 현대 군대의 변화는 "앞으로 느리게 기어가는"(slow crawl ahead) 것이어서도 곤란하고, "맹목적인 도약"(blind leap)이어서도 안되며, "정교하고 잘 계획된 행진"(deliberate and well-planned march)이 되어야 한다는 지적은[62] 유념할 가치가 있다.

4. 정책결정 방식에 관한 모형

개혁의 실제적인 추진은 수많은 정책결정에 의하여 시행된다고 본다면, "개인이나 조직의 목표를 달성하기 위하여 여러 가지 대안을 설정하고 그 대안 가운데서 가장 바람직한 것을 선택하는 일련의 과정"[63]인 의사결정의 방식에 관한 모형은 개혁의 실제적인 추진방법에 관한 분석에 유용할 수 있다.

최선의 의사결정을 보장한다는 측면에서 지금까지 다양한 모형이 개발되었는데, 학자에 따라 분류는 다소 다를 수 있지만, 일반적으로 합리적 모형(Rational Model), 조직과정 모형(Organizational Process Model), 관료정치모형(Bureaucratic Politics Model), 점증적 모형(Incremental Model), 혼합탐색 모형(Mixed Scanning Model), 만족모형(Satisfying Model), 쓰레기통 모형(Garbage Can Model), 사이버네틱스 모형(Cybernetics Model), 불확실성관리모형(Uncertainty Management Model) 등이 발전되어 있다.[64] 그러나 이 중에서 가장 기본적이면서 대조적

62) Carl Conetta, *We Can See Clearly Now: The Limits of Foresights in the pre-World War II Revolution in Military Affairs (RMA)*, p. 58.

63) 이성연, 『국방의사결정론』(영천: 제3사관학교, 2002), p. 39.

64) 각 모형에 관한 함축적이면서 체계적인 설명을 위해서는 다음을 참조. 육군사관

인 모형은 합리적 모형과 점증적 모형으로서, 개혁이 지향하는 이상을 기준으로 삼아서 제반 사항을 결정할 것인가, 아니면 이상보다는 실천성을 중시할 것인가에 관한 선택이라고 할 수 있다.

합리적 모형(Rational Model)

합리적 모형은 정책결정에 관한 고전적인 접근방법으로서, 정책결정자와 조직의 합리성을 전제로 삼고 있다. 정책결정자는 합리적 사고방식을 따르는 존재로서의 높은 지적 능력을 바탕으로 하여 주어진 상황에서 문제와 목표를 정확하게 인식하고, 이를 달성하기 위한 최선의 대안을 선택해야 한다고 주장하는 모형으로서, 목표달성의 극대화를 위한 합리적 대안의 탐색과 선택을 추구하는 규범적이면서 이상적인 모형이다.[65] 합리적 모형에서 정책결정자는 문제의 인식에서부터 대안의 선택에 이르는 일련의 과정을 합리적으로 처리한다. 그는 정책결정에 필요한 충분한 정보를 가지고 있고, 정확한 모형을 적용하고 계산할 수 있는 능력을 가지고 있다.

합리적 모형의 논리적 진행과정을 보면, "해결해야 할 문제나 달성하고자 하는 목표를 명확히 하고, 문제를 해결할 수 있거나 목표를 달성할 수 있는 여러 가지 대안들을 광범위하게 탐색하며, 대안들이 추진되었을 때 나타날 결과들을 예측하고, 대안의 결과들을 평가하며, 최선의 대안을 선택한다."[66] 이를 안보 및 국방정책과 관련하여 적용하였을 경우 합리적 모형은, 국가가 추구할 안보정책의 목표를 명확하게 설정한 다음에, 완벽한 정보, 시간적 여유, 충분한 자원이 뒷받침되는 여건 하에서 가능한 모든 정책대안을 탐색하고, 각 대안들이 선택되어 집행될 경우 안보에 미치는 영향들을 정확히 분석해 내며, 나름대로의 기준을 적용하여 각 대안들을 비교한 다음, 설정된 안보정책목표를 구현하는 데 최적인 대안을 선택하게 된다.[67]

학교, 『국가안보론』(서울: 박영사, 2001), pp. 370-387.

65) 김규정, 『신판 행정학 원론』(서울: 법문사, 1999), p. 202.

66) 정정길 외, 『정책학원론』(서울: 대명출판사, 2005), p. 474.

67) 육군사관학교, 『국가안보론』, pp. 371-372.

이렇게 볼 때 합리적 모형은, *① 인간의 이성을 중시하는 이상적인 모형이고 ② 문제의 식별이나 목표의 선정, 대안의 선정과 분석, 대안의 평가와 비교, 최선의 대안 결정 등의 논리적 과정을 거치며 ③ 정책결정권자가 그러한 과정을 효과적으로 관리할 능력을 구비하고 있다고 전제하는 모형이다.*

합리적 모형에 의한 결론은 군대가 수행하는 모든 업무에서 교리 또는 예규로 발전되어 적용되고 있다. 수차례의 적용결과를 통하여 최선인 것으로 판명된 것을 제도화함으로써 개인편차를 허용하지 않는다는 것이 교리 및 예규의 목적이기 때문이다. 예를 들면, 군대의 경우 지휘관 및 참모들이 업무를 수행하는 전형적인 과정은 "임무분석-상황 판단-방책 선정-방책 분석-방책 비교-최선의 안 선정-건의"로 규정되어 있는데, 이것은 합리적 모형에 바탕을 두어 정립된 내용이다. 이러한 순서는 시간의 제약에 따라 단축될 수도 있고, 그 중의 어떤 단계는 생략될 수도 있지만, 군대는 기본적으로 이러한 순서를 적용함으로써 짧은 시간 내에 최선의 결정을 내릴 수 있다고 인식하고 있다.

이러한 합리적 모형의 장점은 최선의 의사결정을 보장하고 있다는 점이다. 문제를 식별하고, 그러한 문제를 해결할 수 있는 대안을 강구하며, 그러한 대안들의 결과들을 예측 및 비교하여 최선의 대안을 선택하는 것은 가장 논리적인 과정이기 때문이다. 비록 현실에서 이러한 것이 제대로 구현되지 않을 수는 있지만, 합리적 모형을 추구하지 않은 경우보다는 최선의 결정에 이를 가능성이 크고, 그 과정을 통하여 최선의 정책형성에 기여하게 된다. 합리적 모형은 최선의 결정을 위한 논리적인 틀을 제공하고 있기 때문에, 이를 구현할 수 있는 탁월한 지도자가 나타나서 그러한 방향으로 조직 전체의 결정을 유도할 경우 상당한 성과를 거둘 수 있다.

합리적 모형은 정책의 분석 및 평가에 유용하다. 모든 대안들에 대하여 나름대로의 결과를 예측하려고 노력하는 합리성이라는 기준이 존재하고, 이로써 대안들에 대한 객관적 평가가 어느 정도 보장될 수 있기 때문이다. 합리성의 기준을 중심으로 특정 정책이 미흡한 부분을 분석하고, 그러한 미흡함이 발생한 원인을 도출하면 문제의 해결이 가능하다. 또한 특정 정책을 수시로 분석하고 평가하여 지속적으로 수정 및 보완해 나갈 수 있다.

그러나 합리적 모형은 심각한 단점을 지니고 있는데, 그것은 이상과 현실 간의 괴리이다. 이상대로 구현될 경우에는 합리적 모형이 최선이지만 현실상에서는 그렇지 않을 경우가 많기 때문이다. 예를 들면, 합리적 모형에서는 한 사람의 합리적 지도자나 일치된 견해를 가진 조직이 필요한 결정을 내리는 것으로 전제하지만 현실상에서는 상이한 시각과 이해관계를 가진 다양한 조직과 개인들이 집합적으로 의사결정을 내리게 되고, 합리적 모형에서는 최선의 판단이 가능한 상황을 가정하지만 현실상에서는 결정을 위한 시간과 정보가 불충분한 경우가 많으며, 항상 최선의 의사결정만을 추구하는 것이 아니라 현실상에서는 차선으로도 만족하는 경우가 적지 않다.

최선의 대안을 모색할 수 있다는 가정도 이상에 불과할 수 있다. 최고 지도자의 문제 식별부터 불명확할 수 있고, 통상적으로는 제한된 범위에서 대안을 선정하게 되며, 그러한 대안의 결과를 예측하는 것도 쉽지 않기 때문이다. 모든 대안을 고려한다고 합리적 모형이 가정하고 있지만, 현실상에서는 "불분명한 목표나 문제를 두고 한정된 수의 대안을 고려하고, 이들 대안이 초래할 결과도 몇 가지만 예측 및 고려하여, 적당한 대안을 골라잡는 식의 정책결정이 대부분"[68]이다. 그렇기 때문에 달성할 수 없는 최선을 위하여 노력하는 것보다는 처음부터 차선을 선택하려는 방식이 오히려 현실적일 수 있다.

합리적 모형은 시간과 노력을 낭비시킬 수 있다. 합리적 모형을 위한 체계적인 분석을 위해서는 상당한 시간과 노력이 소요될 수밖에 없는데, 그러한 비용 소요가 정책결정을 통하여 달성한 결과보다 더욱 클 수가 있기 때문이다. 더구나 그러한 시간과 비용을 소요하고서도 실제로 최선의 정책결정에 이른다는 보장이 없다. 즉 합리적 모

68) 정정길 외, 『정책학원론』, p. 479.

형은 "인간의 부족한 능력을 전제로 한 상태에서 불확실한 문제를 단순화시키는 방법은 제시하지 못한 채, 모든 대안을 탐색하고 그들 모두의 결과를 예측할 것을 요구함으로써 엄청난 분석비용과 시간을 낭비하고, 복잡하고 불확실한 상황에 적응하여 문제를 해결해 나가는 전략도 가르쳐주지 않는다."[69]

합리적 모형은 결과보다는 과정에 지나치게 집착함에 따라 관심을 분산시킬 수 있다. 개혁의 성공을 위해서는 그 과정이 논리적이거나 합리적인 것도 중요하지만 실질적인 결과를 획득할 수 있어야 하는데, 합리적 모형에서는 과정의 논리성에만 집착하는 경향이 발생할 수 있기 때문이다. 합리적 모형에서는 과정의 논리성이 우수하면 개혁이 성공적인 것으로, 그 반대면 그렇지 않은 것으로 평가할 수 있고, 개혁을 추진하여 어떠한 결과를 얻었느냐에 관해서는 상대적으로 등한시하는 경향이 초래될 수 있다.

또 하나 합리적 모형의 문제점은 조직의 생산성과 효율성을 중시한 나머지 조직구성원의 참여를 약화시킬 수 있다는 것이다. 최소의 노력으로 최대한의 성과를 달성하는 방안을 중시함으로써 구성원들의 개인적 창의성과 상황을 소홀하게 취급할 가능성이 커지기 때문이다. "합리적 정책분석에 의해서 결정된 개혁의 내용들은 구조와 기능의 슬림화 및 재편으로 다가갈 뿐이지, 구조를 구성하고 기능을 담당하고 있는 실제적인 구성원들의 의지를 능동적으로 통합해내지 못한다."[70] 따라서 개혁 자체의 성과는 크고 명확할 수 있으나, 구성원들의 희생을 강요하거나 구성원들의 자발성을 무시하는 결과가 될 가능성이 적지 않다.

점증적 모형(Incremental Model)

점증적 모형은 합리적 모형에 대한 비판에 기초하여 설정된 모형으로서, 합리적 모형처럼 이상에 치우쳐 비현실적인 정책결정을 결과

69) Ibid., p. 480.

70) 김선명, "공공부문 혁신의 접근방법에 대한 인식론적 비평: 현상학적 접근방법을 중심으로," 『한국행정학보』, 제39권 제4호 (2005년 겨울), p. 6.

하는 것보다는, 인간이 보유하고 있는 지적 능력의 한계와 수단 및 방법의 제약을 아예 인정하는 바탕 위에서, 기존까지 해오던 정책이나 결정을 점진적, 부분적, 순차적으로 조금씩 수정하거나 향상시켜 나가는 것이 실제적으로는 더욱 유용하다는 입장이다. 점증적 모형에서는 정책결정을 특별한 분수령으로 인식하기보다는 '헤쳐 나가는'(muddling through) 과정 정도로 인식한다.[71)]

최근에는 점증적인 정책결정이 현실적이라는 주장에서 한 걸음 더 나아가 그러한 것이 바람직하다는 주장도 제기되고 있다. 합리주의에 기초한 정책분석은 오류의 가능성이 있고, 가치 및 이해의 상충을 해결하지 못하며, 시간과 비용을 소요하고, 해결해야할 문제를 명확하게 도출하지 못한다는 전제하에,[72)] 최선의 대안을 모색하는 노력보다는 공정성(fairness), 수용성(acceptability), 재고가능성(openness to reconsideration), 다양한 이해에 대한 반응성(responsiveness)을 고려한 타결, 화해, 조정, 합의가 바람직하고, 이와 같은 "옳은 과정"(right process)을 거칠 때 "옳은 정책"(right policy)이 도출된다는 것이다.[73)]

즉 안보정책의 결정을 점증적 모형에 적용할 경우, "어떠한 안보문제가 이슈화되어 정책의제로 채택되면, 정책결정자들은 유사한 상황 하에서 이전에 어떠한 정책대안이 채택되어 어떠한 결과를 가져왔는가를 살펴보고, 이전의 정책대안이 어느 정도 성공적인 것이었다면 그것에서 소폭의 변화가 가미된 새로운 정책대안을 마련하여 제시하고, 그렇지 않으면 과거의 연장선 상에서 바람직한 정책대안이 무엇인가를 발견하기 위하여 시간을 끌며, 바람직하다고 생각하는 점증적 정책대안에 대한 대내외의 정책지지 정도를 살핀 후 반대가 없으면 일단 최종대안으로 선택하게 되고, 최종적으로 선택한 정책대안을 집행하는 과정에서 획득한 새로운 정보 및 이의 분석결과를 토대로 정책대안을 점증적으로 계속 수정 및 보완하여 나간다."[74)]

---

71) 김규정, 『신판 행정학 원론』, p. 207.

72) Charles E. Lindblom, *The Policy-Making Process*. 2nd ed. (Englewood Cliffs: Prentice-Hall, 1980), pp. 18-25.

73) Ibid., p. 122.

이렇게 볼 때 점증적 모형은, *① 인간 이성의 한계를 인식한 현실적인 모형이고 ② "현존정책 ±a"로서 현존의 정책에서 소폭적인 변화만을 가감한 것을 정책대안으로 결정하고자 하며 ③ 정책목표의 달성보다는 정책에 대한 동의(agreement on policy)와 다양한 세력들의 타협을 중시한다.*[75)]

실제로 각 개인의 입장에서는 합리적 모형을 채택하는 경향이 크지만, 국방분야와 같은 대규모 조직의 입장에서는 점증적 모형을 적용하는 경우가 더욱 일반적일 수 있다. 최선의 대안이 명확하게 드러나지 않은 경우에는 과거의 관행을 존중하면서 일부만 변화되는 대안을 선택할 가능성이 크기 때문이다. 특히 특정한 정책의 구현을 위해서는 예산의 배정이 중요한데, 그러한 예산의 증감은 대부분 점증적으로 발생하기 때문에 국방개혁을 위한 계획과는 상관없이 실제의 정책 집행은 점증적 모형에 근거하는 경우가 많다.

점증적 모형의 공헌은 정책결정의 실상을 사람들이 알도록 했다는 점[76)]이라는 말에서 알 수 있듯이 점증주의의 큰 장점은 현실적이라는 것이다. 합리적 모형을 추구할 경우에는 성공의 가능성도 크지만 실패의 가능성도 크다는 차원에서, 소폭의 실질적인 변화를 누적해 나간다는 점증적 모형의 논리는 상당한 설득력이 있다. 이 경우 어느 정도가 소폭이냐의 기준도 문제가 될 수 있고, 인간사회의 문제 중에는 선택과 포기라는 양자택일만이 가능한 경우도 많다는 비판도 있지만, 점증적 모형은 인간의 일상적인 사회생활에 보편적으로 적용되고 있다고 할 것이다.

점증적 모형의 장점은 합리적 모형에 비해서 정책결정이 쉽고 단순할 뿐만 아니라 비용소요가 적다는 것이다. 합리적 모형의 경우에는 정책의 목표를 설정하고, 그러한 목표를 달성할 수 있는 수개의 대안을 설정하며, 비교를 통하여 최선의 대안을 선택하는 등의 상당

---

74) 육군사관학교, 『국가안보론』, p. 378.
75) 정정길 외, 『정책학원론』, pp. 495-501.
76) Ibid., p. 502.

한 노력이 필요하지만, 점증적 모형의 경우에는 그러한 과정을 거치지 않아도 되기 때문이다. 또한 합리적 모형의 경우에는 정책결정에 투입되는 비용을 고려하지 않는데 비하여, 점증적 모형은 정책결정에 투입되는 비용보다 더욱 큰 효과가 나올 수 있도록 정책결정을 해야 한다는 점을 고려한다. 즉 "점증적 모형에 의한 정책결정은 손쉽고 용이할 수 있으며, 정책의 지속성 내지 안정성에 기여할 수 있고, 정책의 실현가능성이 높으며, 급격한 정책변화에서 오는 위험성을 회피할 수 있고, 정책결정과 관련된 첨예한 갈등이 있는 경우 이를 줄여주면서 시간적 여유를 갖게 할 수 있고, 또한 정책결정자로 하여금 사후 책임추궁의 염려에서 어느 정도 벗어날 수 있게 한다."[77]

점증적 모형은 제도화의 이점을 활용하는 데 유리하다. 합리적 모형은 전혀 경험하지 못한 새로운 사태의 해결에는 유용할 수 있지만, 일상적이거나 반복적인 사안에 관해서는 상당한 노력의 투입에도 불구하고 자명한 결론을 얻는 데 그칠 수 있다. 처음에 최선의 대안을 개발할 때는 합리적 모형을 적용하더라도 그 다음부터는 개발된 방법을 제도화하여 지속적으로 적용하면 되기 때문이다. 반면에 점증적 모형은 그러한 제도화를 통하여 과거 최선의 대안이 지녔던 이점을 향유할 수 있고, 거기에 조금의 개선을 추가함으로써 더욱 좋은 대안을 선택할 수 있다. 이런 이유로 인하여 점증적 모형은 탁월한 지도자를 필요로 하지 않고, 평범한 모든 사람들에게 효과적으로 활용될 수 있다.

그러나 점증적 모형의 가장 큰 약점은 전체적인 틀을 개선하기가 어려워 세부적인 노력들이 자칫 시행착오로 그치게 될 가능성이 크다는 것이다. 전체적인 환경이 기본적인 결함을 지니고 있지 않거나 개혁의 전체적인 방향이 효과적으로 설정되어 있을 경우 점증적 모형은 성공할 수 있지만, 그 반대일 경우에 점증적 모형은 문제를 키우거나 잘못된 정책이 계속되도록 할 수 있다. 무너져가는 집에 페인트칠을 계속하는 결과가 될 수 있다. 또한 점증적 모형은 '기만적 합

77) 육군사관학교, 『국가안보론』, p. 379.

의'(deceived consensus)를 바탕으로 그 당시 지배층이나 여론주도층의 이익을 대변하여 강자에 의한 약자의 희생을 묵인할 수 있다.[78)]

점증적 모형의 다른 약점은 현상유지, 즉 '반혁신과 보수주의의 옹호'[79)]이다. 점증적 모형은 현실에 대한 문제의식 자체를 거부함으로써 전혀 다른 시각에서 상황을 인식하거나 대안을 분석하는 것을 봉쇄하고, 조직의 발전 동력을 효과적으로 활용하지 못하도록 하며, 임기응변적이거나 단기적인 처방에 머물게 한다. 점증적 모형은 미결정(indecision)이나 무행동(inaction)을 정당화하는 구실이 되어 인간의 본성 중 하나라고 할 수 있는 타성과 현실안주를 조장하게 된다. 점증적 모형에서는 의도적으로 그렇게 선택한 것으로 분석하지만, 실제적으로는 관행에 의하여 또는 관련 당사자 간의 흥정에 의하여 결정되고 시행되는 것을 미화한 것일 수 있다. 특히 불확실한 상황 하에서 집중적이고 절박한 대안의 모색과 결정을 통하여 사태를 해결해야 할 경우에 점증적 모형은 그러한 노력 자체를 시작하지 못하도록 할 수 있다.

점증적 모형은 정책이 중요할수록 적용하기가 쉽지 않다는 중대한 문제점이 있다. 개혁에 있어서 실제로 중요한 사항은 방향을 전환해야하는 사안인데, 방향에 대한 재검토를 기피하는 점증적 모형으로서는 그러한 과업을 수행하기가 어렵기 때문이다. 특히 국가안보에 관련된 정책들은 정책결정을 위한 분석과 과정상의 비용이 문제가 되지 않을 정도로 중요한 사항이기 때문에 점증적 모형을 적용하는 것이 타당하지 않을 가능성이 크다. 나아가 군사 분야와 같이 경쟁상대가 있을 경우에 점증적 모형은 더욱 취약할 수 있다. 경쟁상대가 신속하고 과감한 결정을 통하여 어떤 조치를 취하고 있는 경우임에도 불구하고 점증적 모형에서는 미결정이나 무행동을 선호할 가능성이 크기 때문이다.

---

78) 정정길 외, 『정책학원론』, p. 506.

79) Ibid.

분 석

합리적 모형과 점증적 모형은 두 가지 중에서 어느 것이 더욱 타당한가를 비교해야 하는 것이 아니라 주어진 상황이 어떤 모형에 적합한가를 판단해야 하는 것이라고 할 수 있다. 비중의 차이는 존재하겠지만 인간이 관계된 대부분의 정책결정은 이러한 두 가지를 적절하게 혼합하고 있기 때문이다. 예를 들면, 현상의 대규모 변화가 불가피한 경우에는 합리적 모형을 사용하는 것이 유리하고, 조직의 제도화 정도가 클 경우에는 점증적 모형을 사용하는 것이 유리하다. 탁월한 지도자를 보유하고 있을 경우에는 합리적 모형이 유리하고, 그렇지 못할 경우에는 점증적 모형이 유리하다. 상황의 불확실성이 크거나, 시간이 제한되거나, 정책의 우선순위를 판단하기 어려울 경우에는 점증적 모형을 선택하기가 쉽다.

이러한 측면에서 합리적 모형과 점증적 모형을 혼합하려는 시도도 적지 않았다. 예를 들면, 혼합탐사모형(Mixed Scanning Model)의 경우에는, 정책결정의 대상을 근본적인 사항과 세부적인 사항으로 구분한 다음 근본적인 사항을 결정할 경우에는 세부적인 사항을 의식적으로 제외하여 변수를 단순화함으로써 합리적 모형에 근거한 올바른 방향의 선정에 중점을 두고, 그 이후 세부적인 사항은 점증적 모형에 근거하여 결정한다. 또한 최적모형(Optimal Model)은 합리적 결정의 효과가 합리적 결정을 위한 비용보다 클 경우에만 합리적 모형을 적용해야 함을 강조한다. 그리고 근본적인 사항에 관하여 합리적 모형을 적용하여 단기간에 필요한 결과를 산출하고자 할 때, 이를 '개혁'이라고 말한다.

일반적으로 군사분야의 경우에는 합리적 모형이 더욱 적극적으로 사용되고 있는 것이 사실이다. 민간분야에서 어떤 정책을 잘못 결정하게 될 경우에는 재산상의 손실을 보는 것으로 그치지만, 군사분야에서 그렇게 될 경우에는 국가안보를 위태롭게 할 수도 있기 때문에 합리적 모형을 통하여 이상적인 최선의 상태를 지향할 수밖에 없다. 군사분야의 경우 적과 항상 경쟁하는 상황이어서 적이 최선의 결정을 내릴 것이라는 전제하에 행동하지 않을 수 없기 때문에 합리적 모형이 적용되어야 할 당위성이 크다. 그리고 군사분야의 경우 중요한 결정을 필요로 하는 대부분의 사항들은 정량적인 요소보다는 정성적인 요소들이라는 점에서, 정책결정권자의 직관과 통찰력에 의존하는 비중이 클 수밖에 없다.

이 경우에도 합리적 모형의 단점으로 식별된 사항들을 충분히 이해하고 그것을 보완할 수 있는 조치를 사전에 강구할 필요가 있다. 합리적 모형에 집착한 나머지 이상에만 집착하여 현실성없는 대안을 강조하거나 최선의 대안만을 추구하느라 시간과 노력을 낭비해서는 곤란하기 때문이다. 합리적 정책결정의 성과보다 정책결정을 도출하기 위한 비용이 크지 않도록 주의하거나 생산성과 효율성을 추구하느라 구성원들의 참여의지를 약화시키지 않도록 노력할 필요가 있다.

5. 소요도출의 기준에 관한 모형

국방개혁의 추진과 달성에 있어서 실질적인 사항은 군사력의 건설 소요(requirements)를 도출하는 것이다. 국방개혁을 통하여 궁극적으로 달성하고자 하는 목표가 미래의 전쟁에서 승리할 수 있는 군대를 육성하는 것이기 때문에 '무엇을' '얼마만큼' 증강해야 하느냐를 결정하는 것은 국방개혁 목표를 결정하는 핵심적 요소라고 할 수 있다. 전통적으로는 적에 비해 우월한 군대를 육성하고자 노력하는 '위협기반 국방기획'(threat-based planning)을 적용하여 왔지만, 냉전의 종료 이후 최근 위협이 다양화되면서 '능력기반 국방기획'(capabilities-based planning)이 부각되고 있고, 두 가지 중의 선택이 중요한 쟁점을 형성하고 있다.

위협기반 국방기획(Threat-based Planning)

위협기반 국방기획은 대처해야 할 명확한 형태의 위협이나 잠재적국이 존재하는 경우에 적용된다. 내가 상대해야 할 적을 식별한 다음에, 그 적과의 전쟁수행시 예상되는 각본(scenario)을 구상하고, 그러한 각본에 효과적으로 대응할 수 있는 무기 및 장비, 구조 및 편성, 교리 등을 구비하기 위하여 노력하는 것이다. 따라서 전력증강의 목표가 명확할 수 있고, 그 성공 여부나 효과를 측정하는 기준도 단순하다. 적과의 대치를 전제로 예상되는 각본을 개발하여 분석하기 때문에 증강해야할 소요의 내용도 구체적으로 산출될 수 있다. 이 국방기획은 대치상태가 명확할 경우에 채택하게 되는 방법으로서, 논리적이면서 보편적이다.

위협기반 국방기획의 기준은 적이다. 적보다 더욱 강력한 군대를 육성하는 것이 국방기획의 요점이 되고, 적의 무기체계, 구조 및 편성, 교리 등을 파악하여 그보다 더욱 좋은 상태를 유지하고자 노력한다. 따라서 위협기반 국방기획에서는 적국이나 잠재적국과의 전쟁수행에 관한 구체적 각본을 작성하고, 그러한 각본을 구현하는 데 필요한 소요를 도출하여 증강하고자 한다. 격투기 선수의 경우를 예로 들면, 누구와 시합할 것인지가 정해진 상태에서 상대의 약점과 강점을 파악하고, 상대와의 시합시 전개될 각본을 구상하며, 그러한 각본에서 우세를 확보할 수 있는 방향으로 노력하는 경우가 해당된다.

이러한 점에서 볼 때 위협에 기초한 접근방법은, *① 잠재적국 또는 적국을 설정하여 그보다 높은 국방력을 유지 및 확보하고자 하고, ② 변화의 모습이 수동적이면서 점진적이며, ③ 변화를 위한 시간, 노력, 재원의 소요를 최소화할 수 있다.*

위협기반 국방기획은 역사적으로 대부분의 국가가 사용해온 방식이라고 할 수 있는데, 양국이 대치상태에 있을 경우에는 더욱 그러하다. 예를 들면, 제1차 세계대전이 종료되고 나서 프랑스는 독일의 공격을 효과적으로 방어하고자 노력하였는데, 독일이 공격할 것으로 예상되는 각본을 구상하고 그에 따라 마지노선을 설치한 데서 알 수 있듯이 전형적인 위협기반 국방기획을 적용하였다. 냉전시대에 소련과의 비교나 소련의 공격 각본을 기준으로 군사력 증강의 소요를 도출한 미국의 경우도 그러하였다. 한국의 경우에도 한미연합사령부는 북한의 공격 각본을 작성하고, 워게임(war game)을 실시하여 보완해야할 부분을 도출한 다음, 전력증강 소요로 종합하여 양국 지휘부에 건의하는 방식을 취함으로써 위협기반 국방기획을 채택하고 있다.

이러한 위협기반 국방기획의 가장 큰 장점은 의사결정의 최적화가 가능하다는 것이다. 적이나 적의 위협이 어느 정도 잘 알려져 있고 예상되는 각본도 잘 작성되어 있기 때문에 그에 효과적으로 부응할 수 있는 최적의 군사력 규모도 쉽게 산출할 수 있기 때문이다. 적의 강점에 대응하면서 적의 약점을 공략할 수 있는 필수적인 소요에 집중함으로써 대비의 범위를 국한시킬 수 있고, 대비의 폭도 적정한 선에서 그칠 수 있다. 맞춤형의 효율적인 대비라고도 할 수 있다.

위협기반 국방기획은 국민 및 구성원들의 동의를 얻어내기가 쉽다. 위협도 명확하고, 그 위협에 대응하기 위한 소요도 명확하기 때문이다. 적에 비해 열세하기 때문에 전력을 증강해야 한다는 데 대하여 지지하지 않거나 희생을 마다할 국민이 있을 수 없다. 위협이 명확할수록 이러한 국방기획의 설득력은 커진다.

그러나 위협기반 국방기획은 수동적이라는 근본적인 단점을 지니고 있다. 우리의 계획이 아니라 적의 태세를 기준으로 하기 때문에 적이 변화하는 데 따라서 우리도 변화한다. 적을 기준하여 그것을 능가할 수 있도록 노력하는 방법이기 때문에 이론적으로는 어느 기간이 지나면 적보다 우세할 수 있지만, 적도 지속적으로 발전한다고 본다면 어느 순간에도 적보다 우세한 전력을 보유하지 못하는 결과가 된다. 전략적 방어를 선택하지 않을 수 없는 상황과 여건에 있는 국가의 경우에는 이러한 현상이 더욱 심할 수 있다.

실제로는 적에 관하여 정확하게 파악하는 것이 어렵기 때문에 위협기반 국방기획은 위험할 수 있다. 적이 특정한 능력을 보유하지 않은 것으로 판단하고 대비하지 않았는데, 실제로는 적이 그러한 능력을 구비하였을 경우 우리의 대비는 무용지물이 되거나 결정적인 기습을 허용할 수 있기 때문이다. 그래서 대치관계에 있는 국가들은 서로에 관한 사항을 상대가 모르게 하도록 하기 위하여 노력하고, 방어하는 입장의 국가는 그의 철저한 대비노력에도 불구하고 항상 기습을 당하곤 하였다. 프랑스의 마지노선도 난공불락이라고 장담하였지만 독일군은 예상하지 않던 방향으로 공격하여 이를 무력화시켰다.

위협기반 국방기획은 전혀 예상하지 않았던 다른 국가로부터 공격을 받을 경우에는 적절하지 않을 확률이 높다. 특정한 적, 특정한 전쟁, 특정한 가정에 집착하고, 그에 따라 구상한 각본을 '유일한 각본'(the scenarios)인 것으로 간주하여 전력을 증강해왔기 때문이다. 미래의 위협은 항상 유동적이고, 전혀 예측하지 않은 형태와 정도의 위협이 도래한다는 차원에서 보면 예상하고 있지 않은 형태의 위협이 대두하였을 경우 위협기반 국방기획은 융통성을 상실하거나 기습을 허용할 위험이 있다.

능력기반 국방기획(Capabilities-based Planning)

능력기반 국방기획은 새롭게 대두된 것이 아니라 전력증강의 기본적인 논리로 과거부터 존재해온 개념이다. 이는 위협기반 국방기획에 대비되는 방식으로서 명확한 적국이 존재하지 않거나 너무나 다양한 형태의 위협이 대두되어 기준을 삼을만한 결정적인 위협을 선택할 수 없을 경우에, 어떠한 위협에도 대처할 수 있는 우리의 다양한 '능력들'(capabilities)을 강화하는 데 중점을 두는 방식이다. 다양한 능력들을 구비하고 있다가 특정한 상황이 발생하면 그 상황에 부합되는 능력들을 조합하여 융통성있게 대응한다는 개념이다. 격투기 선수의 경우를 예로 들면, 아직 누구와 시합을 할 것인지 확정되지 않았기 때문에 어느 누구와 시합하기로 결정되더라도 이길 수 있도록 자신의 기본적인 체력, 기교, 전술을 전반적으로 향상시키고 있다가, 유사시에 대진표가 결정되면 가장 효과적인 형태로 자신의 능력을 조합하여 대응하는 경우에 해당된다. 건축의 경우에는 어떠한 주문에도 응할 수 있는 다양한 재료를 준비해 두었다가 유사시에 요구되는 형태에 맞는 재료를 선택적으로 활용하여 집을 짓는다는 개념이다.

그렇기 때문에 능력에 기초한 접근방법은, *① 명확한 잠재적국 또*

는 적국이 존재하지 않고 ② 시대적 상황과 여건을 고려한 자체 판단을 통하여 변화의 정도와 방향을 설정하며 ③ 변화의 폭과 비용이 커질 가능성이 있다.

이러한 능력기반 국방기획의 가장 큰 장점은 만전(萬全)을 기할 수 있다는 것이다. 어떤 형태의 적이나 위협이 대두되더라도 효과적으로 대처할 수 있도록 군대를 발전시키기 때문에 기습을 당하거나 예상하지 않은 취약성이 드러날 가능성이 적다. 모든 지휘관들이 희망하는 이상적인 국방기획이라고 할 수 있다.

능력기반 국방기획은 능동적이다. 적의 위협 변화에 수동적으로 따라가지 않고 우리의 개념과 방향에 근거하여 전력을 증강해 나가기 때문이다. 능력기반 국방기획을 적용하는 국가의 군대는 동일한 전력증강 노력을 경주하면서도 능동적으로 변화를 주도해 나가고, 그러한 국가를 적으로 인식하여 대응하는 국가는 수동적인 변화를 추구하게 된다. 이러한 점에서 능력기반 국방기획은 군사적으로 선진화된 국가가 채택하기에 적절한 국방기획일 수 있다.

능력기반 국방기획은 이상적이면서 균형된 군대발전을 보장할 가능성이 높다. 모든 가능성을 열어둔 상태에서 미래의 다양한 위협을 연구하고, 그러한 다양한 위협에 대처할 수 있는 개념과 역량을 구비하기 위하여 노력하기 때문에 군대의 완전성이 증대되고, 불확실한 미래에 대한 대응력이 강화된다. 일부 분야에 편중되지 않고 전반적인 분야에 걸쳐 포괄적이면서 조화된 변화가 발생할 확률이 높다.

능력기반 국방기획의 가장 큰 단점은 군사력 소요를 판단하는 데 적용할 수 있는 기준이 불명확하다는 것이다. 위협이 확실하지 않거나 어떠한 위협에도 대응할 수 있어야 한다는 차원에서 특정한 각본을 작성하여 적용할 수가 없기 때문이다. 미래전에서 적용될 수 있는 군사작전 수행개념을 발전시켜 그러한 개념을 구현하는 데 필요한 소요를 도출하는 방법이 있을 수 있지만, 불확실한 미래에 관하여 명확한 소요를 도출할 수 있을 정도로 구체적인 군사작전 수행개념을 발전시키는 것도 쉽지 않고, 작성된 군사작전 수행개념의 구현에 필요한 능력을 식별하거나 현재 능력과 비교하여 중복과 부족분을 도출하는 것도 생각처럼 용이하지 않다. 위협기반 국방기획에서도 정확한 소요도출이 어려운 것이 현실이라는 차원에서 보면 능력기반 국방기획에서는 어려움이 더욱 가중될 수밖에 없다.

능력기반 국방기획을 위해서는 대규모의 노력과 재원이 소요된다. 어떠한 적이나 위협에 대해서도 효과적으로 대처하기 위한 역량을 확보한다는 목표는 이상적이기는 하지만 너무나 방대하고 어떻게 보면 비현실적일 수 있다. "어느 정도까지 증강해야 하는가?"(How much is enough?)라는 의문이 당연히 발생할 것이기 때문이다. 갑자기 국방예산을 증대시키기가 어려운 것이 현실이라는 측면에서 보면, 능력기반 국방기획에서는 요구되는 다양한 능력 중에서 우선순위를 적용하여 선별적인 증강노력을 강구하거나 결국은 기존의 사업을 취소하는 대신에 새롭게 필요하다고 판단된 사업을 추진하는 형태가 될 수밖에 없다.

미래 위협의 불확실성을 강조하는 능력기반 국방기획에 관해서는 국민적 및 국제적 지지를 획득하는 것이 어렵다. 군대란 특정한 위협으로부터 국가를 방위하는 것인데, 현재 명백한 위협이 없고 미래의 위협도 불확실한 상황에서 군사력을 대폭적으로 증강해야 한다는 논리는 국민들에게 설득력이 약하기 때문이다. 세계적으로도 그러한 논리는 수용되기 어렵고, 오히려 군비증강을 위한 구실로 인식될 가능성이 높다. 어떠한 논리에서든 어느 한 국가가 군비증강을 하게 되면 다른 국가도 이에 대응하지 않을 수 없기 때문에 능력기반 국방기획은 군비경쟁을 유발하게 되고, 결과적으로는 우리의 위협을 강화시키는 악순환을 초래하게 된다.

분 석

냉전의 종료로 말미암아 세계 대부분의 국가들은 위협기반 국방기획을 재검토해야 하는 상황에 직면하여 있다. 냉전시대처럼 위협이 명확하지 않고, 대신에 전통적인 위협과는 다른 형태의 다양한 위협들이 대두되고 있기 때문이다. 즉 "냉전시대의 지배적인 관념은 전력

증강을 통하여 실질적, 또는 잠재적인 외부위협에 집중적으로 대처하자는 '위협대비론'이었다. 이것은 다른 국가들은 본질적으로 공격적인 성향을 가지며, 항시 공격기회만 노리고 있다는 냉전적 사고에서 발생된 것이다. 이러한 '위협대비론'에서 탈피하여 합리적인 군사력 활용을 목표로 한 국방정책을 마련하는 것이 전력증강과정에서 가장 큰 도전이라고 할 수 있다."[80] 그리고 이러한 시대적 요구에 부응할 수 있는 개념으로 부각된 것이 능력기반 국방기획이다.

위협기반 국방기획과 능력기반 국방기획은 전력증강의 소요를 결정하는 데만 국한되지 않고, 국방에 대한 사고 및 국방기획의 근본적인 문제에까지 영향을 미친다. 위협기반 국방기획은 절박한 위협에 대한 절박한 대비를 강조하기 때문에 군사적 효율성을 국방정책 결정을 위한 지배적 요소로 인식한다. 그러나 능력기반 국방기획에서는 당장의 위협이 명확하지 않아서 대비의 여유를 가질 수 있기 때문에 국방정책 결정에 있어서도 민주주의적이고 개방된 논의를 중시하게 된다. 또한 위협기반 국방기획에서는 군대의 엘리트들이 긴장된 분위기를 바탕으로 국방정책을 주도하였지만, 능력기반 국방기획에서는 민·관·군이 민주적 분위기에서 국방정책을 토의하고 결정하게 된다.

위협기반 국방기획과 능력기반 국방기획은 적용되는 상황이 다르고, 나름대로의 장단점을 보유하기 때문에, 이 중에서 어느 것이 적절하냐는 것은 전적으로 특정 국가의 상황과 여건에 따라 좌우된다. 위협이 명확한 국가는 위협기반 국방기획을 지속적으로 적용하여야 하고, 그렇지 않은 국가는 능력기반 국방기획으로의 변화를 모색할 필요가 있다. 다만, 위협기반 국방기획은 수년 동안 적용해온 결과로 그의 적용을 위한 제도 및 절차가 구체적으로 발전되어 있지만, 능력기반 국방기획은 그의 타당성도 충분히 검증되지 않은 상태에서 그의 적용을 위한 제도 및 절차가 개발되거나 시험되고 있는 과정이다. 따라서 이론적으로는 변화가 필요하다고 하더라도 실제적인 변화의 여부, 정도, 방법은 충분한 토의를 거쳐 결정할 필요가 있다.

---

80) David Chuter, *Defense Transformation: Short Guide to the Issues*, p. 30.

제 3 장 미국의 사례: 군사변혁

미국이 추진하고 있는 군사변혁(military transformation)의 본질과 내용은 시각에 따라서 다양하게 인식될 수 있다. 미국 내에서도 '전력변혁'(force transformation), '국방변혁'(defense transformation) 등의 단어가 혼용되고 있을 뿐만 아니라 그의 핵심내용에 관해서도 사람과 기관에 따라서 설명이 다르다. 제3자나 제3국에서 미국의 군사변혁을 관찰할 경우에는 분석의 시각, 참고하는 자료, 미국과의 군사적 현안 문제 등에 영향을 받아 더욱 다양해질 수밖에 없다. 따라서 긍정적 측면이 지나치게 부각될 개연성이 존재함에도 불구하고 전체적인 범위는 정확하게 파악할 수 있다는 점에서 미군이 발표한 공식적 문서를 중심으로 하면서, 주요 인사들의 발언과 미 의회 및 다른 군사이론가들이 분석한 자료를 활용하여 미국 군사변혁에 관한 내용을 정리하고자 한다. 그리고 국방개혁에 관한 사례분석이기 때문에 럼스펠드(Donald H. Rumsfeld) 국방장관의 재임기간에 추진한 내용을 중심으로 기술하고자 한다.

미국의 군사변혁에 관한 내용을 기술하고 있는 공식적 문서를 보면, 최초의 체계적인 문서는 2001년 9월 30일 미 국방부에서 의회에 보고한 『4년주기 국방검토서』(QDR: Quadrennial Defense Review)이다. 그리고 지구적 대테러전쟁(GWOT: Global War on Terror)에서 어느 정도 자신감을 회복한 미 국방부는 2003년 4월 QDR을 구현하기 위한 『변혁 계획수립 지침』(TPG: Transformation Planning[1] Guidance)을 발간하여 예하 기관 및 부대에 하달하였고, 변혁의 추진을 실무적 차원에서 독려하기 위하여 미 국방부 전력변혁실(OFT: Office of Force Transformation)에서는 2003년 가을 『군사변혁: 전략적 접근』(Military Transformation: A Strategic Approach)과 2004년 10월 『국방 변혁의 요소』(Elements of Defense Transformation)를 작성하여 전파하였으며, 국방부 공보실에서도 2005년 2월에 『미래 직면: 21세기의 위협과 도전에 대처』(Facing the Future: Meeting the Threats and Challenges of the 21st Century)라는 제목으로 그 동안의 변혁 성과를 홍보하면서 앞으로의 추진방향을 제시하는 문서를 발간하였다. 특히 미 국방부는 2006년 QDR을 통하여 2005까지 군사변혁을 통하여 이룩한 성과를 정리함과 동시에 그 이후의 지속적인 추진을 약속하고 있다. 따라서 이러한 문서들을 주요 근거로 삼으면서 다른 참고문헌으로부터 필요한 내용을 추가하여 미국 군사변혁의 방향, 접근방법, 핵심과제들을 설명하고자 한다.

---

1) plan이 '계획'이거나 '계획을 수립한다'는 뜻이기 때문에 planning은 당연히 '계획의 수립이나 작성'을 의미한다. 그러나 한국군의 경우 PPBEES(Planning, Programming, Budgeting, Execution, Evaluation System)에서 'planning'을 '기획'으로 번역하여 사용하기 때문에 국방기획체계와 관련되었을 경우에는 '기획'으로 번역하는 것이 혼란의 소지가 적다. 대신에 그 외의 경우에는 대부분 '계획수립'으로 번역하는 것이 효과적이다. 예를 들면, 미군이 합동 차원에서 작전계획을 수립하여 시행하는 체계를 JOPES(Joint Operation Planning and Execution System)라고 하는데, 한국군에서는 '합동작전기획 및 시행 체계'로 번역하여 사용함으로써 작전계획과는 다른 작전기획이라는 별도의 용어가 있는 것으로 오해하도록 만들고 있다. 그러나 미군의 경우 '작전기획'이란 영역은 존재하지 않는다. JOPES를 '작전계획 수립 및 시행절차'로 번역할 경우 이러한 오해는 발생하지 않는다.

I 군사변혁의 경과와 범위

경 과

럼스펠드 장관에 의하여 본격화된 것은 분명하지만, 미국의 군사변혁은 클린턴 행정부 시절부터 언급되기 시작하였다고 할 수 있다. 냉전이 종료된 1990년대부터 새로운 안보환경에 적응하기 위한 변화가 촉구되었고, 그 결과로 군사변혁의 기초가 되었다고 할 수 있는 '군사분야 혁명'(RMA: Revolution in Military Affairs)이라는 용어가 확산되기 시작하였으며, 1997년의 QDR에서는 "미래를 위한 미군의 변혁"(Transforming U.S. Forces For the Future)이라는 제목의 제7장을 통하여 새로운 방향으로의 미군의 변화 필요성을 역설하였다.[2] 다만 이 당시에 인식했던 변혁의 범위는 전투수행수단의 현대화(modernization)에 중점을 둔 것으로서 다소 제한적인 범위였다고 할 수 있다.

'변혁'(Transformation)이라는 용어를 국방부의 공식적 이념(official ideology)으로 격상시키고,[3] 국방의 모든 분야로 확산시킨 사람은 럼스펠드 국방장관이다. 그는 취임과 더불어 국방부 내의 민간관료, 예비역, 군인, 민간인 등으로 다수의 위원회를 구성하여 쟁점이 되는 모든 문제를 포괄적으로 검토하도록 하였고, 검토결과를 종합하여 2001년 6월 21일 상원 군사위원회에 변혁의 추진 필요성과 그 방향을 보고하였다. 이 보고에서 럼스펠드 장관은 미래 위협은 불확실하다는 논리에 기초하여, 기존 '2개 주요전구'(MTW: Major Theater of War) 전략의 위험성을 비판하고, '능력기반 국방기획'(capabilities-based planning)으로 변화되어야 한다는 점을 강조하였다. 그리고 9/11테러

---

2) Secretary of Defense William S. Cohen, *Report of the Quadrennial Defense Review* (May 1997). Available at: http://www.defenselink.mil/pubs/qdr/ (검색일: 2006. 12. 6).

3) *The New York Times*, 9 Nov 2006.

가 발생하여 대처에 분주한 상황에서도 예정된 2001년 9월 30일에 그 동안 구상했던 내용을 QDR 보고서에 담아서 국회에 보고 및 발표함으로써 군사변혁을 공식화하고, 변혁에 관한 그의 기본적인 철학 및 방향을 제시하였다.

변혁을 추진하는 초기에 미군은 그것이 필요한 이유를 다음의 세 가지로 설명하고 있다. 첫째, 냉전 종료 이후 '평화배당금'(peace dividend)[4]을 향유하느라 발전시키지 못한 군사적 문제점들을 교정해야 한다는 것이고, 둘째, 미래에 대두될 새로운 위협에 대비해야 하며, 셋째, 현대 과학기술의 이점을 군대에 적극적으로 도입하여 미군의 강점을 지속해야 한다는 것이다.[5]

첫 번째 이유에 관하여 미군은 클린턴 행정부 동안에는 '즉각 출동부대'('first to fight' forces)들의 대비태세를 높이기 위하여 나머지 부대들의 준비태세를 희생시켜 왔고, 과중한 작전임무와 삶의 질 저하 등으로 인하여 우수요원의 확보율이 낮았으며, '획득 공백기간'(procurement holiday-새로운 무기체계를 거의 획득하지 않았다는 의미)의 지속으로 미군의 임무수행능력이 저하된 상태이고, 노후장비를 운용함에 따라 운영유지비가 가중되었으며, 전반적인 국방 기반체계(defense infrastructure)가 노후화되었다고 설명하고 있다.[6]

두 번째 미래 위협 대비를 위한 필요성은 럼스펠드 장관이 가장 비중을 높여 강조하였던 사항이다. 럼스펠드 장관은 미래의 위협에 대하여 확신할 수 있는 유일한 사항은 현재 예측하는 것과 다를 것이라는 사실뿐이라면서 미래 위협 예측의 불확실성을 강조하고, 알지 못하는 것(the unknown), 불확실한 것(the uncertain), 그리고 예상하지 못한 것(the unexpected)로부터 국가를 방어할 수 있도록 노력해야 한

4) 회사에 이익이 발생하였을 때 배당금을 지급하는 것처럼, 냉전에서 승리한 댓가로 군비를 줄여서 국민들의 복지를 향상시켜 주는 것이 필요하다는 취지로 미국에서 사용한 말이다.

5) Secretary of Defense Donald H. Rumsfeld, "Prepared Testimony to the Senate Armed Services Committee" (June 21, 2001). Avaliable: http://www.defenselink.mil/speeches/2001/s20010621-secdef.html. (검색일: 2006. 12. 6).

6) DoD, *Quadrennial Defense Review* (Washington D.C.: DoD, Sep 30, 2001), pp. 7-10.

다는 점을 역설하였다.[7] 그리고 미래에는 테러리스트들의 공격, 사이버 공격, 전방에 전개된 미군기지에 대한 접근 거부(access denial) 기도, 대량살상무기(WMD: Weapons of Mass Destruction)와 결합된 미사일에 의한 테러 등 현재와는 전혀 다른 위협들이 대두될 것이기 때문에 새로운 시각과 새로운 방식으로 대비해야 한다고 주장하였다.

세 번째 첨단 과학기술 도입 필요성에 관해서 미군은, 군사과학기술적인 우위는 세계의 어느 국가도 추종할 수 없는 미군의 결정적이고 비대칭적인 이점이기 때문에 이를 지속적으로 유지하는 것이 긴요하다는 점을 강조하고, 이를 위하여 변혁이 필요하다고 역설하고 있다. 미국사회는 세계의 어느 국가보다도 첨단 수준의 과학기술을 보유하고 있기 때문에 이를 군대에 도입하기만 하면 미군의 전투력을 쉽게 향상시킬 수 있다는 것이다.

따라서 미군은 "세계의 평화와 안정을 지탱하는 데 필요한 미국의 전략적 위치를 유지하기 위하여, 미국의 유리점을 확대하면서 비대칭적 취약점을 보호할 수 있는 방향으로 개념(concepts), 능력(capabilities), 사람(people) 및 조직(organizations)들을 새롭게 결합하여, 군사적 경쟁과 협력의 변화를 형성해 나가는 과정"[8]으로 변혁을 정의하고 이의 추진에 모든 노력을 집중하게 되었다.

2001년 9월 11일 감행된 미국에 대한 항공테러는 갓 시작된 군사변혁에 대한 결정적인 기폭제로 작용하였다. 테러공격으로 인하여 국민과 군인들 모두가 21세기의 새로운 위협과 그에 따르는 변화의 절박성을 피부로 인식함에 따라 럼스펠드 장관이 주장하는 논리를 충분히 이해하게 되었기 때문이다. 누구도 항공기에 의한 그와 같은 테러를 예측하지 못하였다는 점에서 불확실성과 폭넓은 대비를 지향하는 변혁에 관한 지지가 강화되었고, 변혁의 속도와 범위도 증대되었다. 아프가니스탄과 이라크에서의 실전을 통하여 새로운 무기 및 장

---

7) Secretary of Defense Donald H. Rumsfeld, "Prepared Testimony to the Senate Armed Services Committee" (June 21, 2001).

8) DoD, *Transformation Planning Guidance* (Washington D.C.: DoD, April 2003), p. 3.

비, 군사작전 수행개념과 교리, 새로운 부대 구조 등이 적용 및 검증됨에 따라 미군은 확신을 갖고 변혁을 추진할 수 있게 되었다.

2002년에는 대테러전쟁의 수행으로 관심이 다소 분산되었으나 2003년 5월에 이라크에서의 주요전투작전(major combat operations)에서 결정적인 승리를 달성한 이후부터 미국 군사변혁은 적극적이면서 구체적인 실천에 돌입하기 시작하였다. 미 국방부에서는 『변혁 계획 수립 지침』등 다양한 문서를 발간하여 군사변혁에 관한 방향을 통일시키고, 각군에게 변혁을 위한 일정계획(Transformation Roadmap)을 작성하여 보고하도록 하는 등 실천을 독려하기 시작하였다. 이후부터 변혁은 미군의 '유행어'(buzz words)가 되고, 과거와는 '다른 시각'(outside the box)에 의하여 군대를 진단하고 발전시켜야 한다는 의식이 확산되기 시작하였으며, 기업경영자적인 효율성이 군대에 적용되기 시작하였고, '자기조직 중심주의'(parochialism)의 타파가 강조되었으며, 시대적 요구에 부합되도록 제반 절차와 제도가 개선되기 시작하였다. 미군은 정보화시대의 다양하고 비대칭적인 위협에 능동적으로 대응할 수 있는 체제와 능력을 구비하고자 노력하게 되었고, 현시대의 기술적인 이점을 최대한 수용하고 활용하는 데 집중적인 관심을 투입하게 되었다.

럼스펠드 장관이 재임하는 기간 동안에 이룩한 군사변혁의 성과를 가장 권위있게 정리한 문서는 2006년 QDR인데, 이 문서에서 미군은 그동안의 변화가 타당하였을 뿐만 아니라 유용했다고 평가하고, 세부사업별 성과와 앞으로의 추진방향을 구체적으로 제시하고 있다. 그리고 2006년 11월 8일 사임한 럼스펠드 장관의 후임인 게이츠(Robert Gates) 국방장관은 '변혁'이라는 단어를 거의 언급하지 않음으로써 럼스펠드 장관이 야기한 부정적 이미지에서 벗어나고자 하는 모습을 보이고 있기는 하지만, 그러한 슬로건 없이도 미군이 구상한 대로의 변화가 계속되고 있다는 것은 럼스펠드 장관 시절에 변혁에 관한 핵심적인 사항들이 뿌리깊게 정착되었다는 증거라고 할 수 있다. 럼스펠드 장관을 중심으로 추진했던 미국 군사변혁의 진정한 성과는 상당한 기간이 지난 이후에나 객관적으로 평가될 수 있겠지만, 6년 정도의 집중적인 노력으로도 상당할 정도의 변화는 달성한 것으로 판단된다.

목표와 범위

미국은 2001년 9월의 QDR에서는 '국방정책 목표'(Defense Policy Goals)라는 명칭으로, 그리고 2005년의 『국가방위전략』(The National Defense Strategy of The United States of America)에서는 '전략목표[9]를 달성하는 방법'(How we accomplish our strategic objectives)으로 일부 용어를 조정하여 <표 3-1>의 4가지를 변혁의 목표로 제시하고 있다.

〈표 3-1〉 미군의 국방정책 목표

2001년 QDR	2005년 국방전략
① 동맹 및 우방국을 확신시키고 (Assuring allies and friends), ② 미래군사경쟁국을 단념시키며 (Dissuading future military competition), ③ 미국의 국가이익에 대한 위협과 강압을 억제하고(Deterring threats and coercion against U.S. interests), ④ 억제실패시 어떤 적이라도 결정적으로 격멸(If deterrence fails, decisively defeating any adversary).	① 동맹 및 우방국을 확신시키고 (Assuring allies and friends), ② 잠재적국을 단념시키며(Dissuading potential adversaries), ③ 침략을 억제하고 강압에 대응하고 (Deterring aggression and countering coercion), ④ 적을 격멸(Defeating adversaries).

출처: DoD, Quadrennial Defense Review (Washington D.C.: DoD, 2001), p. 11; DoD, The National Defense Strategy of the United States of America (Washington D.C.: DoD, 2005), pp. 7-8.

이러한 4가지 국방목표 중에서 군사변혁과 직접적으로 관련된 것은 두 번째 "미래군사경쟁국을 단념시킨다"는 사항이다. 군사변혁을 통하여 혁명적인 작전수행개념, 능력, 조직을 실험 및 구현함으로써

9) 미군은 전략적 목표(Strategic Objective)로서 "직접적인 공격으로부터 미국을 보전(Secure the United States from direct attack), 전략적 접근을 보장하고 범세계적 행동의 자유 보유(Secure strategic access and retain global freedom of action), 동맹국과 동반자국가를 강화(Strengthen alliances and partnerships), 유리한 안보조건 형성(Establish favorable security conditions)"의 4가지를 설정하고 있다. DoD, *The National Defense Strategy of the United States of America* (Washington D.C.: DoD, March 2005), pp. 6-7.

미국의 월등한 힘을 과시하고, 이로써 미래 군사경쟁국을 단념시킬 수 있기 때문이다. 변혁을 통하여 탁월한 군사력을 개발함으로써 미래의 잠재적인 경쟁국들이 미국과 경쟁할 엄두를 내지 못하도록 한다면 이것은 억제나 승리보다 더욱 효과적이라는 논리이다.

국방정책 목표를 구현하기 위한 구체적인 사항으로서 미군은 '작전적 목표'(operational goals)라는 내용을 제시하고, 이러한 능력을 보유해 나가는 노력을 변혁으로 인식하고 있다. 그렇기 때문에 이러한 작전적 목표는 미국이 추진하는 군사변혁의 실질적인 목표로 기능해왔다고 할 수 있다. 문서에 따라 표현 방식이나 순서는 조금씩 차이가 나고 있지만, 2001년 QDR에서는 <표 3-2>와 같이 제시하고 있다.

〈표 3-2〉 미군의 작전적 목표

① 주요 작전기지(미본토, 해외전력, 동맹국 미 우방국)의 보호와 화생방과 고폭무기, 그리고 그들의 투발수단을 격파
② 공격을 받을 경우 정보체계를 보장하면서 효과적인 정보작전 수행
③ 접근거부(anti-access) 및 지역거부(area-denial) 환경에서 미군을 투입하거나 유지시키고, 적의 접근거부 및 지역거부를 격파
④ 모든 기후 및 지형에서, 다양한 사거리에 있는 주요 이동 및 고정표적에 대하여, 공중 및 지상전력을 보완적으로 결합함으로써, 대규모 정밀타격을 바탕으로 한 지속 감시, 추적, 신속한 교전을 통하여 적의 성역을 거부
⑤ 우주체계와 그 지원시설의 능력과 생존성을 향상
⑥ 조절가능한 합동작전상황도를 포함하는, 상호운용성을 구비하고 합동차원인 C4ISR 체계와 능력을 개발하기 위하여 정보기술과 혁신적인 개념을 활용

출처: DoD, *Quadrennial Defense Review* (Washington D.C.: DoD, Sep 30, 2001), p. 30.

이러한 목표를 구현하기 위한 군사변혁의 핵심적 분야로서 미군은 전투수행방법(How we fight), 업무수행방법(How we do business), 그리고 협력방법(How we work with others)의 세 가지를 선정하고 있다.[10] 여기에서 전투수행방법은 미래 합동작전 수행개념을 개발하고, 이를 지원하기 위한 교리(Doctrine), 조직(Organization), 훈련(Training), 물자(Materiel), 리더십과 교육(Leadership and Education), 인적자원

10) 이에 관하여 가장 잘 정리된 설명을 위해서는 다음의 문서를 참조. DoD, *Transformation Planning Guidance*, pp. 6-8.

(Personnel), 시설(Facilities) 분야에 관한 발전소요를 도출하는 것이다. 업무수행방식의 변혁은 민간기업의 선례를 적극적으로 반영하여 국방분야의 업무수행 절차와 과정을 시대에 부합되도록 변화시켜 나가는 노력으로서 국방분야의 효율성을 극대화하는 것이다. 그리고 협력방법은 정부 내 각종 기관들과의 긴밀한 협조를 보장하고, 나아가 우방국들과도 협조하고 지원한다는 개념이다.

미국 군사변혁의 범위는 시간이 지나면서 그 우선순위가 변화하는 경향을 보이고 있다. 최초 변혁이 시작되는 시점에서는 전투수행방식의 변혁에 중점을 두었으나, 그에 관한 기본방향이 정립된 이후부터는 국방부를 중심으로 한 전반적인 업무수행방식의 개선에 관한 비중을 증대시키기 시작하였고, 아프가니스탄 및 이라크 전쟁을 수행한 이후에는 정부 및 다른 국가와의 협력방식의 변화에 관한 비중을 증대시켰다. 예를 들면, 변혁이 어느 정도 진전된 2004년 10월 발간된 『국방변혁의 요소』(Elements of Defense Transformation)에서는 업무추진방식의 변혁, 협력방식의 변혁, 전투수행방식의 변혁으로 순서가 전환되어 표시되어 있고,[11] 2005년 3월 발간된 『국가방위전략』(The National Defense Strategy of the United States of America)에서는 현 시대의 새로운 위협에 대한 공통안보(common security)에 바탕으로 두고 동반관계 국가들과의 관계를 증진시켜 나가야 한다는 점을 강조하고 있다.[12] 2006년 2월의 QDR에서는 정부부처, 국제사회, 동맹국 및 파트너 국가와의 협력을 더욱 강조하여, 본문은 물론이고 전체적 결론으로서 "노력의 통일 달성"(Achieving Unity of Effort)이란 제목 하에 "국내적으로는 미 국력의 모든 요소들을 활용하고 국외적으로는 동맹국과 동반관계 국가들과의 긴밀한 협력을 도모할 수 있는 미 정부의 능력"[13]에 관한 사항을 10 페이지에 걸쳐서 구체적으로 강조하고 있다.

---

11) DoD, *Elements of Defense Transformation* (Washington D.C.: DoD, 2004). p. 3.

12) DoD, *The National Defense Strategy of the United States of America,* p. 18.

13) DoD, *Quadrennial Defense Review* (2006), p. 83.

특히 미군은 변혁에 관한 고급 지휘관의 주도적인 노력을 강조하였다. 이들부터 변혁적인 사고방식을 구비하고, 변혁을 실질적으로 구현하면서 장애들을 제거해 나갈 때 전반적인 군사변혁이 보장된다는 것이다. 그래서 국방부에서 발간한 『변혁 계획수립 지침』에서는 변혁에 관한 국방부장관, 합참의장, 전력변혁실장, 합동전력사령관 및 기타 작전사령관, 각 군성 장관 및 각 군 참모총장의 임무를 명확하게 식별하여 명시하고 있고,[14] 이들이 고민하고 솔선수범하여 변혁을 위한 토양을 조성해야 할 것임을 강조하였다.

Ⅱ 군사변혁의 접근방법

럼스펠드 장관이 중심이 되어 추진한 미국의 군사변혁에서는 과거와는 상당히 구별되거나 달라진 다수의 접근방법을 적용하고 있다. 그만큼 과거와 다른 방향으로 군대를 변화시켜야 한다는 절박성이 컸기 때문이라고 판단된다. 그 중에서 대표적인 몇 가지 접근방법을 설명하면 다음과 같다.

1. 능력기반 국방기획

현재 미군이 추진하고 있는 변혁의 방향이 과거와 구별된다는 것을 강조할 때 가장 먼저 사용되는 용어가 '위협기반 국방기획'(threat-based approach)을 대체 또는 보완하는 '능력기반 국방기획'(capabilities-based approach)이다. 럼스펠드 장관은 취임 이래 능력기반 국방기획으로의 전환을 수차례 강조하였고, 그 이후의 모든 미군 문서에서 변혁의 핵심적인 방향으로 이것이 언급되고 있다. 2001년 QDR의 서문에서 럼스펠드 장관은 "(국방정책) 재검토의 핵심적 목표는 과거의 사고를 지배해 온 '위협기반' 모형으로부터 미래를 위한 '능력기반'

14) DoD, *Transformation Planning Guidance*, p. 12.

모형으로 방위계획수립의 근본을 전환하는 것이다"[15]라고 강조하고 있고, 2005년 『국가방위전략』에서도 그 구현을 위한 4가지 중에서 세 번째로 능력기반 국방기획을 열거하고 있으며,[16] 2006년의 QDR에서도 "위협기반 국방기획으로부터 능력기반 국방기획으로의 전환"을 변화의 핵심적인 요소로 명시하고 있다.[17] 미군 변혁에 관한 대부분의 공식문서에서도 능력기반 국방기획, 능력기반 전략, 능력기반 군사력 건설, 능력기반 평가 등의 용어가 빈번하게 사용되고 있다.

능력기반 국방기획은 럼스펠드 장관이 새로 창안하였거나 미군이 새로 개발한 개념은 아니다. 군사력 건설에 관한 이론의 하나로서 오래 전부터 정립되어 있던 용어이다. 냉전의 계속으로 위협기반 국방기획이 장기간 적용됨에 따라 거의 사용되지 않아 잊혀 졌다가 최근에 다시 부상한 개념이라고 할 수 있다. 단어 자체를 통해서도 충분히 이해할 수 있듯이 위협기반 국방기획은 대처해야 할 명확한 '위협'이나 잠재적국을 전력 증강의 기준으로 삼아서 그것을 능가할 수 있는 태세와 수준을 달성하고자 노력하는 접근방법인 반면에, 능력기반 국방기획은 기준을 삼을만한 명백한 위협이나 잠재적국이 존재하지 않거나 다양한 위협이 존재할 경우 어떠한 위협이 대두되더라도 효과적으로 대처할 수 있는 우리의 '능력'을 확보하는 데 중점을 둔다. 우리의 위협은 적의 능력이므로 전자는 적의 능력을 파악 및 비교하여 그것을 능가할 수 있도록 우리의 능력을 구비해 나가는 방식이고, 후자는 비교의 대상이 없이 우리의 능력을 강화하는 데만 초점을 두는 방식이다.

능력기반 국방기획이 불가피한 이유로 미군이 강조하고 있는 사항은 미래의 불확실성(uncertainty)이다. 아무리 우수한 정보능력을 구비한다고 하더라도 미래 상황을 정확하게 예측하거나 특정한 국가를 적으로 지정하는 것은 어렵기 때문에 어떠한 형태의 위협에도 효과

15) DoD, *Quadrennial Defense Review* (2001), p. iv.
16) DoD, *The National Defense Strategy of the United States of America*, p. 11.
17) DoD, *Quadrennial Defense Review* (2006), p. vi.

적으로 대처할 수 있는 우리의 능력 향상에 중점을 둘 수밖에 없다는 것이다. 2001년 QDR의 서문에서 럼스펠드 장관은 능력기반 국방기획으로의 전환을 강조하면서 미래에 대한 불확실성을 다음과 같이 언급하고 있다.

> 우리는 언제 어디에서 미국의 이익이 위협받을 것인지, 언제 미국인이 공격을 받을 것인지, 침공의 결과로 언제 미국인이 희생될 것인지를 정확하게 알지 못하고 알 수도 없다. 우리는 추세를 파악할 수는 있겠지만 사태가 발생할 것으로 확신할 수는 없다. 우리는 위협을 식별할 수는 있지만 언제 어디에서 미국과 우방국들이 공격을 받을 것인지를 알 수는 없다. 우리는 기습을 방지하기 위해 최선의 노력을 해야 하지만 그러한 사태가 발생할 수밖에 없다는 것까지도 알아야 한다. 우리는 보다 나은 정보를 획득하기 위해 꾸준히 노력해야 하지만 우리의 정보에 공백이 항상 존재한다는 것도 잊지 말아야 한다. 기습에 적응-신속하고 결정적으로 적응-하는 것이 계획수립의 조건이어야 한다.[18]

미래가 불확실하다고 하여 적에 관한 사항을 전혀 예측할 수 없다고 미군이 말하는 것은 아니다. 기본적으로는 미래의 적국이나 전장을 명확하게 지정하여 시나리오 식으로 대비하는 것을 경계하고 있지만, 최소한 미래전의 양상이 어떻게 전개될 지에 관해서는 어느 정도의 예측이 가능하다고 판단하고 있다. 그렇지 않으면 군사력 증강의 목표나 방향이 너무나 모호해지기 때문이다. 즉 "능력기반 모형은 누가 적이 될 것인가, 또는 어디에서 전쟁이 일어날 것인가를 구체적으로 예측하는 대신에 적이 어떻게 싸울 것인가에 초점을 맞추고 있다"는 것이다.[19] 이러한 측면에서 럼스펠드 장관은 2002년 *Foreign Affairs*(5/6월호)에 직접 기고한 논문을 통하여 미국의 군사변혁에 대한 그의 철학과 함께 능력기반 국방기획을 아래와 같이 설명하고 있다.

> 새로운 전략은 '누가' '어디서' 위협을 가해올 지에 대해서는 적게 비중을 두고, '어떻게' 위협을 가해올 지와 그러한 위협을 격퇴하고 억제하기 위하여

---

18) Ibid., p. iii.
19) Ibid., p. iv.

> 무엇을 해야 하느냐에 더욱 큰 비중을 둔다. 이는 강도에 대처하는 것과 비슷하다. 누가 당신의 집을 침입하려고 하는지, 그리고 언제 침입할지는 알 수 없다. 하지만 어떻게 침입할 것인지에 대해서는 알 수 있을 것이다. 자물쇠를 따고 들어 올 수 있다는 것을 알기 때문에 성능이 좋고 튼튼한 자물쇠가 필요해진다. 창문을 통해 들어 올 수도 있다는 것을 알기 때문에 좋은 경보기가 필요해진다. 침입하기 전에 강도를 제지하는 것이 가장 좋다는 것을 알기 때문에 동네를 순찰하고 거리에 악한들이 다니지 못하게 하는 경찰이 필요해진다. 또한 덩치가 큰 독일산 경비견 셰퍼드 한 마리도 도움이 될 수 있다.[20)]

능력기반 국방기획에 근거하여 미군은 전통적인 위협과 함께 테러, 사이버 공격, 미사일 공격 등을 비롯하여 다양하고 예측하기 어려운 위협이 대두되고 있다고 인식하고, 이에 대처할 수 있는 다양한 능력을 구비하는 데 최선의 노력을 경주하였다. 기본적으로는 정규전 수행능력을 구비하면서, 대테러전 수행능력과 정보작전 수행능력을 구비하고, 미사일 방어망을 형성해 나가는 것이 중요하다고 판단하였다. 다만, 이로 인하여 전력증강의 소요가 증대되거나 전력증강의 초점이 불분명해질 우려가 있기 때문에 미군은 미래전 수행개념에 대한 강도 높은 연구와 개념 및 무기·장비에 관한 체계적인 실험을 강조하였고, 위험을 감수할 수 있는 영역에서는 노력을 절약하는 등으로 전력증강의 범위를 한정하고자 노력하였다.

그렇다고 하여 미군이 위협기반 국방기획을 완전히 배제하였다고 보기는 어렵다. 과거로부터의 전환을 강조하기 위하여, 또는 원래 불확실한 것이 미래의 위협인데도 확실하게 예측할 수 있는 것처럼 접근해온 기존 방식의 위험성을 강조하기 위하여, 초기에 능력기반 국방기획을 강하게 부각시킨 것은 사실이지만, 실제로 미군이 지향했던 것은 두 가지 국방기획의 조화라고 보는 것이 타당하다. 즉, "위협기반 국방기획으로는 단기적인 위협에 대처하면서 능력기반 국방기획을 증대시켜 파악이 쉽지 않은 장기적인 위협에 대응할 수 있는 군대로의 발전을 보장한다"[21)]는 것이었다. 2005년 발간한 미 국방부의

---

20) Donald H. Rumsfeld, "Transforming the Military," *Foreign Affairs* (May/June 2002), pp. 24-25.

공식문서에서도 "단기간의 위험에 대처하기 위한 '위협기반 국방기획'과 어떠한 장기적인 위협에도 군대가 확실하게 대비하도록 하는 '능력기반 국방기획'을 결합"하였다는 사실을 강조하고 있다.[22]

2. 나선형 개발

군사력의 증강과 관련하여 부시행정부에서 채택한 중요한 접근방법의 하나는 '진보적 획득'(EA: Evolutionary Acquisition), 또는 '나선형 개발'(SD: Spiral Development)'의 개념이다. 이는 1990년대부터 제기되어온 획득분야의 문제점을 시정하기 위하여, 특히 무기체계의 획득에 소요되는 시간을 최소화하고 현실성을 강화하기 위하여 도입된 접근방법이다. 그리고 이러한 나선형 개발의 개념은 무기체계의 획득에 국한되지 않고, 미군의 모든 활동으로 확산되어 적용되고 있다.

'나선형 개발'은 나사의 선처럼 최단거리로 진행하지는 못하고 다소의 시행착오는 겪지만 전체적으로는 올바른 방향으로 나가는 모양을 암시하고 있는 용어인데, 그 당시 가용한 기술을 활용한 즉각적인 개발과 점진적인 성능 개량을 강조한다. 지금까지는 미래의 특정 시점을 선정하여 최첨단의 미래지향적 성능을 설정하고, 장기적인 계획하에 그러한 성능을 제공할 수 있는 무기체계를 개발하거나 획득하는 방식을 채택하여 왔는데, 이 경우에는 시간이 너무 많이 소모될 뿐만 아니라 전투원들이 당장 필요로 하는 무기체계를 제공하는 것이 불가능하다. 따라서 현재 가용한 기술을 최대한 활용하여 요구되는 성능의 무기체계를 신속하게 개발하여 배치한 다음에 그 성능을 점진적으로 개선해 나가는 방식을 통하여 전투원들의 요구를 즉각적으로 반영할 필요가 있다고 판단하였고, 그 결과로 채택된 것이 나선

21) Secretary of Defense Donald H. Rumsfeld, "Prepared Testimony to the Senate Armed Services Committee" (2001).

22) Office of the Assistant Secretary for Public Affairs of DoD, *Facing the Future: Meeting the Threats and Challenges of the 21st Century* (Washing D.C.: DoD, Feb. 20, 2005), p. 13.

형 개발의 방식이다.

특히 무기체계의 획득과 관련하여 전통적인 방법은 이상적이기는 하지만, 실제에 있어서는 미래의 위협과 미래에 가용할 수 있는 기술을 예측한다는 것이 쉽지 않고, 상황이 워낙 빠르게 변하기 때문에 어느 시점에서 설정한 '최첨단의 미래지향적 성능'도 일정한 시간이 지나면 진부화될 수 있다. 그리고 미래에 실용화해야 할 좋은 기술을 생각해 내었다면 계획된 수년 후까지 기다릴 필요없이 가능한 한 빠른 시간에 실용화하는 것이 효과적이다. 전통적인 방식은 현재를 미래와 이격시키지만 나선형 개발을 채택하면 현재와 미래를 더욱 유기적으로 연결시킬 수 있다. 나아가 특별할 정도로 첨단의 성능을 구비한 무기의 경우에는 다소 불완전한 상태라고 하더라도 조기에 개발하여 배치하는 자체만으로도 적의 행동을 억제하거나(deter) 적을 단념시키는(dissuade) 효과를 발휘할 수도 있다.

미군이 변혁의 모든 부분에 걸쳐서 나선형 개발의 접근방법을 확산시켜 적용한 것은 미래에 대한 화려한 청사진만을 반복적으로 제시하면서 그에 대한 실천은 미뤄왔던 과거에 대한 반성의 결과이다. 변혁을 시작하면서 미군은 냉전 직후에 미래에 발전시켜 나가야할 화려한 청사진을 활발하게 작성하고 약속하였지만 그 중에서 실제로 구현된 것이 많지 않았다는 점을 반성하면서, 화려한 청사진을 제시하는 것을 최소화하는 대신에 즉각적인 실천을 강조하여 왔다. "혁신(innovation)＝창의성(creativity)×구현(implementation)"이라는 것이다.[23] 특히 미군은 변화 자체도 중요하지만 그 속도가 빨라야 적을 효과적으로 단념시키거나 적에 비해 우세를 유지할 수 있다는 점에서 변혁의 속도를 강조하였고, 그러한 취지에서 나선형 개발은 미군의 변혁을 위한 핵심적인 접근방법으로 격상되었다. 즉 "나선형 개발은....새로운 기술을 작전적 상태로 전환시키고 배치와 동시에 이를 최대한으로 활용할 수 있도록 조직과 구조를 구비하는 데 필요한 시간을 감소시키고자 하는 것이기 때문에 변혁률(rate of transformation)을 가속화한

23) DoD, *Elements of Defense Transformation*, p. 14.

다"는 것이다.[24)]

따라서 미군은 미래 어느 시점의 청사진으로 제시하였던 '비전'(Vision) 형태의 문서를 탈피하여 현재와 미래전의 수행을 실질적으로 보장할 수 있는 방향으로 다양한 문서들을 작성하고 있다. 미군은 1996년 *Joint Vision 2010*을 작성한 이래로 각 군별로 유사한 문서를 만들었는데, 이제는 '합동작전개념서'(JOpsC: Joint Operations Concepts)라는 명칭으로 미래 군사작전의 수행에 관한 수십 종의 다양한 개념서들을 발전시키는 데 주력하고 있고, 특히 각각의 개념서들을 완전한 수준으로 작성하는 것이 아니라 나선형 개발의 개념을 적용하여 다소 미흡한 상태더라도 현재 생각할 수 있는 내용으로 우선 작성한 다음에 3년 주기로 계속적으로 최신화한다는 개념을 적용하고 있다.

나선형 개발의 접근방법을 적용한 미군 노력의 전형적인 사례는 '첨단개념 기술시범'(ACTD: Advanced Concept Technology Demonstration)과 '첨단 기술시범'(ATD: Advanced Technology Demonstration) 사업이다. 이것은 개념을 발전시키는 요원으로부터 물자의 개발 및 사용과 관련된 모든 요원들을 통합적으로 운용하여, 최단시간 내에 새롭게 제시되는 무기・장비・물자의 원형(prototype)을 작성하여 시범을 보인 후, 타당한 것으로 인정되면 바로 소요로 확정하여 획득한다는 개념으로서, 1995년부터 실시되었으나 럼스펠드 장관에 의하여 대대적으로 활성화된 제도이다. 이것은 "개발된 새로운 과학기술을 전투원의 손에 최대한 빨리 공급하기 위한 접근방법(a fast-track approach)"[25)]으로서 이라크전쟁을 수행하면서 더욱 강조되었다.

즉 미군은 나선형 개발이라는 개념 하에 심층깊은 분석이나 계산보다는 실천을 중시하고, 장기간에 걸친 완전성의 추구보다는 불완전한 상태이지만 일단 구현함으로써 필요한 효과를 발휘하고 그러면서

---

24) Terry J. Pudas, "Disruptive Challenges and Accelerating Force Transformation," *Joint Forces Quarterly* (3" quarter 2006), p. 48.

25) Deputy Undersecretary of Defense Sue Paton, "DoD Briefing on 2002 Advanced Concept Technology Demonstrations" (Mar 5, 2002). Available: http://www.defenselink.mil/news/Mar2002/t03052002_t0395sp.html. (검색일: 2006. 12. 9).

미흡한 사항은 점진적으로 보완하여 완전성을 강화해 나가는 방식을 채택하고 있다. 이러한 방식은 비단 무기체계의 개발에만 적용되는 것이 아니라 변혁의 모든 분야에 적용됨으로써 미군이 의도하는 바가 구현되는 속도를 높여 왔다.

3. 위험(Risk)의 균형

변혁과 관련하여 미군이 강조한 독특하면서도 매우 합리적인 내용 중의 하나는 '위험의 관리'(managing risks), 또는 '위험의 균형'(balance of risks)이라는 개념이다. 모든 사업이나 의사결정은 두 가지의 상충되는 측면 또는 상반되는 위험들을 갖고 있는데, 변혁을 통하여 그 중 한 가지만을 의도적으로 부각시켜서는 곤란하고 수반되는 위험들을 명확하게 인식한 상태에서 성과와 위험간의 균형을 보장할 수 있어야 한다는 것이다. 이것은 럼스펠드 장관이 반복적으로 강조한 사항으로서, 변혁을 추진하는 과정에서 강조되는 한쪽 측면만을 고려할 경우 예상하지 못하는 부작용이 나타날 수 있기 때문에 모든 측면을 균형되게 판단할 수 있어야 하고, 특히 어떤 선택을 하게 될 경우에는 그러한 선택의 결과로서 무시하게 되거나 위험을 감수하게 되는 다른 측면을 의도적으로 식별하여 부작용을 최소화할 수 있는 방법을 강구해야 한다는 것이었다.

미군은 다음과 같은 4가지 측면에서의 위험과 그 균형을 강조하였는데 2001년 QDR에서도 한 개의 장을 할당하여 설명하고 있고, 2005년의 『국가방위전략』에서도 핵심적인 4가지 구현원칙 중의 하나로 명시하고 있다. 즉, 병력관리의 위험(force management risk), 작전적 위험(operational risk), 미래도전의 위험(future challenges risk), 그리고 제도적 위험(institutional risk)이 그것이다. 첫 번째 병력관리의 위험은 정보화시대에 부합되는 장병들을 충원, 훈련, 확보하는 데 관련된 위험으로서, 다양한 임무에 병력들을 과다하게 투입하면 피로가 증대되고 그 질이 저하될 수 있다는 것이다. 두 번째 작전적 위험은 다양한 작전을 수행하거나 대비하는 것을 강조할 경우에는 핵심적인 작전수행능력이 저해되는 위험이 존재한다는 것이다. 세 번째 미래도전의 위험은 현행 대비를 위한 투자와 미래대비를 위한 투자 간의 균형을 강조하는 사항으로서, 현재의 대비태세에 치중하면 미래대비가 약화된다는 것이다. 네 번째 제도적 위험은 제도적인 변혁에 있어서 효율성을 강조하면서도 그에 따른 부작용을 고려할 수 있어야 한다는 것이다.

이러한 위험의 균형은 변혁을 추진함에 있어서 시행착오를 최소화하기 위하여 강조되었다고 판단되는데, 어떤 대안을 선택할 경우에 상반되는 측면을 충분히 고려하고 보완조치를 병행해야 그러한 선택이 실질적이고 지속적인 성과를 산출할 수 있기 때문이다. 특정한 상황에서 어떤 것을 최선의 대안이라고 판단하여 선택할 경우, 그러한 선택 자체가 불가피하게 야기하는 부작용이나 기회비용이 있을 수밖에 없고, 따라서 그러한 사항을 사전에 파악하여 필요한 조치를 강구하게 되면 부작용으로 인한 역효과나 장애를 상당부분 예방할 수 있다. 특히 미군은 변혁과 관련하여 미래도전의 위험에 특별한 관심을 기울이면서 현재를 위한 대비와 미래를 위한 대비간의 절충(tradeoff: 하나의 장점을 취하면 하나의 단점이 수반되는 현상)을 강조하였다. 단선적인 사고를 바탕으로 하나의 대안을 선택하여 매진해 나가는 데만 익숙한 군대에서 이러한 접근방법을 강조함으로써 미군은 의사결정의 합리성과 실질성을 크게 개선시킬 수 있었다고 할 것이다.

동시에 미군은 변혁을 추진하기 위해서는 선택이 불가피하고, 이러한 선택과 병행하여 선택되지 않은 부분에서 예상되는 모든 위험을 사전에 예방하거나 조치할 수 없는 것이 현실이기 때문에, 어떤 경우에는 '계산된 위험(calculated risks)'은 감수해야 한다는 점을 강조하였다. 이러한 측면에서 럼스펠드 장관은 스스로 육군의 미래 야포인 크루세이더 사업이나 미래 헬기 사업인 코만치 사업을 취소하였고, 모든 미군 장병들이 이와 같은 과감한 사고를 구비하지 않는 한 변혁과 같은 신속하고 포괄적인 변화는 불가능하다는 점에서 변혁의 성공을 위하여 "혁신과 위험감수의 태도가 장려되고 보상되는" 방향으로 미군의 전반적인 문화를 발전시켜 나가야한다는 점을 강조하였다."[26)]

미군은 '위험의 균형'이란 개념을 통하여 신속하고 광범위한 변혁을 추진하면서도 그로 인하여 예상되는 부작용을 사전에 파악하여 완화할 수 있는 조치를 병행함으로써 변혁의 편협성과 시행착오를 예방하고자 노력하여 왔다. 병을 고치기 위하여 약을 먹어야 하는데, 과도한 양의 약이 음식의 소화를 방해할 수도 있다고 판단하여 소화제를 병행하여 복용하는 것과 같은 이치라고 할 것이다. 그리고 이를 통하여 급격한 변혁을 추진하면서도 그 부작용을 최소화할 수 있었다고 판단된다.

4. 효율성의 강화

럼스펠드 장관은 스스로가 민간기업을 경영했던 경험에 의하여 기업에서 시행하고 있는 사항을 군대에 반영할 경우 군대의 비효율성을 크게 감소시킬 수 있을 것으로 판단하였다. 국방예산의 증대가 쉽지 않은 상황에서 변혁을 위한 예산을 확보하기 위해서는 자체적으로 낭비적이거나 중복된 분야에서 예산을 절약하는 것이 필요하다고 판단하였고, 제반 제도와 관행을 효율화할 경우 절약될 수 있는 부분이 적지 않다고 인식하였기 때문이다. 럼스펠드 장관은 "낭비적인 일로 헤프게 써버린 1달러가 전투원들에게 사용하지 못하도록 거부된 그 1달러일 수 있다"[27)]라는 말을 통하여 자원의 효율성이 바로 전투력과 직결된다는 사실을 강조하면서, 국방분야 전반에 걸쳐 효율성을 강화할 것을 강조하기 시작하였다.

효율성 강화 측면에서 럼스펠드 장관이 가장 우선적으로 힘을 실

26) DoD, *Elements of Defense Transformation*, p. 6.

27) Secretary of Defense Doanld H. Rumsfeld, "DoD Acquisition and Logistics Excellence Week Kickoff-Bureaucracy to Battlefield" (September 10, 2001). Available at: http:// www.defenselink.mil/ speeches/ 2001/ s20010910-secdef.html (검색일: 2006.12.9).

어서 강조한 사항은 '관료조직'(bureaucracy)의 변화이다. 럼스펠드 장관은 국방부의 제반 문제가 관료들의 보수성과 안일에 기인한다고 진단하고 이의 타파를 주창하였다. 럼스펠드 장관은 2001년 9월 국방부 요원 전체에 대한 연설을 통하여 "관료조직에서부터 전장으로(from bureaucracy to the battlefield), 꼬리에서부터 이빨로(from the tail to the tooth)"[28] 국방조직을 변화시켜야 함을 강조하고 독려하였다. 다음의 묘사는 관료조직에 대하여 럼스펠드 장관의 가졌던 문제의식을 잘 나타내고 있다.

> 오늘날 어떤 적이 위협, 심각한 위협을 미국의 안보에 대하여 가하고 있다. 이 적은 중앙집권적인 계획수립이 아직도 기능하고 있는 세계 최후의 보루 중의 하나이다. 이것은 5개년 계획을 강요함으로써 통치한다....이것은 잔인할 정도의 일관성으로 자유로운 사고를 질식시키고 새로운 아이디어를 분쇄한다. 이것은 미국의 방어를 와해시키고 미군들의 생명을 위험에 처하게 한다. 이 적은 아마도 소련처럼 들릴 수 있으나 그 적은 사라졌다...여러분들은 내가 세계에서 노쇠해진 독재자 한사람을 묘사하고 있다고 생각할 수 있다. 그러나 그들의 시대 또한 과거로 흘러갔고, 그들은 그 힘과 크기에 있어서 이 적을 대적할 수 없다. 이 적은 더욱 가까이 있다. 그것은 국방부의 관료조직이다. 사람이 아니고 절차이다. 민간인들이 아니고 체계이다. 군인들이 아니고 우리가 수시로 강요하고 있는 사고와 행동의 통일성이다.[29]

효율성 강화 측면에서 미군은 국방부 장관, 부장관, 획득 차관 및 각군 장관으로 구성된 '고위집행위원회'(Senior Executive Committee)와, 획득차관을 책임자로 하여 '업무개선조치 위원회'(BIC, Business Initiative Council)를 설치하여 전투준비태세를 약화시키지 않으면서도 효율성을 향상시킬 수 제반 분야 및 방안을 발굴하고 결심하여 시행하도록 하였다. 예를 들면, 업무개선조치위원회는 각군별로 구매하던 사항들을 국방 차원에서 통합하여 구매함으로써 단가를 낮추기도 하고, 불필요한 규제를 철폐하거나 제도적 융통성을 보장하였으며, 무엇보다 절약된 재원을 각군에서 필요한 부분에 전용할 수 있도록 보장함으로써 각군의 자발적인 참여의지를 제고하였다. 그리고 2005년

28) Ibid.

29) Ibid.

10월부터 국방부 내에 '업무변혁국'(BTA: Business Transformation Agency)을 창설함으로써 이러한 노력을 제도화하였다.

미국의 군사변혁에 있어서 다른 어느 분야보다 업무변혁국을 통한 효율성의 추구는 지속적으로 시행되었다. 미군은 "합동전투원들에게 충분한 능력을 제공하고, 전략적 의사결정을 위한 신속한 정보를 가능하게 하며, 국방업무 수행의 비용을 감소시키고, 국민들에 대한 재정적 책임성을 강화한다"는 4가지의 전략적 목표(strategic objectives) 하에 '기업전환계획'(ETP: Enterprise Transition Plan)을 수립하고 '국방업무체계관리위원회'(BDSMC: Defense Business Systems Management Committee)를 구성하여 모든 관련부서 간의 '통합된 접근방법'(federated approach)을 바탕으로 국방업무 수행의 효율성을 향상하였다.[30] 특히 '인력, 획득, 보급품 조달, 부동산, 재정'의 6가지를 중점분야로 설정하여 효율성 향상과 비용절감을 집중적으로 추구하였고, 그 추진현황을 의회에 정기적으로 보고하도록 하였다.

효율성 강화와 관련하여 럼스펠드 장관은 민간부문에서 일상적으로 사용하고 있는 외부자원활용(outsourcing)의 개념을 국방분야에 과감하면서도 전반적으로 도입하였다. 럼스펠드 장관은 지원 및 행정업무에는 민간인이나 민간기능을 활용함으로써 효율성과 경쟁을 보장하고, 군인들은 전투를 위주로 하는 임무에 전념하도록 한다는 개념하에, 국방부가 수행하고 있는 기능 중에서 전투수행에 직접적으로 연관되어 있고 공조직에 의한 업무수행이 최선인 기능에는 투자를 증대하여 업무효율성을 향상시키는 대신에 전투수행에 간접적으로 연관되어 있으면서 민간분야가 효과적인 분야는 과감하게 외부자원을 활용하는 개념으로 전환하였다. 이러한 결과로서 이라크전쟁에서도 대부분의 전투근무지원 기능은 민간회사가 담당하였고, 행정업무를 위하여 민간인들을 대규모로 고용하였으며, 이들의 손쉬운 고용과

30) DoD, *Status of the Department of Defense's Business Transformation Efforts*, Annual Report to the Congressional Defense Committee (Washington D.C.: DoD, 15 March 2007), p. 5. 최초 수립된 기업전환계획은 다음을 참조. DoD, *Department of Defense Enterprise Transition Plan: Excerpts from Volume I* (Washington D.C.: DoD, 30 Sep 2005).

신분보장을 위한 법적 조치도 마련하였다.

Ⅲ 핵심 추진 과제

미국의 군사변혁은 포괄적인 범위에서 추진되었기 때문에 몇 가지로 제한하기는 어렵다. 그 중에서도 특별한 비중을 두었거나 과거와 차별성이 뚜렷한 사항을 선택하여 설명하고자 한다. 이 중에서 핵태세와 대테러전은 국가안보 차원의 내용으로 볼 수도 있지만 미 국방부가 중심이 되어 변혁 차원에서 추진된 사항이라는 점에서 포함시키고자 한다.

1. 2개 주요전구(2 MTW) 전략의 수정

부시행정부가 추진한 군사변혁에 있어서 2개 주요전구(MTW: Major Theater of War) 전략은 이에 대한 비판과 변화가 변혁의 중요한 이정표가 되었다고 할 정도로 변혁의 초기에 논쟁의 핵심적 주제로 부상하였다. 럼스펠드 장관을 비롯한 변혁의 주창자들은 잘못된 개념의 대표적인 사례로 2MTW 전략을 거론하고, 그러한 것들을 시정하기 위해서 변혁이 필요하다고 주장하였기 때문이다. 럼스펠드 장관은, 2개의 주요전구에서 동시에 전쟁을 수행할 수 있어야 한다는 개념을 바탕으로 군사력의 규모를 결정함으로써 미군은 "'기대의 빈곤(a poverty of expectation)' — 즉 가능성이 있는 위협보다는 익숙한 위협에 통상적으로 집착하는 현상 — 에 지배되고 있다"[31]라고 비판하면서 이의 폐기와 대체를 주장하였다. 또한 변혁의 주창자들은 2MTW 전략은 2개의 핵심적인 전장에서 전쟁을 수행할 수 있는 전력을 구비하는 것만을 강조함으로써 군사력 건설의 기준을 지나치게

31) Secretary of Defense Donald H. Rumsfeld, "Prepared Testimony to the Senate Armed Services Committee."

단순화하였고, 그러한 기준을 세우고도 실제로 충족시키지는 못함으로써 전략과 능력 사이에 괴리가 발생하도록 하였으며, 2개의 전장 시나리오에만 집착한 나머지 다른 위협들에 대처할 수 있는 대응태세를 수립하는 데는 등한시하여 왔다고 비판하고 이의 변화를 촉구하였다.[32)]

2MTW 전략을 대체하기 위한 내용은 2001년 QDR에서부터 제시되고 있는데, 미군은 2개의 주요전구에서 동시에 전쟁을 수행할 수 있어야 한다는 개념에서 탈피하면서, "미국 방어, 주요지역의 전방에서 침략과 강압을 억제, 중복되는 주요 분쟁에서 신속하게 침략을 격퇴시키되 대통령에게 이러한 분쟁 중 한 곳에서의 결정적 승리 — 체제 전복 및 점령의 가능성을 포함 — 를 요구할 수 있는 선택권 제공, 제한된 수의 소규모 우발작전 수행"을 위한 능력을 구비해야 할 것임을 강조하였다.[33)] 즉 미국 방어라는 용어로서 국토방어를 새로운 임무로 식별하였을 뿐만 아니라 두 개의 전장 중에서 어느 하나의 전장에서만 결정적인 승리를 달성하는 것을 지향함으로써 융통성을 강화하였다고 할 수 있다. 그리고 미군은 2001년 QDR에서 언급된 내용을 꾸준히 개념화여 "1-4-2-1"의 명칭으로 발전시켰고, 럼스펠드 장관은 2002년 *Foreign Affairs*지에 기고한 논문을 통하여 다음의 인용문과 같이 설명하고 있다.

> 우리는 '2개 주요전구'(Two Major-Theater War) 도식으로부터 벗어나기로 결정하였다... 2개의 점령군 규모를 유지하는 대신에 우리는, 2개의 침략국을 신속하게 동시에 격퇴할 수 있는 능력을 바탕으로 한 상태에서 1개 침략국의 수도를 점령하고 정권을 교체하기 위한 대규모 반격능력을 선택사항으로 보유하기로 하였고, 4개 주요 전구에서 전쟁을 억제하는 데 더욱 큰 비중을 두기로 결정하였다. 2개 침략국 가운데 어느 침략국의 정권을 교체하는 것으로 대통령이 선택할지 알 수 없기 때문에 억제효과는 감소하지 않을 것이

---

32) 이 내용은 다음 두 가지 논문의 내용을 참조하여 정리하였다. Hans Binnendijk and Richard L. Kugler, "Revising the Two-Major War Standard," *Strategic Forum*, INSS of National Defense University, (April 2001), Avaliable: http://www.ndu.edu/inss/strforum/sf179.html (검색일: 2006. 12. 9); Michael E. O'Hanlon, "Rethinking Two War Strategies," *Joint Forces Quarterly* (Spring 2000).

33) DoD, *Quadrennial Defense Review* (2001), p. 17.

> 다. 그러나 미국으로서는 2번째 점령군을 유지할 필요가 없어지기 때문에 미래를 위하여 그리고 우리가 지금 직면할 수 있는 다른 작은 규모의 우발사태들을 위하여 새로운 자원들을 자유롭게 사용할 수 있게 된다.[34]

새로운 전략의 시행을 위하여 미군은 세계적 차원에서 '주요작전기지'(MOB: Main Operating Bases, 상주병력과 포괄적인 기반구조를 구비한 영구기지로서 훈련, 안보협조, 군사력의 전개 및 투입을 지원), '전방작전지역'(FOC: Forward Operating Sites, 훈련을 위한 목지점으로서 교대병력을 위한 시설과 사전배치장비, 그리고 어느 정도의 지원요소를 보유), '협동적 안보지점'(CSL: Cooperative Security Locations, 우발사태시의 접근, 군수지원, 교대목적으로 사용할 수 있는 시설로서 대개 미군 미주둔)으로 분류하여 융통성있게 병력을 운용하는 개념을 정립하였고,[35] 사태발생시 단기간에 전투력과 활동을 집중하여 대응하는 '급속대응'(Surge), 즉 가용한 모든 자원을 파도가 밀려가는 것과 같은 위력과 속도로 동원할 수 있어야 한다는 개념을 강조하였다.

2006년 QDR을 통하여 미군은 "1-4-2-1"의 전략이 그대로 계승될 것을 확인하면서 더욱 발전되어야 할 몇 가지 추가적인 과제를 식별하고 있다. 즉 국토방어와 관련해서는 국방부의 책임한계가 분명하게 식별될 필요가 있고, 4개의 전진배치지역을 기준으로 하지만 세계적 범위로 확대된 작전도 수행할 수 있어야 하며, 현대적 형태의 비정규전을 장기간 수행하기 위한 지침의 발전이 필요하고, 다양한 형태의 비정규전 수행과 병력순환을 위한 추가적인 소요를 고려할 수 있어야 하며, 예방과 억제를 위한 전력 소요도 계산할 필요가 있다는 것이다.[36] 즉 "1-4-2-1"의 도식을 기준으로 하면서도 더욱 다양한 사태에 대비할 필요가 있고, 더욱 충분한 병력을 구비할 필요가 있다는 것이다.

최초의 비판 강도처럼 2MTW 전략을 전적으로 폐기한 것이라고

---

34) Donald H. Rumsfeld, "Transforming the Military," p. 24.

35) DoD, *The National Defense Strategy of the United States of America*, p. 19.

36) DoD, *Quadrennial Defense Review* (2006), pp. 36.

보기는 어렵지만,[37] 미군은 오랫동안 정착되어온 미군의 임무와 군사력 규모 산정 기준에 의문을 제기하고 새로운 방향으로의 변화를 시도함으로써, 변혁의 필요성과 방향을 위한 계기를 마련하였다고 할 수 있다.

2. 국토방어와 테러대응

2MTW 전략의 수정으로 인하여 새로운 시대의 미군 임무로 그 비중이 강조된 것은 '국토방어'(Homeland Defense)이다. 이것은 모든 국가의 군대가 담당하고 있는 당연하면서도 기본적인 임무지만, 제2차 세계대전 이후 해외주둔을 통한 전진방어(forward defense) 개념을 채택해온 미국의 입장에서는 상당한 변화라고 할 수 있다. 그래서 미군은 "미국 방어를 국방부의 우선적인 임무로 부활시킨 것"(restore the defense of the United States as the Department's primary mission)은 "패러다임 변화"(Paradigm Shift)에 해당된다고 자평하기도 하였다.[38] 그리고 최초에는 미사일방어망의 구축을 염두에 두고 포괄적으로 기술하였지만, 9/11 테러로 인하여 미국 본토가 직접적인 위협에 노출되어 있다는 점이 입증된 이후에는 국토방어의 비중을 더욱 높이면서 그 개념도 더욱 구체화하게 되었다. 2001년 QDR에서 국토방어에 관하여 기술하고 있는 내용을 소개하면 다음과 같다.

> 미군의 최우선 순위(the highest priority)는 모든 적으로부터 국가를 방어하는 것이다. 미국은 외부에서부터 가해지는 공격으로부터 미국 내의 국민과 영토 및 미국의 핵심적인 국방 관련 기반시설을 보호하기 위해 법률이 정한 바에 따라 충분한 전력을 유지할 것이다. 미군은 전략적 억제와 항공 및 미사일 방어를 제공하며, 북미방공사령부 하에서 미국의 공약을 지켜나갈 것이다. 이 외에 국방부 예하부대들은 법률로 규정되어 있듯이 미국 영토 내에서 발

37) "1-4-2-1"의 도식에서 볼 때 맨 앞의 '1'은 본토방어로서 9/11테러로 인하여 그러한 활동들을 하나의 전역으로 격상시킨 것이고, 그 이후에 4개 지역에 전진배치한 상태에서 2개 지역 중에서 한 곳에서 승리한다고 하는 것은 과거의 'win-hold-win'전략과 기본적인 방향은 대동소이하다고 할 수 있다.

38) DoD, *Quadrennial Defense Review* (2001), p. 17

생하는 자연재해 및 인재, 그리고 생화학·핵·고폭무기와 관련한 사태 등을 관리하는 방침에 따라 민간당국을 지원할 책임이 있다. 끝으로 미군은 미국 또는 동맹국의 영토 내에서 행해지는 국제 테러에 대하여 단호하게 대응할 준비를 갖추게 될 것이다.[39]

9/11 테러 이후 미국은 국가 차원에서 '지구적 대테러전'(GWOT: Global War on Terror, Terrorism)을 수행하게 되었고, 따라서 국토방어를 위한 미군의 임무와 역량도 급격하게 확대되었다. 미군은 아프가니스탄에 대한 군사작전을 통하여 탈리반(Taliban) 정부와 알 카이다(Al Qaida) 세력을 격멸하였고, 공중 및 공항 등의 안전을 보장하였으며, 지역별 통합사령부를 중심으로 우방국들의 노력을 결집하였고, 북부사령부(Northern Command)를 창설하여 국토안보부(Department of Homeland Security)와 유기적인 협조체제를 구비하였다. 그리고 이러한 임무를 수행하는 과정에서 도출된 문제점들을 변혁에 반영함으로써 비전통적인 위협에 효과적으로 대처할 수 있는 방향으로 군대의 구조 및 무기체계를 발전시키게 되었다.

특히 국토방어를 새롭게 강조한 직후에 9/11 테러가 발생함에 따라 럼스펠드 장관을 비롯한 변혁 주창자들의 입장과 이에 대한 국민적 지지가 크게 강화되었다고 할 수 있다. 비록 그 전에 내용이 확정된 상태에서 9/11 테러라는 예상하지 않던 사태가 발생하였지만, 사태의 수습에 분주한 가운데서도 2001년 QDR을 예정된 날짜인 9월 30일에 수정없이 의회에 제출한 것은 그 내용에 9/11 테러와 같은 사태에 대한 대비방향이 포함되어 있다는 자신감이 작용하였고, 이것은 그동안 럼스펠드 장관을 비롯한 변혁의 주창자들이 주장해온 미래 위협의 불확실성과 변혁의 정당성이 입증되는 결과를 초래하였다. 9/11 테러와 이에 의하여 촉발된 지구적 대테러전은 미군 변혁의 실제성과 강도를 한 단계 격상 및 증폭시키는 계기를 제공하였다고 할 수 있다.[40]

---

39) Ibid., p. 18.

40) 2001년 11월에 미 국방부의 "전력변혁실"(Office of Force Transformation) 책임자로 임명된 Arthur K. Cebrowski 예비역 제독은, 9월 11일 테러는 미군의 변혁에 대하

2006년경에 이르면 국토방어와 대테러전에 대한 미군의 집중도는 다소 완화되면서 다양한 위협에 대한 균형된 대비를 강조하는 방향으로 변화하게 된다. 9/11 테러로 인한 충격에서 벗어나면서 미국은 전통적 도전요소(Traditional Challenges), 비정규적 도전요소(Irregular Challenges), 재앙적 도전요소(Catastrophic Challenges), 붕괴적 도전요소(Disruptive Challenges)로 분류하고, 미래에는 이러한 도전요소들이 복합적으로 작용할 것으로 진단하면서, 모든 도전요소에 효과적으로 대처할 수 있는 대비태세를 구비할 것을 강조하고 있다.[41] 즉 미군은 "직접적인 공격으로부터 미국의 안전을 보장하고, 전략적 접근성 보장 및 지구적 행동의 자유를 보유하며, 동맹 및 협력관계를 강화하고, 우호적 안보환경을 조성한다"[42]는 포괄적 목표를 추구하는 방향으로 균형을 회복하였다고 할 수 있다.

미국은 이번의 군사변혁을 통하여 국토방어의 중요성을 부활시킴으로써 임무의 포괄성을 구비하게 되었고, 9/11 테러의 발생에도 불구하고 큰 혼란없이 대테러전으로 전환할 수 있었으며, 무엇보다 변혁을 정당화하고 가속화하는 기폭제로 대테러전을 활용할 수 있었다고 할 수 있다.

여, ① 변혁의 절박성(sense of urgency)을 증대시켰고, ② 미군이 소홀히 하는 분야를 잠재적 적이 이용할 가능성으로 인하여 미군의 능력기반을 넓혀야 한다는 증거를 제시했으며, ③ 미군이 기민성(agility)을 더욱 증대시켜야 함을 요구하였다고 말하였다. Arthur K. Cebrowski, Director, Force Transformation, "Special Briefing on Force Transformation," (Nov 27, 2001), Available: http://www.defenselink.mil/news/Nov2001/t11272001_t1127ceb.html.

41) DoD, *The National Defense Strategy of the United States of America*, p. 2. 미군에 의하면 전통적 도전은 일반적 군사력을 사용하는 국가에 의한 도전이고, 비정규적 도전은 비전통적이거나 비정규적 방법을 사용함으로써 미국의 영향력과 힘을 침식하려는 도전이며, 재앙적 도전은 대량살상무기나 이와 유사한 무기로 미국의 고가치 표적을 기습적으로 타격하여 미국의 지도력과 힘을 마비시켜려는 도전이고, 붕괴적 도전은 미국이 지니고 있는 작전적 이점을 무력화시킬 수 있는 예상하지 못한 능력을 개발하고 사용하려는 적에 의한 도전이다.

42) Ibid., pp. 6-7.

3. 핵 등 대량살상무기에 대한 대응

군사변혁의 범위를 초과하는 국가안보 차원의 내용으로도 볼 수 있지만, 미군은 변혁적인 차원에서 핵태세를 전반적으로 재검토하고, 2002년 1월 9일 그 결과물인 『'핵태세보고서』(NPR: Nuclear Posture Review)를 발표하였다. 이 보고서의 핵심내용은 냉전시대의 '위협기반' 핵태세에서, 다양한 위협요인에 대응할 수 있는 '능력기반' 핵태세로 전환하고, '단일 규격 기성복형'(one size fits all)의 억제에서 탈피하여 선진 군사경쟁국, 지역적 대량살상무기 보유국, 그리고 비국가 테러분자 등 다양한 대상에 대한 억제를 보장할 수 있도록 기존의 핵억제전력과 재래식 억제전력간의 균형을 중시한다는 것이다. 이 보고서에 의하면, 미국은 과거에 핵공격능력 위주로 분류한 3가지 축(대륙간 탄도미사일, 핵폭격기, 핵잠수함)을 '비핵 및 핵타격력'(Non-nuclear and Nuclear Strike Capabilities), '핵방어력'(Defenses), '대응기반구조'(Responsive Infrastructure)의 새로운 3가지 축으로 확대, 개편하였고, 지휘·통제, 정보 및 계획능력의 향상을 통하여 시너지를 극대화한다는 개념으로 발전시켰다. 그리고 배치된 핵탄두의 숫자를 2007년까지는 3,800기, 2012년까지는 1,700-2,200으로 감소시키면서, 제거된 탄두 중 일부는 즉각 대응이 가능한 상태로, 일부는 치장하고, 일부는 폐기하기로 하였다.[43]

핵태세의 일부이면서도 독자성을 지니고 있는 분야는 미사일 방어망(MD: Missile Defense)의 구축인데, 이는 부시행정부의 공약사항으로서 미군이 가장 의욕적으로 추진해온 분야이다. "만약 사담후세인이 서방국가의 수도를 핵무기로 타격할 능력을 보유하고 있다고 할 때, 미국의 핵공격이 수백만의 이라크인을 죽일 수 있다고 하는 예상이 그를 억제시킬 수 있을 것인가?"[44]라는 의문을 중심으로 럼

---

43) DoD, *Findings of the Nuclear Posture Review* (Jan 9, 2002), Available: http://www.defenselink.mil/news/Jan2002/020109-D-6570C-002.jpg.

스펠드 장관은 과거의 핵억제전략을 비판하고, 미사일방어망의 구축을 추진하였다. 미국은 2001년 12월에 소련과의 대탄도미사일 조약(Anti-Ballistic Missile Treaty)을 일방적으로 탈퇴하고, 국가미사일방어(NMD: National Missile Defense)와 전구미사일방어(TMD: Theater Missile Defense)을 통합하여 현실성을 강화하였으며, 2002년 1월에 탄도미사일방어실(BMDO: Ballistic Missile Defense Organization)을 미사일방어국(MDA: Missile Defense Agency)으로 격상시켰다. 특히 미사일방어국의 임무를 확대 및 구체화하여, "미사일 공격으로부터 미국, 전방전개병력, 동맹 및 우방국을 방어하고, 모든 사거리의 미사일에 대한 중첩된 방어망을 제공하는 탄도미사일방어체계를 운용하며, 그 중에서 실용가능한 부분들을 각 군종들이 조기에 장비하도록 하고, 초기기술을 개발하거나 테스트하고, 배치된 요소의 효율성을 향상시켜 나갈 것"[45]을 지시하였다.

부시행정부가 출범한 이후부터 미국은 부스트 단계(Boost Stage), 중간경로단계(Midcourse Stage), 종말단계(Terminal Stage)의 모든 단계에 걸쳐서, 모든 사거리의 미사일에 대응할 수 있는 능력을 구비할 수 있도록 다각적으로 노력하여 왔다. 미국은 미사일을 활용하여 적 미사일의 몸체를 직접적으로 타격하여 파괴하는 '직격파괴'(hit-to-kill)의 기술개발에 성공함에 따라 2004년부터 알래스카와 캘리포니아에 수 십기의 지상발사 요격미사일을 배치하기 시작하였고, 지상, 해상, 공중에서의 복합적인 요격체제에 관하여 야심적인 실험을 실시하였다. 완전하지는 않지만 본토에 대한 미사일 방어는 안정적으로 추진되고 있다는 판단 하에 호주 및 일본과의 협력도 강화하였고, 유럽의 우방국들에게 미사일방어망을 제공한다는 명분으로 체코와 폴란드에 미사일체계의 일부를 배치하는 문제를 제의하기도 하였다.

---

44) Deputy Secretary of Defense Paul Wolfowitz, "Prepared Testimony on Ballistic Missile Defense to the Senate Armed Services Committee" (July 12, 2001), Avaliable: http://www.defenselink.mil/speeches/2001/ s20010712-depsecdef.html. (검색일: 2006. 12.9).

45) United States DoD News Release, "DoD Establishes Missile Defense Agency," (Jan 4, 2002), Available: http://www.defenselink.mil/news/Jan2002/b01042002_bt008-02.html. (검색일: 2006. 12.9)

따라서 미국은 '06년 정도에 북한에 대한 초기방호(Initial Protection)가 가능한 체계의 배치를 완료하였고, 가까운 장래에 중동지역의 위협으로부터도 완전방호(Full Protection)를 제공하는 수준의 방어망을 구축한다는 개념으로 미사일 방어를 추진하여 왔으며, 북한의 미사일 시험발사 및 핵실험 등으로 위협이 증대됨에 따라 그 속도를 더욱 증대시켜 왔다고 할 수 있다. '05년도까지 구축된 미국의 미사일 방어체계를 보면 <표 3-3>과 같다.

〈표 3-3〉 미국의 주요 미사일방어체계 구축 현황

형 태	종 류	수 량		배치지역
		'05	'07	
고정요격 미사일 (Fixed Site Interceptors)	•Ground-Based 요격미사일 •Ground-Based 요격미사일	8 2	20 2	알래스카 캘리포니아
고정 센서 (Fixed Site Sensors)	•Cobra Dane 레이다 •Beale 레이다 •Flyingdales 레이다			알래스카 캘리포니아 영국
이동/수송가능 센서 (Mobile/Transportable Sensors)	•Sea-Based X-Band 레이다 •Forward-Based X-Band 레이다 •Aegis 탐색 및 추적 구축함	1 1 10	1 2 7	알래스카
이동요격미사일 (Mobile Interceptors)	•Aegis 교전 순양함 •Aegis 교전 구축함 •Standard Missile-3s •Patriot PAC-3	2 9 313	3 7 24 534	

출처: DoD Missile Defense Agency, *Missile Defense Agency Fiscal Year 2007(FY 07) Budget Estimate* DoD, 2006), p. 6, 15.

미사일 방어망 구축과도 연관되는 사항으로서 9/11 테러 이후 더욱 강화된 조치는 대량살상무기의 확산 방지 및 대응이다. 9/11 사태로 인하여 대량살상무기가 불량국가(rouge state)나 테러분자의 손에 들어갈 경우 실제 사용할 가능성이 매우 높아졌다고 판단하였기 때문이다. 이러한 취지에서 미국은 2003년부터 '대량살상무기 확산방지 구상'(PSI: Proliferation Security Initiative)을 제의하여 "적대적이거나 불확실한 환경에서 국가 또는 비국가 행위자들의 대량살상무기 능력

및 계획을 포착, 성격 규정, 확보, 무력화 및 파괴하여 제거하는 작전"을 시행하였다.46)

나아가 미군은 다른 형태의 대량살상무기에 대한 대응 노력도 강화하였다. 화학 및 생물학전 방어 프로그램을 위한 예산을 증대시키고, '국가생물학 방어 캠퍼스'(National BioDefense Campus)를 설치하였으며, 미 전략사령관을 이에 대한 선도 전투사령관(lead Combatant Commander)으로 지정하여 국방부의 제반 노력을 통합하도록 하였다. 그리고 위협감축국(Defense Threat Reduction Agency)으로 하여금 전략사령부를 우선적으로 지원하도록 하고, 유사시 신속히 전개하여 대량살상무기 제거 임무를 수행할 수 있도록 제20지원사령부(20th Support Command)의 역량을 강화시키며, 제독기술 및 요원을 증강시키고, 대량살상무기에 대한 위치파악, 추적, 압류를 위한 능력을 향상시키며, 유전공학 등을 이용한 생물학 테러에 관한 대응조치를 향상하는 등의 구체적 조치를 강구하였다.47)

4. 군사작전 수행개념 발전

미군에게 있어서 군사작전 수행개념은 변혁의 타당성을 강화하기 위한 기준을 설정하는 작업으로서, "목표에 입각한 통제된 변혁이 성공하기 위해서는 전투임무 및 전쟁수행을 위하여 미군이 어떻게 준비, 전개, 투입되어야 하는가를 세부적으로 규정하는 건전한 작전개념에 의하여 지도되어야"48) 한다는 논리를 바탕으로 발전되었다. 미군은 다양한 군사이론의 발전을 장려하는 가운데 합동작전개념서(JOpsC: Joint Operations Concepts)의 체계를 정립하여 공식적인 군사작전 수행개념을 구체화하였다.

예를 들면, 미군은 걸프전쟁 때부터 적용되어온 '효과기반작전'

46) DoD, *Quadrennial Defense Review* (2006), p. 34.

47) Ibid., p. 52.

48) Hans Binnendijk, ed., *Transforming America's Military* (Washington D.C.: National Defense Univ. Press, 2002), p. 83.

(EBO: Effects-based Operations)을 1994년의 걸프전쟁에 이어 2003년의 이라크전쟁에서도 성공적으로 적용하였고, 합동작전 강화 및 군사력 증강의 우선순위 결정에 핵심적인 기준으로 활용하였다. 동시에 변혁 차원의 군사작전 수행개념으로서 미 국방부가 중점적으로 연구하고 구현을 독려해온 것은 '네트워크중심전'(NCW: Network-Centric Warfare)으로서, 이 개념을 처음으로 주창한 미 해군의 세브로스키(Arthur K. Cebrowski) 제독과 가르스트카(John Garstka)를 전력변혁실의 책임자로 임명함으로써 이에 대한 토의를 활성화시키고 미군 전체와 세계적 범위에서 구현하고자 노력하였다. 그 외에도 '분산작전'(DO: Distributed Operations)을 비롯한 다양한 군사작전 수행개념들을 활발하게 토의하고, 그 결론들을 미군의 합동작전 개념서에 반영하였다. (효과기반작전, 네트워크중심전, 분산작전에 관한 자세한 내용은 부록 참조)

미군은 미래지향적인 변혁의 올바른 방향을 제시하기 위하여 미군 전체에 적용되는 공식적인 합동 차원의 군사작전 수행개념을 정립하고자 노력하였다. 미군은 전체적인 군사력 운용의 방향을 제시하는 '최상위 합동개념서'(CCJO: Capstone Concept for Joint Operations), 주요 작전형태별 수행개념을 제시하는 '합동운용개념서'(JOC: Joint Operating Concepts), 기능별 발전방향을 제시하는 '합동기능개념서'(JFC: Joint Functional Concept), 특별한 관심이 요구되는 분야를 구체화하는 '합동통합개념서'(JIC: Joint Integrating Concepts)로 개념서의 체계를 구성하고, 각 분야별로 구체적인 미래지향적 수행개념을 발전시켰으며, 그렇게 발전된 내용들 구현하기 위한 소요를 도출하고, 그러한 소요들을 구현할 수 있는 방향으로 변혁을 추진하도록 하였다. 변혁의 방향을 판단하고 타당성을 평가하는 기준으로 합동작전 개념서들을 활용하였다고 할 수 있다. 나선형 개발 개념에 입각하여 미군은 2005년 말까지 일차적으로 필요하다고 판단되는 합동작전 개념서들을 작성하고, 3년의 주기로 이를 연차적으로 수정 및 보완하고 있는데, 일차적으로 미군이 작성한 합동작전 개념서는 <표 3-4>와 같다.

〈표 3-4〉 미 합동작전개념서의 구성

Capstone Concept for Joint Operations 최상위 합동작전개념서	
Joint Operations Concept 합동운용개념서	**Joint Functional Concept 합동기능개념서**
국토안보(DoD Homeland Security) 국토방어 및 민간지원(Homeland Defense and Civil Support) 주요전투작전(Major Combat Operations) 안정작전(Stability Operations) 전략적 억제(Strategic Deterrence)	네트중심환경(Net-Centric Environment) 군사력 관리(Force Management) 전장파악(Battlespace Awareness) 집중 군수(Focused Logistic) 군사력 적용(Force Application) 지휘통제(Command and Control) 방 호(Protection)
Joint Integrating Concept 합동통합개념서	
합동군수(Joint Logistics) 네트 중심 환경(Net-Centric Environment) 지휘통제(Command and Control) 해양기지운용(Sea Basing) 범 세계 타격(Global Strike) 합동강제진입작전(Joint forcible Entry Operations)	

이 중에서 가장 기초가 되는 합동작전개념서는 '최상위 합동작전개념서'인데, 미군은 "국가 및 다수국가의 다양한 국력요소와 조화를 바탕으로, 다수의 영역에서 통합되고 템포를 통제하는 조치를 동시에 수행함으로써(conduct integrated, tempo-controlling actions in multiple domains concurrently), 모든 적을 압도하고 모든 상황을 통제하여 전략적 목표를 지원한다"[49]는 중심적 개념(Central Idea) 하에, "도달범위(reach)의 확립·확장·보장, 지식(knowledge)의 획득·정제·공유, 효과(effects)의 식별·창출·활용"을 강조하고, 이를 구현하기 위한 미군의 특성(characteristics)으로서 "네트워크화, 상호운용성, 원정성, 적응성/맞춤성, 지구성/집요성, 정밀성, 신속성, 끈기, 민첩성"을 제시함으로써[50] 변혁을 통하여 미군이 추구해야할 모습을 제시하였다. 그

49) DoD, *Capstone Concept for Joint Operations,* v 2.0 (Washington D.C.: DoD, Aug 2005), p. 11.

50) Ibid., pp. 20-23.

리고 최상위 합동개념서에서 발전된 이러한 개념을 구현할 수 있도록 모든 예하 개념서들을 발전시키고 있다.

1990년대에 미군이 *Joint Vision 2010* 등을 발간하여 변화의 올바른 방향을 정립하고자 노력했던 것과 같이 이번의 변혁에서도 미군은 정보화시대의 전쟁에서 승리할 수 있는 창의성있는 개념들을 발전 및 정립하여 공식적인 군사작전 수행개념으로 제시하고, 이를 구현할 수 있는 모습의 군대로 발전시키고자 노력하고 있다고 할 수 있다. 비록 그 당시의 '전영역 우세'(Full Spectrum Dominance)와 같은 단일의 용어는 제시하지 못하였지만, 미군은 다양한 분야에 걸쳐 구체적이면서 실용적인 군사작전 수행개념을 제공하고자 노력하였고, 주기적으로 수정 및 보완하도록 함으로써 시대적 요구를 즉각적으로 반영시키고 내용의 질도 지속적으로 향상시키고 있다.

5. 부대구조의 발전과 무기체계의 첨단화

미군은 시대적 변화에 부응할 수 있도록 세계적인 차원에서 사령부별 임무를 재조정하였는데, 2002년 10월 1일부로 유효화된 새 통합사령부계획(New Unified Command Plan)을 통하여 북부사령부(NORTH-COM: U.S. North Command)를 창설하여 국토안보(Homeland Security)에 관한 임무를 전담하여 지원도록 하면서, 지리적으로는 미 본토, 알래스카, 캐나다, 멕시코, 캐리비언의 일부, 그리고 북미의 동・서해안으로부터 500마일의 대서양과 태평양 연안을 포함하도록 하였고, 기존의 북미항공우주방어사령관(NORAD: North American Aerospace Defense Command)을 겸하여 항공 및 우주 위협을 억제, 감지, 방어하도록 하였다. 과거의 대서양사령부를 합동전력사령부(JFCOM: U.S. Joint Forces Command)로 전환시켜 지리적 책임을 북부사령부 및 유럽사령부로 이양한 후 오로지 변혁, 합동훈련, 합동실험이라는 기능의 수행에 전념하도록 하였다. 항공사령부와 전략사령부를 하나로 합쳐서 전략사령부(STRATCOM: U.S. Strategic Command)를 창설함으로

써 미사일 공격과 장거리 재래식 공격에 대한 조기경보와 방호책임을 전담하도록 하였다.51)

또한 미군은 부대운용의 융통성을 극대화할 수 있는 방향으로 육군의 구조를 전면적으로 변화시켰다. 과거의 대대, 연대, 사단, 군단의 구조가 지나치게 경직되고 중간계층이 과다하다는 문제의식을 바탕으로 임무를 실제적으로 수행하는 단위를 '행동부대'(UA: Unit of Action)로 지칭하고, 그러한 부대들을 지휘하는 부대를 '운용부대'(UE: Unit of Employment)로 구분하는 방식을 채택하였다. 따라서 행동부대는 대대로부터 여단단위까지 자유롭게 구성하고, 운용부대 역시 여단으로부터 군단단위까지 자유롭게 구성하도록 하였다. 특히 부대의 응집성 유지, 훈련, 전개, 순환의 기본단위로 '여단전투단'(BCT: Brigade Combat Team)을 설정하여 이들 별로 기지를 할당하고, 미래전투체계(FCS: Future Combat Systems)를 배치한다는 개념을 설정하였다.

부대구조의 발전과 병행하여, 미군은 다양한 첨단 무기 및 장비를 개발하고 배치하는 데도 상당한 노력을 경주하였다. 이 분야는 미국의 강점인 첨단 과학기술을 전투력으로 전환하는 사업으로서 미군에게 유리하고, 통상적인 적에 대하여 비대칭적인 우위를 보장할 수 있다고 판단하였기 때문이다. 미군은 무인항공기, 정밀폭탄, 지휘통제장비 등을 지속적으로 발전시킴으로써 정보 분석, 표적 할당, 정밀타격, 평가 및 재타격의 일련의 과정을 완성하고자 하였고, 정밀 유도탄의 발전에 높은 비중을 두었으며, 공격용 무인항공기를 개발하여 실전에서 사용함과 동시에 지속적으로 성능을 향상시켰다. 미군은 시대적 요구에 부합되는 무기 및 장비 증강을 보장하고자 "네트워크화되지 않은 C4ISR 체계, 비유도무기, 육군의 중장갑 부대, 유인전술기, 대규모의 둔중한 수상함" 등은 변혁적이지 않은 것으로 분류하여 증

51) Secretary of Defense, *Special Briefing on the Unified command Plan* (Apr. 17, 2002). Available: http://www.defenselink.mil/Transscript (검색일: 2006. 12. 9). 그리고 미 통합사령부별 책임지역 할당을 도식화한 내용을 위해서는 다음을 참조. http://www.pentagon.mil/specials/unifedcommand.

강을 자제하고, "C4ISR 체계, 테러분자와 대량살상무기 대응 전력, 우주체계, 미사일 방어, 무인 탑승체, 특수전 전력, 정밀유도 무기, 경량화 및 기동화된 지상군 전력, 소형화 및 기동화된 수상함" 등의 변혁적 무기체계에 노력에 집중하였다.[52]

6. 총체전력의 강화

미국은 이번의 군사변혁을 통하여 "안보(Security)=기타 모두(All Else)+방위(Defense)"[53]라는 사고를 강조하면서 군사부문과 비군사부문 능력의 유기적인 결합을 지속적으로 강조하였다. 전통적인 정규전에서는 미군만으로도 승리를 보장할 수 있으나, 아프가니스탄이나 이라크전쟁에서 보는 바와 같은 비대칭적 적에 관해서는 군사력만으로는, 다시 말하면 국가 모든 역량의 통합과 역할분담 없이는 전쟁을 평화로 전환시킬 수 없음을 인식하였기 때문이다.

총력안보와 관련하여 미군이 특별하게 강조한 것은 민간 전문인력의 효과적인 활용과 전투원과 지원요원 간의 유기적인 협동과 역할분담을 보장하는 것이었다. 미군은 비전투임무에서 민간 전문인력을 적극적으로 활용함으로써 군인들을 전투임무로 전환시키고자 하였고, 그러한 민간 전문인력을 포함한 지원인력들을 전투원들과 효과적으로 연결 및 조화시킬 수 있도록 "새로운 합의"(a new compact)를 바탕으로 "총체전력"(Total Force)을 새로이 구성하였다.[54] 과거에는 현역을 중심으로 하면서 예비군이 포함되는 형태였는데, 이제는 현역(Active Component), 예비군(Reserve Component), 군무원(civilians) 및 계약원(contractors)으로 총체전력의 범위를 적극적으로 확대하였다. 과거와 다르게 군무원 및 계약원을 총체전력의 일원으로 편입시킴으

52) Ronald O'Rouke, *Defense Transformation: Background and Oversight Issues for Congress*, CRS Report for Congress RL32238 (Washington D.C.: The Library of Congress, Nov 9, 2006), p. 14.

53) Ibid., p. 7.

54) DoD, *Quadrennial Defense Review* (2001), p. 50.

로써 그들에게 자긍심을 부여함과 동시에 전체 군대의 외연을 확대하고, 군대의 모든 직책을 분석하여 성격에 맞는 신분의 인원으로 충원되도록 조정하였다.

새로운 총체전력의 개념에 의하면 신분은 특정한 직책을 수행하기 위한 편의성을 기준으로 하는 구분일 뿐이다. 전투와 직접적으로 관련된 임무를 중점적으로 수행하는 직책은 현역으로, 전투지원 및 전투근무지원은 가능하면 군무원 및 계약원의 신분을 보유하도록 하였다. 현역과 예비역 간에도 역할을 구분하여 현역은 해외에서의 임무수행에 치중하는 반면에 예비군들은 국내에서의 임무에 집중하도록 하였다. 그리고 미군은 평시에도 예비군을 적극적으로 활용한다는 개념 하에, 대통령에게 부여된 예비군 소집기간을 270일에서 365일로 늘리고, 개인이 원한다면 예비군이라도 사령부 참모요원으로 장기간 근무하도록 보장하였으며, 예비군 중에서도 일부 부대는 강도 높은 훈련을 실시하여 신속한 전개를 보장하고자 노력하였다.

동시에 국방부는 '인적자본전략'(Human Capital Strategy)이라는 명칭으로 현역과 예비역의 능력과 성과를 중요시하는 방향으로 선발과 진급을 보장하기 위한 방침을 발전시켰고, '국가안보인력제도'(National Security Personnel System)라는 명칭으로 군무원들의 직업적 경쟁력을 강화하면서 유사시 신속한 소집과 활용을 보장할 수 있는 제도를 마련하였다. 특히 공무원의 고용과 해임에 관한 절차적 제약을 개선함으로써 적시에 적재의 인력을 융통성있게 활용하거나 전환시킬 수 있도록 하였다. 그리고 해외지역장교(Foreign Area Officer) 제도 등을 발전시킴으로써 현역 장교들로 하여금 특정한 국가에 대한 고도의 전문성을 지닐 수 있도록 장려하였고, 통역병 제도의 개선, 사관학교에서의 외국어교육 확대, 외국어 능통자에게 지급되는 수당의 증대, 비유럽권 언어에 대한 보조금 증대, '민간인 언어예비단'(Civilian Linguist Reserve Corps)의 구성, 전개예정부대에 대한 언어 및 문화적 교육의 증대 등 문화적 이해도를 향상시킬 수 있는 다양한 조치들을 강구하였다.

미군은 정보화시대의 요구에 부합되는 군대로 발전되어 나갈 수 있도록 민·관·군의 통합을 강화하면서, 신분별 차이와는 상관없이 전문성을 기준으로 직책을 부여함으로써 미군 전체의 역량과 응집성을 강화하고 있고, 이를 위한 다양한 법적, 제도적 지원책을 확립하였다고 할 수 있다. 계약원까지 총체전력에 포함시킨 것은 세계 어느 국가에서도 찾아보기 어려운 전향적인 변화라고 할 수 있다.

Ⅳ 군별 추진 현황

미국이 추진한 군사변혁은 국방부가 핵심주체가 되어 추진하였기 때문에 과거에 비해서 각 군종(軍種, services)의 주도성은 낮았다. 각 군은 국방부의 『변혁 계획수립 지침』에 기초하여 합동작전의 구성요소로서 변혁을 위한 소요를 도출하였고, 그러한 소요를 실제적으로 추진하기 위한 군별 추진계획(transformation roadmap)을 국방부 요구에 의하여 작성하여 실행하는 역할을 수행하였다. 따라서 이번 군사변혁에 관한 한 각군의 노력은 그다지 부각되지 않았고, 변혁에 관한 태도에 따라 각군별 추진 정도나 방향에 상당한 차이가 발생하였다. 예를 들면, 육군의 경우 군사변혁이 최초에 시작되던 시기의 신세키(Eric K. Sinseki) 참모총장은 변혁에 소극적이어서 변혁 차원에서 육군이 노력한 바는 많지 않았고, 공군은 가장 적극적으로 변혁에 동참하였다.

특히 럼스펠드 장관은 자군중심주의가 군사변혁의 가장 큰 장애라고 인식하여 군종별 구분 대신에 합동지상전력(육군과 해병대를 통합), 특수작전전력, 합동공중능력, 합동해양능력 등으로 구분하였기 때문에 변혁을 위한 군종별 노력을 통일된 기준으로 정리하기는 어렵다. 다만, 한국군의 입장에서는 아직 군종별 구분의식이 크다는 차원에서 가능한 범위 내에서 미군의 각 군종이 추진한 바를 간략하게 정리하여 제시하고자 한다.

육 군

미 육군의 경우 초기의 신세키 참모총장은 럼스펠드 장관의 변혁 추진에 소극적인 태도를 지녔다. 럼스펠드장관이 요구하는 사고, 문화, 업무수행방식의 근본적인 변화가 육군의 입지를 약화시키는 것으로 이해하였기 때문이다. 신세키 참모총장은 국방부의 주문에 부응하는 모습을 보이면서 스스로가 추진해온 방향을 계속하기 위하여 '전통군'(Legacy Forces), '중간군'(Interim Forces), '목표군'(Objective Forces)으로 구분한 다음, 목표군은 연구해야할 대상이라면서 구현 노력을 등한시 하면서 그때까지 스스로가 발전시켜오던 형태의 군대를 '중간군'으로 명명하여 이의 구현에 노력함으로써 변화를 최소화하려 하였다. 따라서 럼스펠드 장관은 신세키 참모총장의 임기가 1년이나 남은 상황에서 당시 참모차장을 후임으로 임명하는 등 신세키 참모총장을 신뢰하지 않았고, 육군의 노력도 군사변혁 차원의 성과를 거둔 것으로 평가되지 못하였다.

미 육군의 변혁 노력은 2003년 9월 특전사령관을 역임한 슈메이커(Peter Schoomaker) 예비역 대장이 파격적으로 선발되어 새로운 참모총장에 임명됨으로써 본격화되었다. 슈메이커 참모총장은 취임과 동시에 목표군과 중간군의 개념을 폐기하였고, 육군이 '합동팀의 중요한 구성요소'(A Critical Component of the Joint Team)가 되어야 한다는 점에서 '합동성과 원정성'(Joint and Expeditionary Mindset)을 강조하였으며, 자군중심주의의 타파와 합동지휘계통의 확립을 강조하였다.[55] 2007년 4월 조지 케이시(George Casey)장군에게 참모총장 직책을 인계할 때까지 슈메이커 참모총장은 국방부와 긴밀하게 협력하는 가운데 정보화시대의 요구에 부합되는 방향으로 육군을 변화시키고자 노력하였고, 실제로도 상당한 성과를 이룩하였다.

그 동안 미 육군이 이룩한 변화 중에서 가장 가시적인 사항은 모

---

55) Les Brownlee and Peter J. Schoomaker, "Serving a Nation at War: A Campaign Quality Army with Joint and Expeditionary Capabilities," *Parameters*, Vol. XXXIV, No.2 (Summer 2004), p. 10.

듈(module)의 개념을 적용하여 육군의 전반적인 구조를 발전시킨 것이다. 미군은 상황이 발생하면 그 상황의 처리에 요구되는 능력을 구비하고 있는 단위부대들을 조합하여 식별된 임무를 수행할 수 있는 부대를 구성한다는 개념 하에, 구성부대들은 행동부대라고 부르고 그것을 통합하여 지휘하는 부대는 운용부대로 부르는 체제를 정립하였고, 모든 부대의 전문성을 강화함과 동시에 수시로 편성 및 편성해제할 수 있는 융통성을 확대하였다. 특히 여단을 행동부대의 기본으로 선정하고, 상황발생시 이들을 신속하고 효율적으로 전개 및 전투시킬 수 있도록 부대 응집력과 독립작전능력을 강화하였으며, 전투지원 및 전투근무지원 소요를 단순화하고, 합동작전 차원에서 융통성있게 편성 및 편성해제할 수 있도록 하였다. 미 육군은 현역 33개의 여단을 48개의 여단으로 개편함으로써 자체적인 독립작전과 전투준비태세를 강화함고 동시에 여단 숫자를 증대시켜 부대전개 및 순환의 융통성을 증가시켰다. 예비군이나 주방위군도 동일한 개념으로 개편하여 총 80여개의 여단전투단을 보유한다는 계획을 수립하였다.

미 육군은 전체적인 병력 구성도 과감하게 조정하였다. 해군이나 공군으로부터 지원받을 수 있는 기능에 종사하는 부대와 병력은 감소시키고, 안정화 작전에서 임무수행 요구가 많은 부대(High Demand Units)와 병력은 강화하였다. 예를 들면, 포병은 상당부분을 줄이고, 방공전력, 공병, 기갑 및 일부 군수지원부대를 감소시키며, 이들로부터 100,000명 이상의 직위를 전환시켜 보병을 비롯하여 헌병, 수송, 민사, 특전부대, 생물학전부대, 정보부대 등을 강화하였다. 그리고 미 육군은 해군과 공군으로부터도 필요한 병력을 전환받는 '청색에서 녹색으로의 작전'(Operation Blue to Green)이라는 계획도 시행하였다. 그리고 육군의 정원은 2011년까지 현역 482,400명, 예비군 533,000명으로 안정시킨다는 계획을 마련하였다.[56]

미 육군은 특수전 수행능력을 괄목하게 증가시켰는 바, 범세계적 차원에서 고가치 표적을 발견, 감시, 추적할 수 있도록 언어 등을 비

56) DoD, *Quadrennial Defense Review* (2006), p. 43.

롯한 지역적 전문성을 강화시켰고, 인간 및 기술정보를 획득하는 능력을 향상시켰으며, 매년 750명으로 유지한다는 목표 하에 훈련병의 숫자를 2001년의 282명에서 2005년에는 617명으로 증대시키는 등 실질적인 전력의 증강을 도모하였다. 미군은 지구적 차원의 은밀한 특수작전 수행능력을 향상하고, 현역 특수전 대대의 숫자를 1/3 정도 증가시키며, 특수전 부대와 육군을 동시에 지원할 수 있는 심리전 및 민사부대를 대폭 증대시켰다.[57)]

미 육군의 경우 다소 늦게 시작하였으나 정보화시대의 요구를 명확하게 인식하고 과감한 변신을 추진하였으며, 전통적인 국가간의 정규전이 발생하였을 경우의 대응태세에 대한 우려가 발생할 정도로 그 추진 속도와 범위가 컸다고 할 수 있다.

해 군

미 해군은 네트워크를 통한 연결을 바탕으로 함정의 위치와 상관없이 원거리에서 필요한 전력을 투사하고, 미사일 방어능력을 제공하며, 나아가 합동작전을 지원한다는 개념으로 변혁을 추진하였다. "21세기 해양세력"(Sea Power 21) 건설이라는 기치 하에 해병대와의 긴밀한 통합노력을 강조하면서 "해양 타격(Sea Strike), 해양 방패(Sea Shield), 해양 기지(Sea Base)"라는 변혁의 중점을 설정하였고, 해군과 해병대의 통합된 원정군을 바다에 상주시켰다가 유사시에 필요한 규모와 형태의 전투군을 필요한 지역에 투사하기 위한 능력을 강화하였다.[58)]

여기에서 해양 타격(Sea Strike)은 합동군의 목표를 달성하기 위해 해양으로부터 결정적인 공격력을 투사할 수 있는 능력을 말한다. 장거리 정밀타격 항공기와 미사일, 빠른 템포의 결정적인 기동, 해양

---

57) Ibid., pp. 44-45. 이와 동시에 해병대도 2,600명의 해병특수작전사령부를 창설하고, 해군 특수전팀의 능력도 보강하며, 특수작전을 위한 무인항공기대대를 창설하고, 전략적인 거리에서 특수전부대를 투입 및 생환시키기 위한 능력을 확충하였다.

58) U.S. Navy Headquarters, *VISION/PRESENCE/POWER 2004* (2004), p. 4. Available at: http://www.chinfo.navy.mil/navpalib/policy/vision/vis04/top-v04.html (검색일: 2006. 12.2).

특수작전, 정밀무기의 사용, 해군 수상화력지원, 정보작전 등의 능력이 해당된다. 해양방패(Sea Shield)는 방어 능력을 묘사하는 것으로 정밀하고 지속적인 해군의 지구적 방어능력을 말한다. 이 능력을 통하여 다른 국가와의 동맹관계를 공고히 하고, 적을 억제하며, 해군과 합동군이 필요한 전력을 적시에 적소에 투사할 수 있도록 하는 작전적인 자유를 보장한다. 그리고 해양 기지(Sea Base)는 미군의 통제 하에 있는 지역에서 기동 공간을 활용할 수 있는 능력으로서, 다른 국가의 허가나 지원없이도 필요한 전력을 기동시킬 수 있어야 함을 강조하였다.

해군은 '함대대응계획'(Fleet Responsive Plan)이라는 명칭 하에 해군과 해병대를 통합하여 항공모함 타격단(Carrier Strike Group), 원정타격단(Expeditionary Strike Group), 원정타격군(Expetionary Strike Forces)을 구성하였는데, 과거에는 2-3개 항공모함 타격단이 상시 준비태세를 갖추고 있는 정도에 불과하였으나, "6+2"라는 개념 하에 6개의 항공모함 타격단을 사태 발생시에 즉각 투입시킬 수 있는 태세로 발전시켰고, 2개의 항공모함 타격단도 90일 내에 가용한 태세를 유지하도록 하였다.[59)]

해병대는 해양기지(Sea Base) 개념 하에 대응에 필요한 모든 전력을 해양이나 해당지역의 연안에 위치시키도록 하였고, 해병원정여단(MEB: Marine Expeditionary Brigade)을 포함하는 사전배치단(Pre-positioning Group)을 항공모함과 함정을 이용하여 유지하는 개념으로 발전시켰다. 그리고 분산작전의 개념 하에 전력을 분산시킨 상태에서도 네트워크로 연결시켜 두었다가 필요한 시간과 장소에 필요한 전력을 집중하는 개념을 중시하고, 그러한 능력을 구비하고자 노력하였다. 그리고 해양사전배치전력(MPF: Maritime Pre-positioning Force)도 지속적으로 발전시켜 사태 발생시 10-14일 사이에 전력을 투사한다는 목표를 설정하였다.[60)]

---

59) Ibid.

60) U.S. Marine Corps Headquarters, The 21st Century Marine Corps: Exploiting Our

미 해군은 네트워크중심전의 개념을 바탕으로 세계 어느 지역에서 사태가 발생하더라도 신속하면서도 효과적으로 전력을 투사할 수 있는 능력을 구비할 수 있는 방향으로 변혁을 추진하였다고 할 것이다.

공 군

다른 어느 군종에 비해서 미 공군은 이번의 변혁을 통하여 많은 성과를 달성하였고 역량을 확대하였다고 판단된다. 현대전에서 공중이 차지하는 비중이 증대되고 있고, 공군의 무기 및 장비들이 현대의 첨단기술을 활용하는 데 유리하기 때문이다. 미 공군은 *U.S. Air Force Transformation Flight Plan*을 통하여 변혁을 위한 전반적인 방향과 계획을 정립한 데 이어,[61] 2005년에는 *Air Force Transformation: The Edge*를 발간하여 그 동안의 변혁 노력을 더욱 함축적으로 정리하면서 추가적인 변화를 독려하였다. 특히 원거리 작전수행 능력, 대규모 탑재능력, 적이 거부하고 있는 지역에서의 자유로운 작전수행 능력, 그리고 신속한 반응과 생존성이 보장된 공중전력을 확보하기 위하여 노력하였다.

미 공군 역시 합동작전의 효과적 구현을 전제로 한 상태에서, "지구적 이동성(Global Mobility), 지구적 지속공격(Global Persistent Attack), 지구적 타격(Global Strike)"의 개념을 정립하고, 멀리 이격된 기지에서도 바로 전장으로 투입되어 정밀타격이나 근접항공지원을 수행할 수 있는 개념을 발전시키고 능력을 구비하고자 노력하였다. 이를 위하여 미 공군은 '공중 및 우주 원정군'(Air and Space Expedi- tionary Force)의 개념을 정립하고, 빠른 작전템포와 유동적 상황에 대응할 수 있는 역량을 강화하고자 노력하였다. 공중 및 우주 원정군은 10개의 단위로 구성된 상태에서 5개의 쌍을 이루면서 각각이 임무 수행에 필요한 스텔스, ISR, 폭격기 등을 구비하도록 하였고, 각 쌍이 15

Edge (2005), pp. 6-7. Available at: http://hqinetool.hqme.usmc.mil/q&r/concepts/2005/TOC1.HTM (검색일: 2006. 12. 2)

61) HQ USAF, *The U.S. Air Force Transformation Flight Plan 2004* (2004).

개월 주기로 임무를 수행하도록 하면서, 나머지 공중 및 우주 원정군은 부대를 재구성하거나 훈련을 실시하도록 하였다.[62]

항공작전에서 예비전력이 차지하는 비중이 증가함에 따라 공군은 전·평시를 상관하지 않고 예비전력과의 통합성을 강화하고자 하였다. 예비전력을 상비군의 기지로 옮기거나 반대로 상비군을 예비전력의 기지로 옮김으로써 상비군과 예비군의 기지를 통합하였고, 그 과정에서 기지를 조정하거나 폐쇄함으로써 낭비를 제거하고 효율성을 극대화하였다. 그 결과로 공군은 전방전개가 가용한 전력을 20% 증대시키는 효과를 달성하였고, 미 본토에서 수행하는 대부분의 임무를 예비군이 담당하도록 함으로써 해외에서의 상황 발생에 대비할 수 있는 공군의 실제적인 능력을 증대시켰다.[63]

이 외에도 미 공군은 전반적인 무기 및 장비의 현대화를 추진하였는 바, 무인항공기를 중심으로 하는 원거리 타격능력을 발전시켰고, B-52의 일부를 감축함으로써 예산을 절약하여 다른 폭격기들을 현대화하였으며, 합동무인전투기체계(Joint Unmanned Combat Air System)를 개선하여 공중급유 및 항공모함에서의 운용이 가능하도록 하였고, 무인정찰기의 능력과 활용도를 강화하였으며, F-22를 위한 생산계획을 연장하였고, 전방에 전개된 병력규모를 최소화할 수 있도록 공군의 조직을 발전시켰다.[64]

공군은 현대전에서 급증하고 있는 그들의 역할을 명확하게 인식한 상태에서 전략적 표적에 대한 신속하고 정확한 타격을 보장할 수 있는 능력을 보유하고자 노력하였고, 특히 무인체계 등을 비롯한 첨단 과학기술의 활용을 통한 기술적 우위 확보에 중점을 두었다고 할 것이다.

---

62) U.S. Air Force, *'05 Air Force Transformation: The Edge* (2005), pp. 6-9. Available: http://www.af.mil/ library/ transformation/edge.pdf (검색일: 2006.12.2).

63) DoD, *Quadrennial Defense Review* (2006), p. 45.

64) Ibid., pp. 46-47.

제 4 장 미국 군사변혁의 이론적 분석

특정한 국방개혁이 진행되고 있거나 얼마 지나지 않은 시점에서 그것의 성공 여부나 성과를 평가하기는 쉽지 않다. 방대한 국방개혁의 모든 분야를 종합적으로 평가할 수 있는 기회와 역량을 확보하는 것도 쉽지 않지만, 질적인 도약을 강조하는 국방개혁을 정성적으로 평가하기 위한 척도를 개발하는 것은 더욱 쉽지 않을 뿐만 아니라 정립된 척도가 있다고 하더라도 시각에 따라서 평가 결과가 달라질 것이기 때문이다.

미국의 군사변혁에 관한 공식적인 평가는 2006년의 『4년 주기 국방검토 보고서』(QDR: Quadrennial Defense Review)라고 할 수 있다. 과거의 QDR과는 달리 2006년 QDR은 그 동안 수행해온 변혁을 평가하여 그 방향의 타당성을 강조하고, 변혁을 통하여 달성한 성과를 정리하여 제시하고 있으며, 앞으로도 지속적으로 추진되어 나갈 것임을 천명하고 있다.[1] 그 외에 2006년 국방과학이사회(Defense Science Board)가 실시한 평가가 있는데, 업무방식에 관해서는 더욱 개선해야 할 소지가 있지만 주요전투작전(major combat operation)을 수행하는 능력에 대해서는 '혁명적인 진전'(revolutionary progress)을 이룩하였거

1) DoD, *Quadrennial Defense Review* (Washington D.C.: DoD, 2006).

나 이룩하는 도중에 있고, 대테러전 능력의 필요성도 충분히 인식한 것으로 평가하고 있다.[2] 그리고 2006년 국방부의 자체 성과 측정에서도 변혁을 중심으로 설정한 66개의 목표 중에서 42개가 목표를 초과 및 제대로 달성한 것으로 평가하고 있고, 9개가 근접한 것으로 평가하였다.[3] 다만, 이것은 국방부 자체의 평가로서 미화되었을 가능성이 크고, 미 의회에서 우려하고 있는 바와 같이 국방부 외의 기관에서 독립적으로 평가한 자료는 아직까지 없다.[4]

미군이 변혁을 통하여 추진한 변화가 긍정적이냐에 대한 궁극적인 평가는 앞으로 전개될 상황에 의하여 좌우될 것이기 때문에 더욱 많은 시간이 흘러야 가능하겠지만, 변화를 추진하는 과정과 의도한 변화를 발생시킨 정도만으로 평가할 때 대체적으로 미군은 수년의 노력을 통하여 충분하지는 않더라도 상당한 성과는 이룩한 것으로 판단된다. 이러한 점에서 본 장에서는 3장에서 설명한 미군변혁에 관한 내용을 제2장에서 정립한 이론적 틀에 대입하여 항목별로 어떻게 적용되었는지를 분석함으로써, 미국의 군사변혁이라는 실제를 통하여 이론적 틀의 타당성을 강화함과 동시에 한국 국방개혁에 적용할 수 있는 실질적 교훈을 도출하고자 한다. 분석의 객관성을 보장하기 위하여 사실에 관한 부분은 미 국방부의 자료를 참고하되 분석을 위한 자료는 미 의회나 군사이론가들의 견해를 최대한 참고하고자 한다.

---

2) Office of the Under Secretary of Defense for Acquisition, Technology, and Logistics, *Defense Science Board Summer Study on Transformation: A Progress Assessment Volume I* (Washington D.C. DoD, Feb 2006), p. 2.

3) DoD, *Department of Defense Performance and Accountability Report Fy 2006* (Nov 15, 2006), p. 30.

4) Ronald O'Rouke, *Defense Transformation: Background and Oversight Issues for Congress,* CRS Report for Congress RL32238 (Washington D.C.: The Library of Congress, Nov 9, 2006), p. 33.

I 국방개혁의 일반적 개념에 의한 분석

1. 개혁의 의미와 구성요소

럼스펠드 장관이 중심이 되어 실시한 미국의 군사변혁은 발전, 혁신, 개선은 물론이고 일반적인 '개혁'에 비해서도 그 변화의 속도와 범위가 컸다고 할 수 있다. 단순하게 표현하면, '혁명>*변혁*>개혁'의 형태였다고 할 수 있다.

용어의 뜻으로만 봐도 '개혁'(reform)에서의 're'는 기본적인 틀은 유지하는 상태에서 그 방향이나 내용을 '다시' 설정한다는 의미지만, '변혁'(transform)의 'trans'는 그 틀까지를 포함한 폭넓은 변화를 의미하고 있어 개혁보다는 훨씬 속도가 빠르고 범위가 넓은 변화를 지향하고 있다. 애벌레가 나방으로, 열이 다른 형태의 에너지로, 직류가 교류로, 남자가 여자로 바뀌는 것에 대하여 사용하는 단어가 'transform'인 것을 봐도 그 변화의 성격을 이해할 수 있다.

실제로 미군이 변혁이라는 용어를 선택한 배경을 분석해보면 그들이 지향한 변화의 정도가 더욱 분명하게 나타난다. 미군의 이번 변혁은 미 국방부 순수소요평가실(Office of Net Assessment)의 마샬(Andrew Marshal)이 중심이 되어 강조하였던 '군사분야 혁명'(RMA: Revolution in Military Affairs)을 계승한 것으로서, 상당수의 미군이 RMA와 Transformation을 상호교환적으로(interchangeably) 사용하고 있는 데서도 알 수 있듯이,[5] 실제로는 혁명적 변화를 추구하면서 '혁명'이라는 용어가 주는 거부감을 완화시키기 위하여 변혁으로 대체한 측면이 있다.

학자들도 개혁(reform)보다는 변혁(transformation)이 변화의 속도와 범위가 큰 것으로 분류하고 있다. 그들은 특정한 조직이 외양으로는

5) Ibid., p. 5.

달라진 것 같아도 본질적 측면이 달라지지 않는 것을 1차적 변화(first-order change)로, 그 조직의 핵심적인 구성요소와 기능이 달라진 것을 2차적 변화(second-order change)로 구분하고, 개혁은 1차적 변화를 일으키는 것으로, 변혁은 2차적 변화까지 일으키는 것으로 분류하고 있고,[6] 미군이 직면했던 상황은 변혁이 불가피한 상황이었다고 분석하고 있다.[7]

〈표 4-1〉 1차적 변화(개혁)와 2차적 변화(변혁)의 특징

1차적 변화(개혁)	2차적 변화(변혁)
하나 또는 소수 차원, 구성요소, 측면의 변화	다수 차원, 다수 구성요소, 다수 측면의 변화
하나 또는 소수 수준(개인 및 집단 수준)	다수 수준 변화(개인, 집단, 조직 전체)
하나 또는 두 개의 행동측면(태도, 가치) 변화	모든 행위측면(태도, 규범, 가치, 인식, 신념, 세계관, 행동들)
양적인 변화(a quantitative change)	질적인 변화(a qualitative change)
내용의 변화(a change in content)	맥락의 변화(a change in context)
동일한 방향에서의 연속성, 개선, 발전	불연속, 새로운 방향 선택
점증적 변화(incremental changes)	혁명적 도약(revolutionary jumps)
논리적 및 합리적	비합리적이면서 다른 논리에 기초
세계관이나 패러다임은 불변	새로운 세계관, 패러다임을 결과

출처: Amir Levy and Uri Merry, *Organizational Transformation: Approaches, Strategies, Theories* (New York: Praeger Publishers, 1986), p. 9.

제2장에서 세부적인 항목으로 구분하여 설명한 개혁의 의미에 적용시켜 볼 때도 미국이 이번에 실시한 군사변혁은 개혁보다 훨씬 더 급진적이고 포괄적이었음을 알 수 있다. 즉 제2장에서는 개혁은, <*① 지금까지를 부정하는 바탕 위에서 새로운 방향으로의 변화를 지향하고 있고 ② 혁명보다는 미약하지만 일반적인 발전에 비해서는 무척 의도적이면서 집중적인 비약을 지향하며 ③ 혁명과는 다르게 급진적*

---

6) Amir Levy and Uri Merry, *Organizational Transformation: Approaches, Strategies, Theories* (New York: Praeger Publishers, 1986), pp. 4-5.

7) Leonard L. Lira, "To Change an Army: Understanding Defense Transformation," *A paper for presentation at the 2004 ISSS/ISAC Annual Conference* (8-30 Oct 2004), p. 13. Available: http://www.dean.usma. edu/sosh/Research/Lira-To%20change%20an%20Army.pdf (검색일: 2007. 1. 10).

인 변화를 경계하고 ④ 결과의 산출을 중시한다>라고 분석하였는데, 이것을 항목별로 대입해봤을 때 미국의 군사변혁은, <① 2 MTW 전략에 대한 비판이나 '획득공백기간'이라는 용어에서 알 수 있듯이 클린턴 정부가 8년간 추진한 국방분야의 노력이 잘못되었다는 전제하에 새로운 시대에 부합되는 방향으로의 발전을 강력하게 주문하였고 ② 다수의 장군들이 반발하였을 정도로 럼스펠드 장관은 확고한 의지와 신념을 바탕으로 의도적이면서 비약적인 변화를 추진하였으며 ③ RMA를 '변혁'으로 조정하면서 공감대와 논리를 중시함으로써 지나치게 빠르거나 근본적인 변화로 인한 혼란을 경계하였고 ④ '나선형 개발'에서 알 수 있듯이 청사진을 제시하거나 계획을 발전시키는 것보다는 가능한 사항부터 실천해 나가는 것을 중시하였다>고 평가할 수 있다. 나아가 ① '과거에 대한 부정' ② '럼스펠드 장관의 의지와 집중도' ④ '실천도' 측면에서는 통상적인 개혁에 비해서는 각 항목별 정도가 큰 것으로 평가되고, ③항의 경우에도 통상적인 개혁보다는 혁명적 변화에 훨씬 가까운 속도와 범위로 변화를 추진하였다는 측면에서 개혁 중에서도 강도가 큰 개혁을 추진하였다고 판단된다.

제2장에서 설명한 개혁의 구성요소, 즉 <*① 개혁을 필요로 하는 상황과 과제 ② 개혁을 주도하는 지도자나 집단 ③ 변화를 구현할 수 있는 자원*>의 측면을 적용해보면, 미국의 군사변혁은 성공에 필요한 내용을 균형되게 구비하였다고 판단된다.

①항 '개혁을 필요로 하는 상황과 과제'를 적용했을 때, 1990년대 후반부터 본격화된 RMA 연구의 누적된 결과와 클린턴 행정부 시절의 국방에 대한 무관심으로 인하여 부시행정부가 출범할 당시에 이미 변화의 필요성, 방향, 과제가 충분히 식별된 상태라고 할 수 있고, 9/11 테러로 인하여 변화의 절박성이 모든 국민 및 군인들에게 실체화되었다. 따라서 개혁을 위한 상황과 과제는 충분히 구비된 상태였다고 판단된다.

②항 '개혁을 주도하는 지도자나 집단'의 경우, 이번의 군사변혁을 주도한 럼스펠드 장관은 미국 관료체제의 역사상 "가장 야심적인 조

직 개혁가의 한사람"(one of its most ambitious organizational reformers)으로 평가받을 정도로[8] 변화에 대한 높은 열정, 의지, 방법론을 구비하고 있었다. 럼스펠드 장관은 전력변혁실을 장관 직속으로 창설하여 실무차원에서 변혁을 독려하도록 하는 한편, 군 수뇌부들로 구성된 다양한 의사결정기구를 설치하여 변혁에 관한 지도세력을 형성함으로써 책임을 공유하고 공감대를 확산하고자 하였다. 특히 럼스펠드 장관은 스스로부터 변혁에 대한 확고한 신념과 논리를 정립한 상태에서 명확한 방향을 제시하거나 필요한 지침을 하달함으로써 변혁을 지도하였고, 필요할 경우 세부적인 사안이라도 직접 개입하였으며, 국방부 관료들의 타성과 비효율성의 타파를 강조하였고, 군대의 발전에 필요하다고 판단될 경우에는 저항과 비판을 불러일으킬 수 있는 과감한 결정도 마다하지 않았다.[9] 따라서 이번 변혁의 경우 지도자나 집단의 외형과 질은 다른 어떤 개혁에서보다 높았다고 할 수 있다.

③항 '변화를 구현할 수 있는 자원'을 적용해보면, 변혁에 관한 사업에만 투자된 예산을 분리시키기는 어렵지만 기간 동안에 전체 국방예산이 크게 증대됨에 따라 상당한 자원의 집중이 보장되었다고 추정할 수 있다. 기간 중 미국의 국방예산은 FY2006년에는 GDP의 3.6%인 4,416억 달러로서 냉전시대의 규모에 육박하였다고 평가되고 있는데, FY2001년에 5.6%, FY2002년에 12.5%, FY2003년에는 15.4%, FY2004년에는 0.7%, FY2005년에는 5.4%, FY2006년에는 4.9% 등으로 증가함에 따라, 인플레이션을 감안하고도 5년 동안에 27%나 증가하였다.[10] 에너지부로 예산이 할당되어 국방예산에 포함되어 있지 않은

8) Paul C. Light, "Rumsfeld's Revolution at Defense," *The Brookings Institution Policy Brief* #142 (July 2005), p. 1.

9) 1980년대 미군의 개혁을 분석한 보고서에서는 개혁을 위한 국방장관의 역할이 가장 중요하다고 강조하면서, 국방장관은 개혁을 위한 계획수립에 관한 사항을 체계화 및 감독하고, 군대에 정치적인 지침을 제공하며, 소요의 결정을 비롯한 획득절차의 개혁에 직접적으로 관여하고, 관료조직의 비효율성과 낭비를 개선하는 관리들을 지원해야 한다고 열거하고 있다. James A. Blackwell, Jr., and Barry M. Blechman, ed., Making Defense Reform Work (Washington D.C.: Brassey's Inc., 1990), p. 9. 이러한 기준에서 보면 럼스펠드 장관은 개혁의 지도자로서는 역할을 충실히 수행했다고 할 수 있다.

10) Anap Shah, "World Military Spending," Available: http://www.globalissues.org/

핵무기 예산, 2001년부터 2006년까지 사용한 4,450억 달러 정도의 아프가니스탄 및 이라크에서의 전비를 고려하면 그 규모는 더욱 증대된다. 또한 효율성을 향상함으로써 운영분야에서 절약하여 전력증강분야로 전환시킨 예산도 상당한 규모일 수 있다. 그의 절대적 충분성은 누구도 판단할 수 없지만, 미군의 경우 다른 어떤 행정부에 비해서 충분한 국방예산이 가용하였으며, 따라서 변혁에 관해서도 상당한 재원상의 지원이 보장되었다고 할 수 있다.

즉 럼스펠드 장관이 중심이 되어 추진한 미국의 군사변혁을 개혁이라는 용어 자체, 개혁이란 용어가 지니는 의미, 개혁의 구성요소 측면으로 나누어 분석해봤을 때 전형적이면서도 강도가 무척 큰 개혁에 해당된다고 할 수 있다.

2. 국방개혁의 특성과 중점

국방개혁의 특성

제2장에서 분석한 국방개혁시 고려해야할 국방분야의 특성, 즉 <*① 국가의 생존에 관한 사항으로서 지니는 절대적인 중요성 ② 다른 국가와의 상대성 및 경쟁성 ③ 기회비용의 측면 ④ 불확실성 ⑤ 민군관계의 고려 필요*> 등을 대입할 때 미국의 군사변혁은 대체적으로 이들을 충분히 반영 및 고려한 것으로 평가된다. 다만, ② '다른 국가와의 상대성 및 경쟁성'에 관해서는 명확한 위협이 존재하지 않은 상태였음에도 '능력기반 국방기획'이라는 논리를 적용하여 적절하게 대응한 것으로 볼 수 있으나, ③ '기회비용의 측면'은 크게 고려하지 않은 채 국방비를의 증대만 강조함에 따라 국방예산의 방만한 사용으로 비판받을 가능성이 있다고 분석된다.11)

Geopolitics?ArmsTrade/ Spending.asp (검색일: 2007. 2. 21); FCNL, "The Runaway Military Budget: An Analysis," *Washington Newsletter* (March 2006), pp. 3-4. Available: http://www.fcnl.org/ pdf/2006/march06.pdf (검색일: 2007. 2. 21).

11) 이미 미 국방부는 회계감사국으로부터 수차례에 걸쳐 방만한 재정운용체계를 보완할 것을 권고받았고, 첨단 무기체계 구입을 위한 비용 상승이 비판의 대상이 되고 있다. U.S. Government Accounting Office, *Defense Business Transformation: A Full-time Chief*

즉 ①항 '국방분야의 절대성'에 관해서 볼 때 미국의 군사변혁은 국방부를 중심으로 추진되기는 하였으나 처음부터 국가 생존 차원의 중요성을 지녔다. RMA에서 충분히 논의되었듯이 냉전 이후의 불확실성에 대처할 수 있는 새로운 방향으로의 대비가 국가적 차원에서 요청되고 있었고, 부시대통령이나 의회도 변혁의 필요성과 방향을 자주 언급하였으며, 4가지의 국방정책목표에서 보듯이 럼스펠드 장관도 국가안보전략적 차원에서 변혁의 목표와 범위를 설정하였다. 외교분야에도 확산되어 '변혁외교'(transformation diplomacy)라는 용어가 사용되었듯이 군사변혁의 정신은 다른 분야에도 확산되었고, 국가적 관심사로 부상하였다. 더구나 핵태세의 변화와 미사일 방어망 구축은 다른 어느 국가적 과제보다 중요한 사항이었고, 9/11 테러로 인하여 군사변혁의 국가적 비중은 더욱 증가되었다.

②항 '국방분야의 상대성 및 경쟁성'에 관해서 볼 때 미국의 군사변혁은 그러한 측면이 최소화된 상태에서 추진한 개혁이라고 할 수 있다. 변혁이 시작되는 시기에 세계적인 범위에서 미국을 위협할 수 있는 국가나 실체가 존재하지 않았고, 따라서 럼스펠드 국방장관은 "예상하지 않은 것을 예상할 것"(expect unexpected)과 "전략적 기습"(strategic surprise)에 대비하기 위하여 변혁을 추진해야 한다고 강조하였다. 비록 9/11 테러로 인하여 군사변혁이 더욱 활성화되고 방향이 다소 명확해지기는 하였지만, 테러분자들을 미국 국방의 유일한 상대로 간주하는 것은 무리이다. 변혁을 통하여 대응해야할 상대가 명확하지 않았기 때문에 미군은 "미래의 군사경쟁을 단념시킨다"(dissuade future military competition)는 것을 국방정책 목표의 하나로 설정하여, 다른 국가가 미국과 군사적으로 경쟁하고자 하는 마음 자체를 갖지 못하도록 강력한 군사력을 구비할 필요가 있다고 강조하였고, 이것을 군사변혁의 논리적인 근거로 사용하였다. 또한 변혁의 핵

Management Office with a Term Appointment is Needed at DoD to Maintain Continuity of Effort and Achieve Sustainable Success, Testimony to Congress (Oct 16, 2007); Anthony H. Codesman et al, *Is Defense Transformation Affordable?: Cost Escalation in Major Combat Programs* (Washington D.C.: CSIS, June 27, 2006).

심적 접근방법으로서 '능력기반 국방기획'(Capabilities-based Planning)을 설정하여 불확실하고 다양한 위협에 대처할 수 있는 태세와 전력을 구비할 것을 강조하였다.

③항 '기회비용의 측면'에 관하여 미국의 군사변혁이 그다지 깊은 주의를 기울인 것으로는 판단되지 않는다. 앞에서 살핀 바와 같이 변혁이 추진된 5년 동안에 인플레이션을 감안하고도 국방비가 무려 27%나 증가하여 GDP의 3.6%를 차지하게 되고 냉전시대의 수준에 거의 육박하였다는 것은 국가경제 측면의 기회비용성이 심각하게 고려되지 않았음을 의미한다. 추가로 사용된 아프가니스탄 및 이라크전쟁의 전비를 고려한다면 군사변혁의 기간 동안에 미국 전체 차원에서 상당한 기회비용이 발생하였을 것이라고 추정할 수 있다. 또한 미회계감사국이 지적하고 있는 것처럼 국방예산이 효율적으로 관리되지 못함에 따라 낭비와 중복도 발생하였을 수 있다. 최근에 미국 경제가 어려워진 원인의 하나로 작용했을 가능성도 배제할 수는 없다.

④항의 '불확실성'은 럼스펠드 장관이 이번 변혁의 논리적 기초로서 매우 강조한 사항이다. 2001년 6월 21일 의회 연설을 통하여 럼스펠드 장관은 불확실할 수밖에 없는 미래를 확실한 것으로 간주해온 지금까지의 접근이 잘못되었다고 비판하면서, 불확실성을 인정하지 않은 '2MTW 전략'을 중심으로 하는 '위협기반 국방기획'이 잘못되었고, 따라서 불확실성을 인정하는 '능력기반 국방기획'으로의 전환해야 한다는 점을 변혁의 핵심적인 근거로 거론하였다. 럼스펠드 장관은 기습을 초래하였던 역사적 사례를 열거함으로써 불확실성에 의한 대비의 필요성을 강조하였는데, 그에 의하면 1930년대 중반에는 10년 내에 전쟁이 없을 것이라는 것이 전반적인 가정이었지만 1939년에 제2차 대전이 발생하였고, 소련과는 제2차대전시 동맹국이었으나 전쟁 후에는 금방 적대국이 되어 5년 후에 한국에서 교전하게 되었으며, 1960년대 초까지 누구도 관심을 두지 않았던 베트남에서 1960년대 후반에는 미국이 전쟁을 수행하게 되었고, 1970년대 중반까지 미국의 주요 동맹국이었던 이란이 수년 후 반서구 혁명국가가 되었으

며, 체니 국방장관 인준 청문회에서는 어느 누구도 '이라크'라는 단어를 언급하지 않았지만 1년도 채 안되어 미국은 걸프전쟁에 돌입하게 되었다는 것이다.[12] 이러한 점에서 미국의 군사변혁은 국방의 근원적인 불확실성을 제대로 인식한 바탕 위에서 추진되었다고 할 수 있다.

⑤항의 민군관계와 관련하여 미국의 군사변혁은 모범적인 사례를 제공하고 있다. 럼스펠드 장관은 초급장교 출신이기는 하지만 근본적으로는 정치인 및 민간기업의 경영자였고, 대통령의 지시를 철저히 수명하는 태도를 견지하였다. 럼스펠드 장관은 부시대통령이 해군사관학교 졸업식에서 행한, "스텔스, 정밀무기, 정보기술을 위주로 하는 소규모이면서도 기동력이 높은 미래의 군대"를 건설해야 한다는 내용[13]--어떻게 보면 평범한 내용에 불과할 수도 있는--을 변혁의 근거로 내세움으로써 정치적 결정을 수명하는 자세를 군인들에게 강조하였다. 동시에 럼스펠드 장관은 군대에 대한 스스로의 통제력도 확실하게 유지하였다. 재임기간 중 육군참모총장을 예비역이었던 슈메이커 대장으로 임명한 데서 나타나고 있듯이 변혁을 제대로 추진할 수 있는 요원으로 군 인사를 임명하고자 노력하였고, 크루세이더 야포의 사례에서 보듯이 변혁적이지 않다고 판단되는 사업은 과감하게 취소시켰다. 육군을 중심으로 한 군 장성들의 불평에서도 알 수 있듯이 럼스펠드 장관은 자신의 견해를 중심으로 군대를 지도하였고, 군대의 집단이기주의를 과감하게 배척하였다.

국방개혁의 중점

제2장에서 현대 국방개혁의 일반적 중점으로 제시한 사항, 즉 *<① 전투준비태세 강화를 위한 군사작전 수행개념 발전과 이를 위한 조직과 무기체계의 발전 ② 군대의 전반적 효율성 향상 ③ 시대의*

12) Secretary of Defense Donald H. Rumsfeld, "Testimony Prepared for Delivery Before the Senate Appropriations Defense Subcommittee"(Sep 5, 2001). Available: http://www.defenselink.mil/speeches/2001/ s20010905-secdef.html(검색일: 2006. 12. 5).

13) George W. Bush, *Remarks by the President at U.S. Naval Academy Commencement* (May 25, 2001).

기술적 성과 최대 활용 ④ 합동·통합·연합성의 강화 ⑤ 군대의 전문성과 응집성의 향상> 등을 미국의 군사변혁에 대입하여 볼 때, 미군이 실시한 변혁은 연합성의 경우에는 다소 미흡한 점이 존재하지만 현대적인 국방개혁이 지향해야 하는 중점적인 분야에 대하여 적절한 우선순위를 적용하고 있었고, 각 중점별로도 필요한 조치를 제대로 취해온 것으로 평가된다.

①항 '전투준비태세 강화를 위한 군사작전 수행개념 발전과 이를 위한 조직과 무기체계의 발전'의 경우를 볼 때, 미군이 이번 변혁의 핵심적 분야로서 제시한 "전투수행방법(How we fight), 업무수행방법(How we do business), 협력방법(How we work with others)"의 세 가지 중에서도 전투수행에 관한 사항이 최우선적으로 열거되어 있다. 그리고 변혁의 실질적인 목표로 제시한 6가지의 작전적 목표(주요 작전기지의 보호와 화생방 무기의 격파, 효과적 정보작전 수행, 접근거부(anti-access) 환경에서의 미군 투입 및 유지, 대규모 정밀타격을 바탕으로 적의 성역(sanctuary)을 거부, 우주체계의 능력과 생존성 향상, 합동차원의 C4ISR 능력 개발)는 그러한 능력을 구비하기 위한 군사력 건설을 요구하는 내용이고, 변혁을 위한 4개의 기둥(4 pillars)으로 제시한 "합동작전의 강화, 정보의 유리점 확대, 개념의 발전과 실험, 그리고 변혁적 능력의 개발"[14]도 전투수행 및 대비와 직접적으로 연관된 사항이다.

9/11 테러로 인하여 전투 수행 및 대비라는 변혁의 근본적 목적이 더욱 부각되었다고 할 수 있다. 9/11 테러 하루 뒤인 12일에 미국은 이를 "전쟁행위"(acts of war)로 규정하고, 16일에는 테러리스트들이 "미국에 대하여 전쟁을 선포"(declare war on America)하였다고 선언함으로써[15] '지구적 대테러전쟁'을 개시하게 되었는데, 미군은 "변혁이야말로 지구적 테러전쟁에서의 승리라는 단기적인 목표의 달

14) DoD, *Elements of Defense Transformation* (Washington D.C.: DoD, 2004), p. 6.

15) President George W. Bush, "Remarks by the President in Photo opportunity with the National Security Team" (Sep 12, 2001). Available: http://www.whitehouse.gov.news/releases/ 2001/ 09/20010912-4.html. (검색일: 2006. 12. 10).

성과 함께 미국의 장기적 안보에도 결정적으로 기여할 수 있는 것"[16] 이라는 인식 하에 변혁의 실제성을 강화하였다. 즉 장기적인 대비도 포함되지만 현재 실시하고 있는 전쟁에서 승리하기 위하여 변혁을 추진하게 되었던 것이다.

실제로 미군은 미래전에서의 승리를 보장할 수 있는 조직과 무기체계의 발전을 위하여 포괄적이면서 체계적인 군사작전 수행개념을 정립하는 데 상당한 노력을 집중하였다. 합참을 중심으로 군사작전 수행개념을 발전시키는 체제를 정립하고, 제3장에서 설명하였듯이 최상위 합동개념서, 합동운용개념서, 합동기능개념서, 합동통합개념서로 구분하여 20여권에 이르는 방대한 합동작전개념서들을 작성하였고, 이를 통하여 합동 차원의 군사력 건설에 대한 기준을 정립하고자 하였다. 그리고 '합동 능력통합 및 개발체계'(JCIDS: Joint Capabilities Integration and Development System)를 새로이 발전시킴으로써 군사작전 수행개념을 구현하는 데 필요한 능력을 효과적으로 식별하여 제기하고자 노력하였다.[17]

②항의 '효율성 향상'의 경우에도 럼스펠드 장관은 그의 중요성을 강조하면서 기업적인 새로운 시각을 도입하여 변화를 촉구하였다. 자신의 기업경영 경험을 바탕으로 국방부가 효율성을 강화해야할 소지가 많다는 점을 제기하고, 효율성 향상을 통하여 변혁에 필요한 재원을 추가적으로 확보할 것을 촉구하였다. 효율성을 향상하기 위하여 국방조직을 정비하고, 업무절차를 단순화하였으며, 민간인 및 민간기능의 활용을 증대시키고, 중복과 낭비를 제거시켰다. 국방부가 수행하고 있는 기능 중에서 민간분야에서 수행하는 것이 효율성이 높을 경우에는 과감하게 외부용역으로 전환하였다. 9/11 테러가 발생하기 하루 전인 2001년 9월 10일에는 국방부 비효율성의 근본적 원인으로 '관료조직'(bureaucracy)를 지목하고 이의 타파를 강조하기도 하였다.

---

16) Peter Dombrowski and Eugene Gholz, *Buying Military Transformation* (New York: Columbia Univ. Press, 2006), p. x.

17) 이에 관한 세부적인 내용은 Joint Chiefs of Staff, *Joint Capabilities Integration and Development System*, CJCS Instruction 3170.01E (11 May 2005). 참조.

미 국방부에서 2005년 초에 발행한 『미래 직면』(Facing the Future) 책자에서는 “관료주의를 전장으로”(Bureaucracy to Battlefield)라는 항목을 설정하여 효율성 향상을 위하여 그 때까지 국방부가 이 분야에서 이룩한 성과를 종합하여 제시하고 있다.[18]

2006년도 QDR에서는 낭비 및 중복의 제거를 중심으로 하던 효율성 향상 노력을 한 차원 격상시켜 “새로운 국방기업”(A New Defense Enterprise)의 개념을 설정하여 강조하고 있다. 군대도 기업과 같이 통수권자인 대통령과 전방의 전투원들에게 최선의 서비스를 제공해야 할 뿐만 아니라 납세자인 국민의 기대에 부응할 수 있도록 부여받은 제반 기능을 효과적으로 수행할 수 있어야 하고, 모든 분야에서 적시적이고 최선의 의사결정을 내릴 수 있도록 문화, 권한, 조직을 발전시켜야 하며, 제반 업무절차의 중복성을 감소시키고 효율성을 향상시켜야 한다는 것이다.[19] 회계감사국을 비롯한 외부에서는 국방부의 효율성이 더욱 향상되어야 함을 지적하였지만, 이번의 변혁에서 미군은 나름대로는 효율성을 강화하기 위한 다양하면서도 실질적인 대책을 강구하였다고 판단된다.

③항 ‘기술적 성과 활용’에 관해서도 미국의 군사변혁에서는 상당한 비중을 두고 노력과 재원을 집중하였다. 이 분야야말로 다른 국가들이 쉽게 따라올 수 없는 미군의 ‘비대칭적 강점’이라는 인식 하에 정밀유도탄과 공격용 무인항공기에 중점을 두어 첨단의 무기 및 장비들을 개발하였다. 제3장에서 설명하였듯이 미군은 C4ISR 체계, 테러분자와 대량살상무기 대응전력, 우주체계, 미사일 방어, 무인 탑승체, 특수전 전력, 정밀유도무기, 경량화되고 기동력이 강화된 지상군 전력, 소형화되고 신속해진 해군의 수상함 등을 변혁적 무기체계로 인식하고 이 분야에 집중적인 개발 노력을 경주하였다. 프레디터(Predator)나 글로벌 호크(Global Hawk)의 개발 사례와 같이 ‘첨단개념

18) DoD Office of the Assistant Secretary for Public Affairs, Facing the Future: *Meeting the Threats and Challenges of the 21st Century* (Washington D.C.: DoD, Feb 20, 2005), pp. 19-28.

19) DoD, *Quadrennial Defense Review Report* (2006), p. 65.

기술시범'(ACTD: Advanced Concept Technology Demonstration)이란 방법을 통하여 첨단의 무기 및 장비를 신속하게 개발하여 전장에 투입함으로써 발전된 기술수준을 전장에서의 성과로 연결시키고자 하였다. 미군은 과학기술을 그들의 결정적 우위로 인식함에 따라 이를 군사력으로 신속 및 효과적으로 전환시키고자 하였고, 이런 측면에서 현대 국방개혁의 바람직한 방향을 제대로 수용한 것으로 판단된다.

④항 '합동 · 통합 · 연합성' 중에서, 우선 합동성에 관한 사항을 분석해볼 때, 아직도 합동성에 관해서는 개선할 여지가 많기 때문에 합동전 전문특기(Joint Warfare Profession) 신설, 합동 교리 및 교육사령부(Joint Doctrine and Education Command) 창설, 합동인사사령부(Joint Personnel Command) 편성 등을 포함하는 'Goldwater-Nichols Ⅱ 법안'을 마련해야 한다는 건의도 제기되고 있기는 하지만,[20] 전반적으로 봤을 때 미군은 이번 변혁을 통하여 1986년 골드워터-니콜스(Gold-water-Nichols) 법안 이후 점진적으로 향상되어온 합동성을 한 차원 높게 정착시킨 것으로 분석된다. 전장에서 합동군(joint force)으로서의 편성과 활동이 일상화된 것은 물론이고, 합동 차원에서 모든 군사작전 수행개념을 구상하도록 하였으며, 각군본분에서 변혁추진계획을 수립할 경우에도 각 군종의 입장이 아니라 합동군의 일원으로서 요구되는 소요를 도출하였고, 합동지휘체계를 존중하도록 장병들에게 강조하였다. 상설합동군본부(Standing Joint Force Headquarters)의 개념에서 보듯이[21] 지휘관에게 유사시 신속하면서도 최선의 합동 참모기능을 제공하기 위한 체제도 발전시켰고, 아프가니스탄과 이라크에서의 실전 경험을 바탕으로 합동작전체제를 거의 일상화시켰다고 할 수 있다.

정부부처와의 협력에 관해서도 처음부터 상당한 비중이 두어졌고, 어느 정도 성과도 달성한 것으로 평가된다. '정부부처간'(interagency)

---

20) Don M. Snider, "Jointness, Defense Transformation, and the Need for a New Joint Warfare Profession," *Parameter* (Autumn 2003) 참조.

21) 이 지휘부의 개략적인 개념을 위해서는 다음의 문서를 참조할 것. U.S. Joint Forces Command, Concept of Standing Joint Forces Headquarters (JFCom, June 2003).

이라는 용어가 일상적으로 사용될 정도로 전쟁에 관해서도 정부부처들의 협력 및 역할분담을 극대화한다는 인식이 보편화되었고, 이러한 사항은 아프가니스탄 및 이라크전쟁에서 실제로 구현되었다. 미군은 정부기관을 포함한 민군 간의 다양한 협력체제를 구성하는 것을 전쟁수행의 핵심적인 요소로 인식하여 '관심공동체'(community of interest)[22)] 라는 개념을 새로이 개발하기도 하였다.

다만, 우방국가와의 협력을 증진하는 사항에 관해서는 요망하는 정도의 성과를 달성한 것으로 판단되지 않는다. 미군은 변혁을 추진하면서 '협력의 방법'(How to Cooperate)이라는 항목으로 우방국들의 노력을 통합하는 사항을 포함시키기는 하였으나 아프가니스탄과 이라크에서의 전쟁수행에서는 연합보다는 단독의 작전수행을 선호하였다. 네트워크중심전의 통일된 구현을 위하여 나토국가들을 비롯한 우방국들과 다수의 토론회를 개최하였으나 그들의 소극적 태도로 진전을 이룩하지 못하였다. 미군의 변혁으로 인하여 나토국가와의 전력격차가 더욱 벌어졌고, 이것이 협력을 더욱 어렵게 만드는 측면도 있다.[23)]

⑤항 '전문성과 응집성'의 경우에는 무형적 요소가 차지하는 비중이 크기 때문에 미군 변혁에서 구현된 정도를 정확하게 판별하는 것은 쉽지 않지만, 나름대로 미군은 이 분야에 상당한 관심을 투입한 것으로 판단된다. 우선 미군은 전문성있는 요원의 수시 충원과 부적격자의 손쉬운 해고가 가능하도록 인사제도를 개선하였고, 현역 군인들은 전투분야에만 전념하는 대신에 비전투분야는 민간분야의 인력과 기능을 적극적으로 활용하도록 함으로써 신분별 전문성이 강화될

---

22) "관심공동체는 공동의 목표(goals), 관심(interests), 임무(missions), 업무수행절차(business processes)를 추진하는 과정에서 정보를 교환해야만 하고, 이로 인하여 교환하는 정보에 관한 공동의 용어(shared vocabulary)를 보유해야만 하는 사용자들간의 협동적인 단체(collaborative groups)를 묘사하는 데 사용하는 포함적인(inclusive) 용어이다." Department of Defense, DoD *Net-Centric Data Strategy* (May 9, 2003), p. 4. Available: http://www.dod.mil/nii/org/cio/Net-Centric-Data-Strategy-2003-05-092.pdf (검색일: 2006. 9. 29).

23) 미국의 변혁으로 인한 유럽국가와의 격차 발생에 관해서는 미국 및 유럽에서도 충분히 토의되고 있고 해결책을 모색하고 있으나 실질적인 진전은 미흡한 사항이다. 유럽인의 시각에서 이 문제를 인정한 글의 하나는 Rob de Wijk, 'European Military Reform for a Global Partnership,' *The Washington Quarterly* (Winter 2003-2004) 참조.

수 있는 여건을 조성하였다. 또한 미군은 시대적 요구에 부합되는 '훈련 변혁' (Training Transformation)을 강조하여 합동 지식개발 및 분배능력(Joint Knowledge Development and Distribution Capability), 합동국가훈련능력(Joint National Training capability), 합동 평가 및 보장 능력(Joint Assessment and Enabling Capability) 의 과제를 중점적으로 추진하였다.[24)]

장병들의 응집성 향상을 위하여 럼스펠드 장관은 장병들의 생활 안정 및 향상에 많은 노력을 경주하였다. 장병들의 생활이 안정되지 못하면 전투에 전념할 수 없고, 우수한 요원들이 군복무를 연장하거나 군대를 자원하지 않을 것이며, 결과적으로는 총체전력의 전반적인

〈표 4-2〉 군인 생활의 질 향상을 위한 조치

- 시민권(citizenship): 현역이 됨과 동시에 시민권 요청 허용. 처리절차도 2001년에 평균 189일 소요되던 것을 2004년에는 50일로 단축
- 가족 지원(family assistance): 'Military One Source'라는 프로그램으로 떨어져 생활하는 가족들을 지원 및 상담 실시
- 봉급(pay): 전장지역 근무장병에 대한 특별수당 지급 및 세금 면제, 격무수당의 상한선 증대, 봉급인상, 주택수당 인상 등
- 주택(housing): 필요한 주택 건설 및 기준미달 주택의 제거
- 물품판매소(exchanges and commissaries): 숫자 증대 및 질 향상
- 교육(education): 학비지원 증대, 국방부지원학교의 질 개선, 해외파견 군인자녀를 위한 상설여름학교 개설.
- 통신(communications): 전장지역 장병들에게 국방부 교환망 무료사용 허용 및 민간 전화 사용시 요금 인하
- 어린이 돌보기(child care): 재원 증대 및 근무시간 연장.
- 배우자 고용(spouse employment): 제대군인이나 군인가족들을 교사로 임용
- 동원, 전개, 상봉 지원(mobilization, deployment and reunion support): 부대배치 일정 사전 공시 및 각종 안내물 제공.
- 주방위군과 예비군 지원(supporting the guard and reserve): 400개 이상의 주방위군 가족지원 센터 운영, TRICARE 적용범위 연장.
- 군대 위문단(armed forces entertainment): 적극 운용
- 휴식과 회복(rest and recuperation): 2004년 6월까지 아프가니스탄전, 이라크전에 참여한 7만 이상이 군인들이 휴식 및 회복 활용.

출처: DoD Office of the Assistant Secretary for Public Affairs, *Facing the Future: Meeting the Threats and Challenges of the 21st Century* (Washington D.C.: DoD, Feb 20, 2005), pp. 59-63.

---

24) 훈련의 변혁을 위하여 미 국방부가 제시한 지침은 다음과 같다. DoD, *Department of Defense Training Transformation Implementation Plan* (June 10, 2003); DoD, *Department of Defense Training Transformation Implementation Plan* (Feb 23, 2006); DoD, *Strategic Plan for Transforming* DoD *Training* (May 8, 2006).

질이 낙후된다고 판단하였기 때문이다. 미 국방부에서 발행한 『미래직면』 책자에서는 변혁의 초기 과정에서 응집성 향상을 위하여 미군이 조치한 내용의 일부를 열거하고 있는데, 이를 요약하면 <표 4-2>와 같다.

3. '정보화시대'의 국방개혁 방향

제2장에서 분석한 정보화시대 국방개혁에서 반영될 필요가 있는 사항, 즉 <*① 정보 및 정보기술의 적극적 활용 ② 개혁의 적시성 ③ 개혁의 포괄성 ④ 전문가 중심 개혁*>의 측면을 미국의 군사변혁에 대입하여 분석하였을 때, 미국의 군사변혁은 전반적으로 정보화시대가 요구하는 특성에 상당히 근접한 것으로 평가된다. 미국의 군사변혁에서는 정보화시대에 대한 적응과 정보화시대의 활용을 중점적으로 강조하였고, 시간적 요소를 중시하여 변혁의 속도를 증대시키고자 노력하였으며, 부분보다는 전체를 우선시하는 가운데 변화를 추진하였고, 네트워크중심전 등의 군사작전 수행개념이나 첨단 무기 및 장비의 개발에서 알 수 있듯이 정보화시대 군대 건설을 위한 전문가들의 견해와 기술을 최대한 반영한 것으로 평가된다.

①항 '정보 및 정보기술의 활용'에 관해서 볼 때, 이번 변혁의 배경 자체가 정보화시대의 개막에 따른 RMA였듯이 정보기술의 발전과 적용은 금번 변혁의 실질적인 추진력이었다. 정보화시대에 따른 새로운 군사작전 수행개념과 교리의 발전을 추구하였고, 정보기술을 활용한 새로운 무기체계의 개발을 서둘렀으며, 모든 부대를 네트워크로 연결함으로써 군사력 운용의 효율성을 강화하였다. 특히 아프가니스탄전에서의 지구위치표정체계(GPS: Global Positioning System)를 통한 특전부대의 표적좌표 제공과 이에 따른 공군의 즉각적인 폭격이나, 이라크전에서의 우군추적기(Blue Force Tracker, FBCB2/BFT) 활용, 무인정찰 및 전투기의 적극적 활용에서 나타났듯이 실전을 통하여 정보기술의 유용성이 입증됨으로써 이 분야의 비중은 매우 강화되었다.

②항 '개혁의 적시성' 측면에서 볼 때, 럼스펠드 장관은 국방부 차원에서 필요한 사항을 신속하게 결심하고 시행함으로써 변혁의 기세를 유지하는 것을 중시하였다. 국방부 차원에서 최단 시간 내에 변혁에 관한 기본적인 방향과 중점을 설정하여 제시한 것은 물론이고, 각 군본부에서도 변혁추진계획를 신속하게 작성한 다음 이를 구현하도록 독려하였다. 예를 들면, 럼스펠드 장관은 취임과 더불어 국방분야에 대한 전반적 검토에 착수하여, 5개월 만에 변혁에 관한 기본방향과 논리를 정립하여 의회의 증언을 통하여 발표하였고, 8개월만인 2001년 9월에 QDR을 통하여 변혁의 기본방향을 구체적으로 제시하였다. 또한 럼스펠드 장관은 나선형 개발의 개념을 모든 분야에 적용하여 당장 가용한 역량의 범위 내에서 필요한 사항을 구현한 다음에 지속적으로 보완한다는 논리를 강조함으로써 문제점의 즉각 해결과 창의적인 개념의 즉각 도입을 강조하였다. 출범한 지 8개월도 되지 않은 시점에서 9/11과 같은 사태가 발생하였는데도 큰 혼란없이 대테러전과 변혁을 병행할 수 있었던 것은 그 동안에 이미 변혁에 관한 기본적 내용이 대부분 정립되어 있었기 때문이다. 대테러전을 수행하는 과정에서는 그러한 전쟁에서의 승리를 위하여 더욱 신속한 변혁을 독려함으로써 시간적인 긴박함이 더욱 강화되었다.

③항 '개혁의 포괄성' 측면에서도 이번의 개혁은 적절하였다고 볼 수 있다. 미군이 변혁의 범위로 제시한 전투수행방법, 업무수행방법, 협력방법은 군대의 전반적 분야를 망라하고 있을 뿐만 아니라, 변혁의 핵심과제로 제3장에서 설명하고 있는 내용을 봐도 국방의 모든 분야가 포괄적으로 관련되었음을 이해할 수 있다. 그리고 미군은 '전투발전분야'(Combat Development Domain)라고 하여 '교리, 조직, 훈련, 리더, 물자, 인력, 시설'을 포괄하여 종합적인 소요를 도출하고 구현하도록 제도화해둔 상태이기 때문에 포괄적인 발전이 체계적으로 이루어지도록 되어 있다.

④항 '전문가 중심 개혁'에 관해서 볼 때도 럼스펠드 장관은 네트워크 중심전의 개념을 창안한 세브로스키로 하여금 전력변혁실을 담

당하도록 하는 등 정보화시대의 특성을 잘 이해하고 활용할 수 있는 전문가들을 최대한 존중하였다. 미래의 육군은 특수작전이 중심이 되어야 한다는 판단을 바탕으로 예비역이었던 특전사령관 출신의 슈메이커 대장을 참모총장으로 전격적으로 기용하였다. 그리고 럼스펠드 장관은 민간전문가를 효과적으로 채용하고 해임할 수 있는 내용을 포함하고 있는 '국방변혁법'(Defense Transfor- mation Act)을 통과시켰고, '인적자본전략'(Human Capital Strategy)을 수립하여 군인들의 전문성을 향상하고자 노력하였다.

4. 저항과 비판의 관리

미국의 군사변혁에 있어서도 저항과 비판은 당연히 존재하였으나 변혁의 추진에 영향을 끼칠 정도로 강력하지는 못하였고, 럼스펠드 장관의 강력한 리더십에 의하여 효과적으로 통제된 것으로 평가된다. RMA에 대한 장기간의 토의 결과에 의하여 정보화시대의 개막에 따른 군대의 변화 필요성에 대해서는 상당한 공감대가 형성된 상태였고, 럼스펠드 장관의 단호한 추진과 9/11 사태에 의한 인기로 인하여 저항과 비판이 억제된 측면이 적지 않았기 때문이다.

'포획(capture)'[25]이라는 개념에서 제시되고 있듯이 대부분의 개혁사례에서는 구성원들이 개혁을 무산시키고자 노력을 하게 되는데, 미국의 경우에도 군수뇌부와 관료 중의 일부는 당연히 럼스펠드 장관의 개혁에 관하여 거부감을 표시하였다.[26] 기득권을 보유하고 있는 이들로서는 변화 자체가 불편하였고, 진주만 기습이나 베트남 전쟁에서의 패배와 같은 결정적인 계기가 없는 상황에서 급격한 변화를 촉구하는 조치에 동의하기가 쉽지 않으며, 공군의 역할을 증대시키거나 효율성을 강조함으로써 육군의 위상을 약화시킬 것으로 우려하였기

25) 개혁을 하고자 하는 사람이 개혁 내지 통제의 대상인 개혁대상조직의 영향 하에 들어가 그 이익을 옹호하게 되는 현상을 말한다. 오석홍, 『행정개혁론』, 제5판(서울: 박영사, 2006), pp. 27-34.

26) Eliot Cohen, "A Tale of Two Secretaries," *Foreign Affairs* (May/June 2002), p. 36.

때문이다. 또한 럼스펠드 장관이 군 수뇌부보다는 앤드류 마샬(Andrew Marshall)과 같은 군사이론가들의 의견을 중시함으로써 처음부터 군 수뇌부와 럼스펠드 장관 사이에는 "커다란 틈"(huge rife)이 발생한 점이 있고,[27] 럼스펠드 장관의 독선적인 지휘스타일이 감정적인 거부감을 야기시키기도 하였다. 다만, 문민통제와 상명하복을 중시하는 군대에서 이러한 사항들이 명확하게 표출되기는 어렵고, 내재화된 상태였다고 할 수 있다.

럼스펠드 장관의 변혁에 관한 공개적인 비판은 주로 의회 및 군사이론가들을 중심으로 제기되었다. 의회에서는 냉전의 승리 이후 평화가 지속되고 있는 상태에서 대규모 예산을 필요로 하는 변혁에 의문을 제기하는 의견이 많았고, 군사이론가들은 변혁의 타당성에는 동의하지만 그 속도가 지나치게 빠르고, 상이한 의견에는 귀를 기울이지 않으며, 비정규적 위협에 치중함으로써 정규전이 발생하였을 경우에 취약할 수 있고, 첨단 무기 및 장비를 통한 군대의 정예화만 강조함으로써 인간적 요소의 가치와 비중을 무시한다는 비판들을 제기하였다.[28]

이러한 저항과 비판에 관하여 럼스펠드 장관은 타협을 모색하기도 했지만 전체적인 방향에서는 정면돌파를 선택하였다고 할 수 있다. 럼스펠드 장관은 군 수뇌부들의 내면적인 저항과 비판에도 불구하고 그의 권한을 최대한 활용하여 변혁에 관한 원래의 계획을 양보없이 추진하였고, 의회 증언이나 간담회(townhall meeting) 등을 통하여 확신에 찬 어조와 논리로서 국민과 장병을 대상으로 변혁의 필요성을 설득하였다. 절반 정도 진행 중이던 육군의 미래 야포 사업인 크루세이더(Crusader) 프로그램을 중단시키거나 스트라이커(Stryker) 여단에 관한 예산을 삭감하거나 미 육군 참모총장을 예비역 출신으로

---

27) Thomas E. Ricks, "For Military, 'Change is Hard," *Washington Post* (2001. 7. 19).

28) 변혁에 대한 비판에 대해서는 다음 논문을 참조. Williamson Murray and Thomas O'leary, "Military Transformation and Legacy Force," *Joint Forces Quarterly* (Spring 2002). Richard D. Hooker, Jr., H. R. Macmaster and Dave Grey, "Getting Transformation Right," *Joint Forces Quarterly*, No. 38 (July 2005).

임명하는 등 단호한 결정을 주저하지 않았고, 자신의 의도에 부합되는 장군들을 선택하고자 인사권을 최대한 행사하였다.[29] 2004년 10월 26일 미국의 PBS 방송국이 '럼스펠드의 전쟁'(Rumsfeld's War)이란 제목으로 집중보도한 바와 같이 럼스펠드 장관은 대테러전쟁 이외에도 변혁에 대한 저항과의 전쟁을 수행하였다고 평가되기도 한다.

변혁에 대한 저항을 잠재운 결정적인 계기는 9/11 테러와 이를 후속한 대테러전쟁이었다. 9/11 테러라는 미증유의 사태로 미국이 혼란에 빠졌을 때 럼스펠드 장관이 보여준 단호성과 유능성은 럼스펠드 장관에 대한 국민적 지지와 행정부 내에서의 위치를 결정적으로 격상시켰고,[30] 이라크전쟁에서 3주 만에 바그다드를 함락함에 따라 더욱 강력해진 지지와 영향력을 바탕으로 변혁을 추진할 수 있게 되었다.[31] "럼스펠드 장관은 훌륭한 국방장관(secretary of defense)은 아니었지만, 탁월한 전쟁장관(secretary of war)이다"라는 평가는,[32] 변혁에 관한 저항과 비판으로 인하여 어려움을 겪던 럼스펠드 장관이 대테러전 수행 이후 갑작스럽게 위상이 강화되는 변화를 잘 묘사하고 있다. 럼스펠드 장관은 대테러전쟁과 변혁을 동일한 것으로 인식하여 동시에 추진할 것을 강조하였기 때문에 9/11 테러 이후의 애국적 분위기 속에서 대테러전과 동일한 변혁에 대하여 반대의견을 제시하는 것이 어려워 졌다.

변혁의 장기적인 지속과 제도화의 측면에서 보면 저항과 비판에 대한 럼스펠드 식의 접근은 적절하지 않았다고 할 수 있다. 비판을 최대한 수용하는 대신에 개인의 강력해진 권위에만 의존하여 변혁을 추진함으로써 이라크 사태가 악화되어 그의 권위가 약화되자 그의 변혁 추진력도 동시에 약화되는 현상을 초래하였기 때문이다. 또한

29) Vernon Loeb and Thomas E. Ricks, "Rumsfeld's style, Goals Strain Ties in Pentagon," Washington Post(2002. 10. 16).

30) 9/11 직후인 2001년 10월 78%의 미국인들이 럼스펠드의 직무수행을 탁월(excellent) 또는 다소 양호(pretty good)로 평가했다. Paul C. Light Paul C. Light, "Rumsfeld's Revolution at Defense," p. 1.

31) Thomas E. Ricks, "Rumsfeld Stands Tall After Iraq Victory," *Washington Post* (2003. 4. 20)

32) Eliot Cohen, "A Tale of Two Secretaries," p. 33.

그러한 정면돌파 방식의 피해는 럼스펠드 개인에게 되돌아왔는 바, 이라크에서의 상황이 악화되자 모든 비난이 럼스펠드 장관에게 집중되었고, 결국 중간선거에서 공화당이 패배하자 사임할 수밖에 없었으며, 결과적으로는 변혁의 추진에도 차질이 생기지 않을 수 없었다. 럼스펠드 장관의 후임인 로버트 게이츠(Robert Gates) 장관이나 미군들이 변혁이라는 단어를 거의 사용하지 않는 것은 변혁 자체에는 동의하지만 '럼스펠드 장관의 변혁'에는 동의하기 싫다는 의식을 반영하고 있는 것으로 보인다.

미국 군사변혁에 있어서 저항과 비판은 변혁 자체보다는 럼스펠드 장관의 '독선적 지휘'(부정적으로 볼 경우) 스타일에 의하여 야기되었다. 대부분의 군수뇌부들은 럼스펠드 장관이 그들이나 그들의 의견을 존중하지 않고 일방적으로 변혁을 추진한다는 이유로 거부감을 표시하였기 때문이다. 동시에 미국의 군사변혁은 럼스펠드 장관의 '단호한 추진력'(긍정적으로 볼 경우)으로 인하여 가능했음도 부인할 수 없다. 이전에 많은 장관들이 국방개혁을 시도하였지만 럼스펠드 장관처럼 짧은 기간 내에 그 정도의 변화를 달성한 경우는 많지 않았다. 럼스펠드 장관이 저항과 비판에 유연하게 대응하였다면 저항과 비판이 더욱 강화되어 어떤 변화도 추진하지 못하였을 가능성도 적지 않다. 럼스펠드 장관 개인에게는 불행한 결과였지만 지도자가 피해나 비난을 감수하지 않고는 개혁은 불가능할 수도 있다.

Ⅱ 국방개혁의 방법론에 의한 분석

제2장에서는 국방개혁의 효과적인 방법론과 관련하여 5가지의 모형을 설정하여 분석하였다. 국방개혁을 주도하는 요소에 관해서는 '상황'과 '인물', 추진의 방향에 관해서는 '하향식 개혁'과 '상향식 개혁', 변화의 정도에 관해서는 '혁명적 변화'와 '개혁', 정책결정 방식에 관해서는 '합리적 모형'과 '점증형 모형', 그리고 소요도출의 기준에

관해서는 '위협기반 국방기획'과 '능력기반 국방기획'을 대비시키고, 그 내용과 장단점을 분석하였다. 본 절에서는 이러한 모형을 미국의 군사변혁에 대입하여 국방개혁의 방법론 측면에서 미군 변혁을 체계적으로 평가 및 분석하고, 그 결론을 통하여 국방개혁의 성공을 위한 방법론을 실증하고자 한다.

1. 주도요소

평 가

미국의 이번 군사변혁은 대체적으로는 상황과 지도자의 결합으로 추진되었다고 판단되지만, 럼스펠드 국방장관을 비롯한 군 수뇌부의 주도성이 더욱 부각된 사례였다고 할 수 있다.

우선 미국의 군사변혁은 전혀 새로운 상태에서 비롯된 것이 아니라 상당한 역사적 배경을 통하여 제기된 것이었다. 미군은 1989년 소련이 붕괴된 이후 탈냉전 시대에 대한 대비의 필요성이 강조되자 육군을 중심으로 미래지향적인 군대의 모습을 적극적으로 연구하였고, 이러한 노력의 결과로써 *Joint Vision 2010, Joint Vision 2020*을 비롯하여 합동 및 각군 차원의 비전을 작성하여 발표하였다. 또한 90년대 후반부터 정보화시대의 도래와 네트워크를 통한 사회의 연결이 가시화됨에 따라서 미국의 군사이론가들은 사회경제적으로 급속하게 변화하고 있는 시대적 추세에 적응하기 위해서는 RMA가 필요하다는 인식 하에, 사회에서 구현하고 있는 정보화시대의 개념, 조직, 기술적인 성공의 사례들을 군대가 적극적으로 학습해야할 것임을 강조하였다. 이 당시에 시행된 어느 조사에서는 미국장교들의 85% 이상이 정보화시대 군대의 압도적인 이점을 인식하고 그러한 방향으로의 변화를 요구하고 있었다.[33] 럼스펠드 장관이 부임하고 나서 클린턴 정부

33) Thomas G. Mahnken and James R. FitzSimonds, "Revolutionary Ambivalence: Understanding Officer Attitudes toward Transformation," *International Security*, Vol. 28, No. 2 (Fall 2003), pp. 120-123.

시대에 이러한 변화의 요청을 충분히 수렴하지 못하였다고 비판한 것 자체가 개혁을 위한 상황이 이미 조성되고 있었다는 것을 반증한다.

또한 9/11 테러를 계기로 테러를 비롯한 비정규적 위협과 그에 대한 대비의 중요성을 실감하게 됨으로써 변화에 대한 상황적 필요성이 증폭되기도 하였다. 변혁을 주창한 지 수개월 후에 발생한 9/11 테러는 변혁의 절박성을 강화하였을 뿐만 아니라 변혁에 대한 국민적 지지를 확고하게 보장하였다. 9/11 테러로 인하여 럼스펠드 장관의 변혁방향이 타당하고 선견적인 것으로 인식됨으로써 변혁은 강력한 추진력을 확보하게 되었고, 대테러전에 대한 지지와 변혁에 대한 지지가 동일시됨에 따라 변혁에 대한 공감대가 예상외로 증폭되었다.

그렇다고 하여 미국의 군사변혁에 대하여 럼스펠드 장관을 중심으로 한 군 수뇌부가 수행한 역할을 과소평가할 수는 없다. 변혁을 요구하는 상황은 그 이전에도 존재하였고, 그 이전의 국방장관이나 군 수뇌부들도 유사한 정도로 변화의 필요성을 절감하였지만 실제적인 성과를 이루지 못한 사례와 대조되기 때문이다. 예를 들면, 1995년부터 4년간 육군 참모총장을 역임한 라이머 대장(Dennis J. Reimer)을 비롯한 다수의 지도자들이 미군을 변화시키고자 노력하였지만, 이 기간은 나중에 '획득 공백기간'(procurement holiday)으로 평가되고 있는데, 그 이유는 그들의 열정과 통찰력이 여건 상의 어려움을 극복하여 실제적인 변화를 구현하기에는 미흡하였기 때문이다. 다음의 인용문에서 알 수 있듯이 미국 군대의 경우 이미 최강의 상태라는 인식이 널리 확산되어 있기 때문에 강력한 의지와 열정을 가진 지도자가 존재하지 않은 상태에서는 실제적 변화를 구현하기가 무척 어렵다.

> 일반적으로 어떤 군대가 현대적 무기가 부족하거나 전쟁에서 승리하기 어려운 강력한 적과 대처하였을 때 변혁에 대한 절대적 요구가 매우 명확해진다. 미군은 당연히 세계에서 가장 강력한 군대이고, 어떠한 경쟁국이라도 압도할 수 있는 무기와 능력으로 무장되어 있다. 그러므로 미국이 직면하고 있는 도전은 어렵게 노력하여 정상으로 나아가는 것이 아니라 정상에서 머무르는 것이다. 대항하여 균형을 달성해야 할 명확하게 식별된 위협이나 추구해 나가야할 명확한 전략적 기준이 존재하지 않기 때문에 미국은 군사력의 변화

방향에 관하여 절대적인 기준을 설정하여 추진하는 것이 필요해진다.[34)]

변화를 절박하게 요구하는 위기의식이 존재하지 않은 상태에서 변혁을 주창하고 추진한 것은 그만큼 럼스펠드 국방장관을 비롯한 미군 수뇌부의 개인적 역할과 역량이 중요했다는 사실을 간접적으로 입증하고 있다. 럼스펠드 장관을 비롯한 미군의 수뇌부는 상당한 먹구름이 존재함에도 불구하고 좀처럼 비가 내리지 않는 상황에서 드라이 아이스를 투입하는 역할을 수행하였다고 할 수 있다. 즉 "RMA를 창출하거나 수용하는 조치로 이해되는 현 시대 미군의 변혁은 저절로 출현할 수는 없다. 그것은 군대가 훈련, 조직, 장비되는 근거라고 할 수 있는 국가전략, 군사교리, 그리고 기타의 다양한 구현과정에 영향을 미칠 수 있는 위치에 있는 민간 및 군사지도자들에 의하여 장려되고, 배양되었으며, 주창되었다."[35)]

럼스펠드 장관을 비롯한 군 수뇌부는 지구적 대테러전쟁을 수행하면서도 변혁을 추진하였는데, 이것 또한 이번 군사변혁에 있어서 지도자가 지녔던 비중을 부각시키고 있다. 9/11 테러 자체는 테러분자들에 대한 일시적인 응징으로 종료될 정도의 사태로서 군대의 전반적인 변혁으로 연결시킬 수 있는 계기로는 부족하였다. 또한 어떤 형태로든 군사작전을 수행하게 되면 당면한 군사작전의 성공이 우선시되어 개혁과 같은 미래지향적 내용에 대해서는 관심이 약화되는 것이 통상적인 현상이다. 그렇지만 럼스펠드 장관을 비롯한 군 수뇌부는 전쟁을 수행하면서도 변혁을 동시에 추진해야 한다는 사고를 견지했고, 9/11 테러를 계기로 오히려 변혁의 속도와 범위를 확대시켰다. "9/11 이후에 세계의 모든 관심이 아프가니스탄과 이라크에서의 작전, 즉 테러리즘과의 투쟁으로 전환되었지만, 군사 분석가 및 이론가들 사이에는 '혁명'과 '변혁'이라는 용어가 여전히 압도적인 관심이었다."[36)] 즉 상황적인 변화는 현행 작전에 노력을 집중할 것을

---

34) Hans Binnendijk, ed., *Transforming America's Military* (Washington D.C.: National Defense Univ. Press, 2002), p. 72.

35) Peter Dombrowski and Eugene Gholz, *Buying Military Transformation*, p. 7.

36) Ibid., p. 8.

요구하였지만, 럼스펠드 장관을 비롯한 군 수뇌부들의 노력으로 인하여 대테러전쟁이 변혁의 기폭제로 기능할 수 있었다고 할 수 있다.

"럼스펠드의 혁명"(Rumsfeld's Revolution)[37]이라는 말처럼 이번 변혁의 추진에 럼스펠드 장관 개인의 역할과 비중이 매우 컸다는 것도 부정할 수 없다. 럼스펠드 장관은 30여년 전에 국방기획제도를 전면적으로 개혁한 맥나마라(Robert S. McNarama) 장관 이후 가장 강력한 장관이면서 제시한 목표를 달성하기 위하여 가장 열정적으로 노력했던 장관으로,[38] 그리고 가장 야심적인 개혁가의 한사람으로 평가되고 있다.[39] 그는 과거 클린턴 정부의 국방관련 정책에 대한 개인적 불만, '탄도미사일 위협평가위원회'를 이끌었던 경험, 과거 국방장관 시절의 경험과 민간기업 경영자로서의 자신감을 바탕으로 국방분야의 전반적인 변화 필요성과 바람직한 방향을 충분히 이해하고 있었다. 이러한 바탕 위에서 그는 2001년 6월 21일에 상원군사위원회에서 테러를 포함한 다양한 위협의 대두를 경고하고, 현실안주(complacency)의 위험을 강조하였으며, 향후 미군이 중점을 둬야 할 분야와 국방정책의 목표를 제시하고, 그 방법으로 변혁을 주창하였다. 9/11 테러 이후에는 변화의 절박성(urgency)을 더욱 강조하면서 대테러전과 변혁을 병행하도록 방향을 설정하였고, 미군 변혁의 논리와 방향에 관한 논문을 직접 작성하여 전문잡지에 게재하였으며, 변혁에 관한 제반 논리를 스스로 정립하여 군인, 국회의원, 국민들을 대상으로 변혁의 당위성과 방향을 적극적으로 설득하였다. 그렇기 때문에 사임 직후 의회에서도 "럼스펠드 장관은 국방부 변혁 계획의 핵심적 고안자였고....국방변혁에 관한 가장 저명한 주창자였다"[40]라고 평가하였다.

제2장에서 살핀 지도자 주도의 개혁이 지니는 특징, 즉 *<① 지도자가 비전을 제시하여 그 방향으로의 발전을 독려하는 형태이기 때*

---

37) Paul C. Light, "Rumsfeld's Revolution at Defense."

38) *The New York Times,* 9 Nov 2006.

39) Paul C. Light, "Rumsfeld's Revolution at Defense," p. 1.

40) Ronald O'Rouke, Defense Transformation: *Background and Oversight Issues for Congress*, p. 39.

문에 개혁의 각오와 의지가 크고 ② 변화의 속도, 범위, 형태, 그리고 성공의 정도가 다양하며 ③ 대체로 지도자 개인의 역량과 임기에 따라 개혁의 성과가 크게 좌우된다>는 내용에 미국의 군사변혁을 대입할 경우에도 미국의 군사변혁에서는 지도자의 적극적 역할이 중요하였음을 쉽게 이해할 수 있다. 비록 상황적 여건이 기반으로 작용하고 있었지만 미국의 군사변혁은 <① 럼스펠드 국방장관이 적극적으로 비전을 제시하고 그 방향으로 군대가 발전하도록 독려함에 따라 미군 전체가 변혁을 위한 각오와 의지를 다지게 되었고 ② 과거의 장관들과는 다른 럼스펠드 장관의 의지와 통찰력에 의하여 변화의 속도, 범위, 형태가 커졌을 뿐만 아니라 성공으로 귀결될 확률이 매우 높아졌으며 ③ 2006년 11월 럼스펠드 장관의 사임 이후 변혁에 관한 미군의 적극성이 괄목하게 감소한 것>으로도 변혁에 대한 럼스펠드 장관 개인의 높은 관련성을 인식할 수 있다.

이렇게 볼 때 미국의 군사변혁은 전반적으로 본다면 상황과 인물이 적절하게 결합된 사례였다고 할 수 있지만, 실제적인 구현에 있어서는 럼스펠드 국방장관을 비롯한 군 수뇌부, 특히 럼스펠드 장관의 개인적 역할이 중요하였다고 할 수 있다. 특히 변혁을 추진하는 속도와 집중력에 있어서 럼스펠드 장관은 다른 어떤 장관도 흉내내기 어려운 리더십을 발휘하였다.

분 석

미국의 군사변혁에 대한 럼스펠드 국방장관의 주도적 역할은 변화의 효율성과 집중성, 다른 말로 하면 개혁의 속도와 폭을 엄청나게 증대시켰다. 최초에는 2MTW 전략으로부터의 탈피를 강조하였으나, 금방 미군의 사고방식과 문화까지도 변혁의 범위에 포함되었으며, 효율성 차원에서 모든 체제와 제도를 전면적으로 재검토하게 되었다. 미군 변혁의 속도는 더욱 괄목할만하였다. 2001년 1월에 취임한 럼스펠드 장관은 국방분야에 대한 전반적인 재검토를 실시한 후 6월에 이미 그 나름대로의 변혁 방향을 명확하게 정립하였고, 9월에는

QDR을 발간하면서 변혁에 관한 기본적인 목표, 방향, 접근방법을 확정하여 발표한 후 바로 실천에 돌입하였다. 2006년 QDR을 보면 그동안 미군이 이룩한 변혁의 성과가 나타나 있는데, 5년 정도의 기간에 얼마나 빠르게 변화를 구현하여 왔는지 파악할 수 있다.

또 하나 중요한 사항은 군대의 개혁은 군인보다는 정치인에 의해 더욱 효과적으로 수행될 수 있다는 점이다. 군인들은 첨단 무기체계 위주의 전력 증강, 장병 권익의 보호, 현상의 점진적 변화 등을 강조할 가능성이 크기 때문에 자체 수술을 감행하지 않으려 하고, 국가정책과의 일관성을 중시하지 않는 경향이 있기 때문이다. 국방개혁의 성공적 사례라고 인용되는 19세기 후반의 영국 국방개혁도 정치인인 카드웰 육군성 장관이 주도자였고, 미국의 이번 변혁도 정치인인 럼스펠드 장관이 주도하였다. 군대의 개혁은 확고한 정치적 지원과 방대한 예산 상의 지원을 필요로 하는데, 이러한 것들은 군인들의 특기인 명확한 목표나 계획이 아니라 정치인들의 특기인 설득과 타협에 의하여 확보되는 것이기 때문이다. 즉 제한적인 국가재정의 틀 속에서 국방비를 증대시키거나 미래지향적인 측면에서 과감하게 분배하는 데는 당연히 정치인에 의한 정치인과 국민의 설득이 더욱 효과적이라고 할 것이다.

또한 럼스펠드 장관이 국방개혁을 추진함에 있어서 임기 내내 그를 따라다녔던 비판은 국방에 관한 중요 결정에 있어서 군인들의 전문적 의견을 무시한다는 것이었다.[41] 그러나 진정한 개혁을 위해서는 국내자(局內者)에게 포획당하지 않고 국외자(局外者)의 입장에서 집단이기주의를 냉정하게 처리하는 것이 무엇보다 중요하다는 점에서, 럼스펠드 장관의 이러한 과감한 태도야 말로 변혁의 성과를 거두도록 한 핵심요소라고 할 수 있다. 미군의 현역 육군대령조차 다음과

41) 2001년에서부터 2002년 사이에 워싱턴 포스트에 게재된 럼스펠드와 관련된 기사들의 대부분은 이러한 내용이었는데, 그 중의 몇 개를 소개하면 다음과 같다. "Rumsfeld, Joint Chiefs Spar Over Roles in Retooling Military," (May 25, 2001); "For Rumsfeld, Many Roadblocks," (Aug 7, 2001); "Rumsfeld's Style, Goals Strain Ties in Pentagon," (Oct 16, 2002).

같은 글을 통하여 기존 관료조직의 이해로부터 자유로울 수 있는 럼스펠드와 같은 민간지도자의 긍정적인 역할을 인정하고 있다.

> 현상유지(status quo)를 위협할 수 있는 개혁과 변화를 포함하는 조치에 관하여 군인이든 민간인이든 대규모 관료조직이 국가이익에 따라 행동할 것으로 기대하는 것은 비현실적이다. 리델하트, 풀러, 드골, 구데리안의 예에서처럼 군대의 관료조직은 변화를 열망하는 자들을 억압하지만, 그와 같은 사람들은 여전히 존재하고 있다. 그러한 장교들을 지원하거나 보호하는 한 민간지도자의 개입은 효과적이다.[42]

지도자가 주도하는 개혁의 단점 중의 하나는 개혁을 주도한 지도자가 나중에는 개혁에 대한 장애물이 될 수 있다는 것이다. 개혁을 시작하는 시기에는 비판을 포함한 모든 의견을 솔직하게 받아들이지만, 개혁이 어느 정도 진전된 상태에서 비판적인 의견이 제시되면 자신의 개혁을 훼손하고자 하는 것으로 받아들이는 것이 통상적인 성향이기 때문이다. 그렇기 때문에 개혁을 추진하는 과정에서 문제점이 발생하여 시정하고자 하거나 방향을 수정해야 할 경우 개혁을 추진한 그 지도자를 설득하는 것이 쉽지 않고, 따라서 모르는 사이에 개혁조치 자체가 또 다른 개혁의 대상이 될 수 있다. 럼스펠드 장관의 강한 성격을 고려할 때 이러한 문제점은 충분히 예상될만한 것이었다. 이러한 점에서 개혁이 어느 정도 제도화된 6년 가까운 시기에 럼스펠드 장관이 교체된 것은 미군 변혁의 지속을 위해서는 다행스럽다고 할 수 있다. 새로운 국방장관이 새로운 시각으로 변혁에 관한 전반적인 사항을 검토할 수 있고, 잘못된 방향이 있으면 수정하기도 훨씬 용이할 것이기 때문이다.

---

42) Douglas A. Macgregor, *Transformation Under Fire: Revolutionizing How America Fights* (Westpoint: Prager Publishers, 2003), pp. 242-243.

2. 추진 방향

평 가

개혁의 추진 방향에 있어서 미국의 군사변혁은 철저한 하향식 개혁으로 추진되었다. 국방부에서 새로운 시대에 부합되는 국방정책 목표를 설정하고(2001년 QDR에서는 4개의 국방정책 목표를 제시), 이를 위한 군사분야의 하위목표를 발전시켰으며(6개의 작전적 목표로 제시), 이들을 구현할 수 있는 추진전략과 과제를 설정함으로써 변혁에 관한 기본적 틀을 정립하여 제시하였다. 국방부의 이러한 기본적 틀은 군사변혁과 관련된 모든 문서에서 핵심적인 근거로 사용되었고, 피라미드식으로 하급제대로 전달되면서 지속적으로 세분화되고 구체화되었다. 변혁을 추진하는 과정에서도 2001년 9월 30일『4년주기 국방검토 보고서』, 2003년 4월『변혁 계획수립 지침』, 2003년 가을『군사변혁: 전략적 접근』, 2004년 10월『국방 변혁의 요소』, 2005년 3월『미국 국방전략』등의 변혁에 관한 지침을 포함하고 있는 공식적 문서를 지속적으로 발간하여 전파하였고, 이에 근거한 "하향식 경쟁적 과정"(top-down competitive process)[43]을 통하여 변혁을 추진하였다.

미군의 경우 평소부터 상향식의 의견수렴을 중시하고 그 이전에는 상당한 기간 동안 상향식 개혁을 추진하여 왔다는 점에서 럼스펠드 장관의 이번 개혁은 특별할 수 있다. 1993년 아스핀 (Les Aspin) 국방장관의 주도 하에 미군은 소련 붕괴 이후의 변화된 상황에 효과적으로 대응할 수 있도록 "상향식 검토"(BUR: Bottom-Up Review)를 실시하여 적정한 군사력 규모를 결정하고 이를 기준으로 국방을 변화시키기 위하여 노력한 적이 있다. 1997년 QDR도 "국방부 전체의 전문성과 아이디어를 활용하고, 국방부 이외로부터도 추가적인 아이디어와 지원을 요청했다는 점에서는 상향식(bottom-up)이고, 모든 선

---

43) DoD, *The National Defense Strategy of the United States of America* (Washington D.C.: DoD, March 2005), p. 11.

택안과 대안들이 전략의 시행에 필요한 능력을 확실하게 제공할 수 있도록 국방장관과 합참의장이 전체적인 과정을 지도했다는 점에서 하향식(top-down)이다"라는 주장에서[44] 알 수 있듯이 상향식을 기본으로 한 상태에서 하향식을 추가한 정도였다. 이러한 점에서 이번의 하향식 미군 변혁 추진은 과거의 사례와 극명하게 대비된다.

개혁을 주도하는 구심점의 측면에서도 이번의 미군 변혁은 하향식 개혁이었다. 럼스펠드 국방장관이나 그를 중심으로 하는 미군의 수뇌부가 정점에서 국방개혁의 목표와 방향을 권위적으로 결정하였고, 예하의 지휘관들은 이를 바탕으로 담당부대와 영역에서 해당되는 목표와 방향을 발전시켜 시행하였기 때문이다. 국방부에서는 전력변혁실을 통하여 모든 군종의 변혁추진 진도와 방향을 점검하였다. 미군의 변혁은 "집권적 구상"(centralized design)에 의하여 추진되었기 때문에[45] 군 수뇌부가 개혁의 주창자였고, 하급자들은 개혁의 시행자였다. 럼스펠드 장관은 참모들을 대동하지 못하게 한 상태에서 각군장관, 각군 참모총장, 사령관들과 진지하고 허심탄회한 토론을 통하여 변혁에 관한 중요한 사항을 결정하고자 노력하였는데, 당시 국방부 부장관이었던 월포위츠(Paul Wolfowitz)는 그렇게 긴밀한 "고위인사 간의 상호행동(high-level interaction)"은 누구도 경험하지 못했을 것이라고 증언한 바 있다.[46]

제3장에서 분석한 하향식 개혁의 특징인 <*① 개혁의 목표, 방향 등 근본적이고 추상적인 사항부터 개혁을 추진하고 ② 최고 책임자를 비롯한 지도자들이 개혁을 주도하며 ③ 신속하고 일관성 있는 개혁을 중시하고 ④ 하급자와 하급부서는 개혁의 대상이거나 시행자가 된다*>는 사항을 미군의 변혁에 대입하였을 경우에도 하향식 개혁의

---

44) Secretary of Defense William S. Cohen, *Report of the Quadrennial Defense Review* (May 1997). Available at: http://www.defenselink.mil/pubs/qdr/ (검색: 2005. 12. 6) 제1장 "Design, Approach, and Implementation of the Quadrennial Defense Review" 참조.

45) Walter P. Fairbanks, "Implementing the Transformation Vision," *Joint Forces Quarterly* (3rd Quarter 2006), p. 37.

46) Deputy Secretary of Defense Paul Wolfowitz, "Deputy Secretary Wolfowitz Briefing on the Defense Planning Guidance." (Aug 16, 2001) Avaliable: http://www.defenselink.mil/news/Aug2001/t08162001dsd.html (검색: 2006. 12. 5).

특징이 분명하게 드러난다. 미국의 변혁은 ① 앞에서 언급한 바와 같이 개혁의 목표, 방향 등 근본적이고 추상적인 사항부터 개혁을 추진하였고 ② 럼스펠드 장관은 물론이고, 국방부 고위직위자 및 합참의장, 각군 장관 및 참모총장으로 구성된 미군 수뇌부들이 개혁에 관한 제반 책임과 권한을 주도적으로 행사하였으며 ③ 점진적이면서 신중한 변화보다는 신속하고 일관성있는 개혁을 강조하였고 ④ 자기조직 중심주의(parochialism)를 경계하여 각군을 비롯한 예하부대들에게는 결정된 사항을 추진하는 역할을 강조하였다.

그렇다고 하여 모든 사항들이 하향식으로만 추진되었던 것은 아니다. 복잡한 군대의 업무를 고려할 때 상급자가 모든 것을 다 파악하여 지시할 수 없고, 각 업무를 담당하는 전문가의 적극적인 참여가 없이는 개혁 자체가 불가능하기 때문이다. 또한 군대는 외형적으로는 엄격한 하향식 체제를 중시하지만 내면적으로는 상향식 의사전달을 위한 다양한 장치를 내재하고 있다. 실제로 변혁을 시작하기 이전에 럼스펠드 장관은 국방에 관한 다양한 의견을 수렴하였고, 변혁을 추진하는 과정에서도 정식 보고계통을 통하여 보고되었거나 국방장관이 실시한 다양한 간담회에서 제기되었거나 논문이나 신문을 통하여 제기된 사항 중에서 필요한 사항은 반영하고자 노력하였다. 그렇기 때문에 엄밀하게 말하면 하향식의 비중이 상향식보다 큰 정도라고 할 수 있다.

분 석

미군은 하향식의 장점을 중시한 결과로 짧은 시간에 상당한 속도와 폭의 개혁을 달성하였다고 평가된다. 럼스펠드 장관이 2001년 6월 의회에서 개혁의 기본적인 목표와 방향에 대하여 보고한 내용은 2001년 9월 QDR을 통하여 정리되어 하달되었고, 다음 해에는 변혁계획의 수립을 위한 지침이 하달되어 이에 따라 각군이 변혁추진계획을 작성하여 바로 실천에 착수하게 되었다. 그리고 2006년 QDR에서 제시되고 있듯이 그 동안 이룩한 변혁의 성과 중에서 이미 제도화된 사항도 적지 않았다.

하향식 접근방법을 선택함으로써 럼스펠드 장관과 그를 중심으로 한 군 수뇌부의 역할과 역량이 극대화되었다는 점에 주목할 필요가 있다. 럼스펠드 장관은 변혁에 대한 군 수뇌부들의 책임과 역할을 강화하면서 이들에게 담당하는 기관이나 부대의 범위를 뛰어넘는 대승적 사고를 주문하였고, 결과적으로 변혁에 대한 올바른 방향을 정립함과 동시에 공감대와 추진력을 강화할 수 있었기 때문이다. 합리적인 개혁의 추진을 위해서는 실무자의 의견을 존중하는 가운데 수뇌부들의 주관이 개입되는 것을 최소화하는 것이 바람직하다는 일반적인 견해와는 다소 차이가 있는 방식으로서, 장기간의 관료 및 군 생활을 통하여 충분한 경험과 식견을 구비한 고위관료 및 장성들의 역할을 강화하는 것은 당연한 사항이고, 이로써 개혁의 타당성과 적절성을 크게 향상시킬 수 있다고 판단된다. 군 수뇌부들이 적극적인 역할을 꺼리는 것은 개혁에 대한 확신이 없거나 비난을 두려워하거나 사적인 이해를 벗어나지 못하기 때문인 경우가 많다.

계획을 수립하는 데까지 지나치게 많은 시간을 소요하게 되는 하향식 개혁의 통상적인 단점을 극복한 것도 이번 변혁에서는 중요한 부분이다. 하향식 개혁에서는 목표와 방향을 잘못 설정하면 전체가 잘못될 수 있다는 차원에서 개혁을 추진하기 전에 다양한 의견을 수렴하는 데 많은 노력과 시간을 사용하게 됨으로써 계획의 세부적인 발전이나 구현을 위한 노력과 시간은 부족해지는 경우가 많다. 그러나 럼스펠드 장관은 시간의 중요성을 충분히 인식한 상태에서 취임 직후부터 군 수뇌부들과의 집중적인 토의를 통하여 변혁에 관한 기본방향을 신속하게 결정함으로써 8개월이 지난 2001년 9월에는 QDR을 통하여 변혁에 관한 기본적인 사항을 모두 정리하여 제시할 수 있었고, 그 이후부터는 세부적인 계획을 발전시키도록 하거나 실천을 독려하는 데 노력과 시간을 사용할 수 있었다. 따라서 사전에 준비된 개혁이라고 할 수도 있을 정도로 추상적 사항의 토의를 위한 시간적 낭비를 최소화함으로써 하향식 개혁의 단점을 예방하면서 그 장점을 극대화할 수 있었다고 판단된다.

3. 변화의 정도

평 가

특정한 개혁에서 발생한 변화의 실제적인 내용은 어느 정도의 시간이 경과되거나 전쟁에 적용되어 입증될 때까지 정확하게 평가하기는 어렵지만, 추진되어온 과정을 통하여 판단할 때 미국의 군사변혁은 '혁명적 변화'를 추구했다고 평가할 수 있다. "군사분야의 '혁명'"('Revolution' in Military Affairs)은 "이전까지 주도적 역할을 수행하던 하나 또는 그 이상의 핵심역량을 진부화 또는 부적절하게 만들거나, 새로운 차원의 전쟁에서 하나 또는 그 이상의 새로운 핵심역량을 창출하거나, 아니면 두가지가 결합된 경우"[47]라는 정의에 적용해 본다면, 미군은 변혁을 통하여 지금까지 주도적인 역할을 해오던 지상군의 역할을 현저하게 축소시키고, 정밀타격력과 스텔스 기술로 무장된 미사일과 공중세력을 핵심적인 역량으로 부상시킴으로써 군사분야 "혁명"의 요건에 부합된다고 볼 수 있다. 이라크전쟁에서 43일 만에 주요전투작전에 승리할 수 있었던 결정적 요인도 공중세력의 효과적 활용과 소규모 지상군에 의한 신속한 기동이었고, 안정화 실패의 핵심적인 요인도 공군력에 대한 지나친 의존과 불충분한 지상군 투입이었다는 것으로 보면 미군의 변혁이 그러한 방향으로 추진되었음은 분명하다. 미 의회에서도 "통상적인 현대화 노력이 수반하는 점증적이거나 진화적인(incremental or evolutionary) 군사적 변화에 대비하여, 국방변혁은 불연속적이거나 파괴적인(discontinuous or disruptive) 변화의 형태를 강조하였다"[48]고 평가하고 있다.

---

47) Richard O. Hundley, *Past Revolution, Future Transformation: What Can the History of Revolution in Military Affairs Tell Us about Transforming the U.S. Military* (Santa Monica: Rand, 1999), p. 187.

48) Ronald O'Rouke, *Defense Transformation: Background and Oversight Issues for Congress*, p. 3.

본 장 제1항 '개혁의 의미와 구성요소에 의한 분석'에서도 설명한 바와 같이 '개혁'이라는 통상적인 용어 대신에 '변혁'이란 용어를 사용한 것 자체가 점진적 변화 이상을 추구한다는 것을 전제로 한 것이다. 지향하는 변화의 폭을 기준으로 할 경우 "Revolution>Transformation>Reform"으로 정도의 차이를 설정한다면, 상당수의 미군이 RMA와 Transformation을 교환적으로 사용하는 것을 고려할 경우, 미군의 변혁은 혁명적 변화 쪽으로 더욱 근접해 있다고 평가할 수 있다. 즉 "논쟁의 여지가 없는 것은 아니지만 변혁은 점진적 개선이 가용할 때 필요한 것은 아니다"[49]라고 할 것이다.

미국의 군사변혁은 럼스펠드 장관 이전에 대두되었던 RMA를 계승하였고 거기에서 이론적으로 논의되던 사항들을 실천적 명제로 전환시켰다는 차원에서도 혁명적 변화에 가깝다고 할 수 있다. 비록 한국에서는 RMA가 지니는 급진적 어감을 경계하여 '군사혁신'으로 번역하였지만, 실제의 RMA는 전쟁수행방식을 "근본적으로" 변화시키고, 군사력의 전투잠재력과 효과성을 극적으로 변화시켜 "과거와는 완전히 다른 새로운" 전쟁양상을 출현시키려는 시도이고, 전쟁수행방식이나 전투효과성을 "과거의 연장선에서 점진적으로(evolutionary) 발전시키는 것이 아니라 혁명적으로(revolutionary) 변화"시키려는 노력이다.[50] 다음의 글에서는 RMA의 급진적 이미지를 약화시키기 위하여 변혁을 사용했다고 언급하고 있다.

> RMA는 신속하고(rapid), 급진적이며(radical), 통제되지 않은(uncontrolled) 변화를 의미하였는데, 이것은 다수의 직업군인들에게는 달갑지 않은 내용이었다. 변혁은 더욱 넓은 폭의 사업, 계획, 수단을 포함하게 되고 공감대를 형성하는 데 유리한 점이 있었다.[51]

지금까지 이룩한 성과만을 보더라도 혁명적 차원의 변화라고 평가될 수 있는 내용이 적지 않다. 변혁의 과정에서 발전시킨 첨단 전

---

49) Hans Binnendijk, ed., *Transforming America's Military*, p. 15.

50) 육군사관학교,『국가안보론』(서울: 박영사, 2001), p. 157.

51) Terry J. Pudas, "Disruptive Challenges and Accelerating Force Transformation," *Joint Forces Quarterly* (3" quarter 2006), p. 47.

력은 제외하더라도, 육군편제의 근본적 변화방향을 제시하였고, 군무원과 계약원을 총력군에 포함시켰으며, 핵전략에서 수 십 년 동안 논쟁의 대상이었던 '공포의 균형(Balance of Terror)' 개념에서 탈피하여 미사일방어망을 구축하는 것으로 근본적인 방향을 전환하였다. 적을 단념시키기 위한 전력증강, 능력기반 국방기획, 진보적 획득 개념, 군대 운영에 관한 기업적 사고의 도입 등도 '혁명적 변화'에 충분히 해당될 수 있는 중요한 변화이다. 특히 이러한 변화가 럼스펠드 국방장관 재임기간의 초기 몇 년 동안에 가시화되었다는 점에서 '혁명적 변화'가 의미하는 변화의 속도도 구비했다고 할 수 있다.

미군 내에서 변화 방향의 타당성이나 속도에 관한 경계심이 대두되었다는 사실도 미군의 변혁이 혁명적 변화를 지향했음을 반증하고 있다. 럼스펠드 장관의 변혁을 비판하는 핵심적인 시각은 첨단 무기 및 장비로 무장되고 네트워크로 연결된 정예화된 군대의 탁월성에만 집착한 나머지 대규모 군사력과 원시적인 전쟁수행방법의 위력을 무시했고, 그것이 이라크전쟁에서 입증되고 있다는 시각이다. 그리고 그러한 변화가 지나치게 급속하게 발생함에 따라 실전에서 일어난 사항을 반영할 여유가 없다는 것이다. 다음의 인용문에서 제시되고 있는 바와 같이 다수의 군사이론가들은, "군대 전체를 과격하게 변혁시킬 것이 아니라 전통적인 군사력과 변화된 군사력을 효과적으로 결합할 것"을 주문하여 변화의 속도와 범위를 감소시킬 것을 건의하기도 하였다.[52]

> 현대의 군은 신중하지 못한 간섭을 받게 되면 정상상태에서 벗어날 수 있는 복합적인 조직이다. 새롭지만 단순한 구상에 맞춰서 재조직될 경우에는 희망과는 달리 심각하게 손상되어 더욱 나쁜 결과가 될 수 있다. 미군의 변혁에 있어서 목표는 복잡하고 위험한 세계를 다룰 수 있는 능력을 강화시키는 것이지, 입증된 관행보다 극단적인 접근방법이 좋을 것이라는 오해에 의하여 도박하는 것이 아니다. 새로운 생각에 관해서는 채택하기 전에 좋든 나쁘든 간에 그 결과에 대하여 조심스럽게 평가하여야 한다. 소심한 타조와 공격적

---

52) Williamson Murry and Thomas O'leary, "Military Transformation and Legacy Force," *Joint Forces Quarterly* (Spring 2002). pp. 20-24.

인 올빼미 중에서 어느 것을 모방할 것인지를 결정해야 한다면, 그 답은 올빼미와 같이 행동하되 연속성과 변화를 지혜롭게 혼합시키고, 의미있을 정도로 신속하면서도 효과적으로 관리할 수 있는 정도로 느린 속도여야 한다.[53)]

제2장에서 분석된 혁명적 변화의 특징, 즉 <*① 현재 상태를 근본적으로 부정하고 ② 모든 분야에 걸쳐 과거와 전혀 다른 방향으로 변화가 진행되며 ③ 급속한 속도로 변화가 진행되고 ④ 변화에 따른 부작용이 감수해야할 비용으로 수용된다*>는 내용에 대입해봤을 때도 이번의 변혁은 혁명에 부합된다는 것을 알 수 있다. 즉 ① 미국의 군사변혁은 냉전이 종료되었는데도 불구하고 필요한 방향으로 전환하지 못한 그 당시의 상태를 근본적으로 부정하는 바탕 위에서 시작되었고 ② 국방정책의 목표, 전투수행방법, 군대의 경영, 군대의 문화 등 변화가 필요한 모든 분야를 망라하여 새로운 방향으로 발전해 나가고자 노력하였으며 ③ 럼스펠드 국방장관 재임 6년 중에서 초기 수년 동안의 상대적인 단기간에 걸쳐 요망하는 변화가 집중적으로 발생함으로써 다른 어느 경우보다 변화가 급속하게 진행되었다고 할 수 있고 ④ '위험의 균형'에서 제시되고 있듯이 급속한 변화에 따른 부작용을 충분히 예측하고 감수한다는 각오를 지니면서 한 걸음 더 나아가 그 부작용을 최소화할 수 있는 대책을 강구하였다.

비록 급격한 변화에 따르는 혼란이 발생하지 않았다는 점에서 이번의 변혁을 "혁명적 결과에 이르는 진화적 변화"(evolutionary change leading to revolutionary outcomes)[54)]로 평가하기도 하지만, 그 과정을 보면 이번의 미국 군사변혁은 '혁명적 변화'를 추구함으로써 최근 다른 어떤 군사적 변화와는 비교할 수 없을 정도의 근본적이고 광범위한 변화를 단기간 내에 달성하였다고 판단된다.

---

53) Hans Binnendijk, ed., *Transforming America's Military*, p. 58.

54) Franscis J. Harvey, "A Letter to the Soldiers of the United States Army" (January 2005). Available: http:www.army.mil/leaders/leaders/sa/messages/2005Feb21.html. (검색일: 2007. 1. 4).

분 석

혁명적 변화를 추구하였기 때문에 미국의 군사변혁은 변화의 폭과 내용에 있어서 자유성이 무척 컸다. 어떠한 사항도 변혁의 대상에서 제외되거나 기존의 관행이나 사고에 의하여 제약받지 않았기 때문이다. 예를 들면, 이번 변혁에서 미군은 이전에는 언급하는 것조차 쉽지 않았던 소련과의 대탄도미사일 조약을 폐기함으로써 보복적 억제에 의존해오던 핵태세를 방어적 억제로 전환시켰고, 미사일방어망 구축에 관한 국제법적인 제약을 탈피할 수 있었다. 그리고 "상자 밖의 생각"(outside the box)이라는 말을 강조함으로써 상식을 뛰어넘은 생각을 통하여 새로운 시대의 군대로 변화시켜 나갈 것을 강조하였다.

미군이 혁명적 수준의 변화를 추구함에 따라 변화의 효율성이 향상된 측면이 있다. 전반적인 분야에서 새롭고 신속한 변화를 추구함에 따라 변화 자체가 당연하게 수용되고, 전체적으로 조정되는 결과를 초래하였기 때문이다. 그렇지 않았을 경우에는 상당한 논란이 발생하였을 중대한 사항들이 혁명적 변화라는 대세로 인하여 쉽게 결정되고 변화된 점이 있다. 앞에서도 언급한 바와 같이 과거 수 십년에 걸쳐서 해결하지 못했던 과제들을 일거에 정리한 것은 혁명적 변화가 지니는 집중성이나 열정 때문이었다고 할 수 있다.

반면에 혁명적 변화의 취약점이라고 할 수 있는 사항으로서, 변혁의 주창자인 럼스펠드 장관이 교체되자 미군 변혁의 추진력은 갑자가 감소되는 현상을 초래하였다. 그 동안 제도화된 부분이 적지 않기 때문에 내용 상으로는 변혁이 지속되고 있지만, 후임인 게이트 장관이나 군 수뇌부들은 '변혁'이라는 용어를 사용하기를 꺼리고, 변혁의 진도에 관한 체계적인 평가나 점검도 실시되지 않으며, 새로운 아이디어나 과제가 제기되는 정도도 약화되었다. 럼스펠드 장관의 사임으로 인하여 미군의 변혁은 "현실화되기보다는 약속에 그칠"(more promise than reality) 가능성이 커졌다는 우려와 같이[55] 혁명적 변화를 추구할수록 그 지도자의 존재 여부에 따라 추진 정도가 달라지는

55) *The New York Times,* 9 Nov 2006.

측면이 클 수밖에 없다.

혁명적 변화는 변화 자체를 추구하는 데는 유리하지만, 그것이 반드시 긍정적인 결과로 귀결된다고 보기는 어렵다. "모래에 머리를 박은 타조처럼 변화가 지나가기를 기다리며 변화를 거부해서도 현대전의 요구에 부응할 수 없지만....급진적인 변화가 언제가 큰 진전을 가져다 줄 것이라는 신화적인 믿음에 의거해서는 곤란하기"[56] 때문이다. 그리고 미군이 변혁을 통하여 추구한 변화의 내용에도 위험한 요소가 다수 포함되어 있는 것이 사실이다. 예를 들면, 미군은 이론상으로는 모든 위협에 대처할 수 있는 역량을 강조하면서도 실제적으로는 테러 등을 비롯한 비정규적 위협을 최우선시하는 대비태세로 변화시켜 왔는데, 미래의 어느 시점에서 국가단위의 정규전 위협이 대두될 경우 그러한 변화는 위험해질 수 있다. 또한 네트워크중심전 등의 첨단 개념에 지나치게 치중함에 따라 그것이 통하지 않는 원시적인 군대와의 전쟁에서는 오히려 취약해질 수 있다. 효율성 차원에서 전투지원 및 전투근무지원의 상당부분을 민간인에게 위임하는 방식은 대규모의 무차별 살상전에서는 심각한 문제점을 야기시킬 수 있다. 이러한 차원에서 미군이 추진한 혁명적 차원의 변화는 재정리를 위한 시간이 필요하다고 할 수 있다.

4. 정책결정 방식

평 가

미국의 군사변혁은 기본적으로는 합리적 모형에 근거하여 추진되었다. 최선의 대안을 중시하는 군대의 의사결정 자체가 합리적 모형을 근본으로 삼고 있는데다가, 이번 변혁에서는 문제를 식별하여 이를 해소할 수 있는 목표를 설정하고, 그러한 목표를 달성할 수 있는 최선의 대안을 선정하여 추진하는 방식이 더욱 강조된 것으로 판단되기 때문이다.

---

56) Hans Binnendijk, ed., *Transforming America's Military*, p. 63.

럼스펠드 장관은 취임 직후 수 주 동안 국방분야 전반에 대한 재검토를 실시함으로써 문제점을 명확하게 파악한 바탕 위에서, 스스로의 통찰력, 군사전문가들로부터의 의견 수렴, 군 수뇌부들과의 집중적인 토의를 바탕으로 그러한 문제점들을 해결할 수 있는 최선의 방향과 대안을 모색하였고, 그러한 결과로 변혁을 주창하게 되었다. 또한 2001년 QDR을 통하여 미군은 과거에 누적된 문제점의 해결, 불확실한 미래 대비, 과학기술의 이점 활용을 변혁의 필요성으로 명확하게 제시하고, 그에 부응하기 위한 국방정책 목표, 그러한 목표를 구현하기 위한 추진전략과 과제를 제시하는 등 철저히 합리적 모형에 근거하여 변혁의 방향을 제시하였다. 그리고 럼스펠드 장관은 클린턴 행정부 시대의 국방정책을 전면적으로 비판하면서 모든 것을 새롭게 시작한다는 입장이었기 때문에 기존의 성과를 존중하는 가운데 부분적으로 개선해 나가는 방식은 적용할 수가 없었다. 2MTW 전략의 취약점을 세부적으로 지적하면서 능력기반 국방기획으로의 변화를 역설한 것은 내용상의 변화보다는 과거로부터의 단절을 강조하는 측면이 더욱 컸다고 판단된다.

제2장에서 분석한 합리적 모형의 특징, 즉 <*① 인간의 이성을 중시하는 이상적인 모형이고 ② 문제의 식별이나 목표의 선정, 대안의 선정과 분석, 대안의 평가와 비교, 최선의 대안 결정 등의 논리적 과정을 거치며 ③ 정책결정권자가 그러한 과정을 효과적으로 관리할 능력을 구비하고 있다고 전제한다*>는 내용을 대입해 봐도 미군의 이번 변혁은 합리적 모형에 부합됨을 알 수 있다. 즉 ① 미국의 군사변혁에서는 럼스펠드 장관을 비롯한 군 수뇌부들이 그들의 이성에 근거한 논리적 토의 결과를 바탕으로 최선의 방안을 강구하였고 ② 합리적 모형에서 제시하는 문제의 식별과 목표 선정, 대안의 선정과 분석, 대안의 평가와 비교, 최선의 대안 결정 등의 논리적 과정을 철저하게 적용 및 준수하였으며 ③ 럼스펠드 장관은 다른 어느 국방지도자보다 높은 합리성과 통제력을 바탕으로 전반적인 과정을 효과적으로 관리하였다.

그렇다고 해서 점증적 모형이 전혀 적용되지 않았다고 말하기는 어렵다. 특징적인 분야에 관해서는 급격한 변화를 추구하더라도 전반적인 군사발전은 점증적 경향을 띠지 않을 수 없기 때문이다. 인간의 사고가 갑작스럽게 비약하기가 어렵고, 국방예산 자체가 점증적인 기준에 의하여 결정되며, 변혁적 조치로 도입될 때까지는 합리적 모형에 의하여 결정된다고 하더라도 그의 시행은 점증적으로 추진되는 경우가 많다. 미국의 군사변혁에서 적용된 새로운 접근방법의 하나인 '나선형 개발'(Spiral Development)은 현재 가용한 재원과 기술을 바탕으로 일단 완성한 이후에 점진적으로 보완해 나간다는 개념으로서 점증적 모형의 정신과 일맥상통한다. 미군은 기본적으로는 합리적 모형을 철저하게 적용하여 변혁의 올바른 방향과 우선순위를 설정할 수 있었지만, 시행에 이를수록 점증적 모형도 가미할 수밖에 없었다고 할 것이다.

분 석

미군은 합리적 모형을 적용함으로써 변혁 방향의 타당성을 강화하고 일사불란한 추진을 보장할 수 있었다. 그리고 추진 성과를 수시로 평가하여 필요한 수정을 가할 수 있었다. 합리적 모형에 입각한 상위 차원의 제반 결정이 하위 결정의 정당성을 평가하는 기준으로 작용하고, 목표관리(Management by Objective)를 보장할 수 있었다. 미군이 변혁을 통하여 달성하였다고 판단하는 대부분의 성과는 이러한 합리적 모형에 근거한 평가라고 할 수 있다.

그럼에도 불구하고 상당한 시간이 지난 이후에 변혁의 성과가 어떻게 평가될 지는 여전히 불확실하다. 현실성을 무시할 가능성이 높다는 합리적 모형의 결정적인 단점은 어느 정도 시간이 지나야 나타나기 때문이다. 또한 합리적 모형의 전제라고 할 수 있는 변혁을 위한 상황적 필요성이나 배경이 변화되거나 잘못된 것으로 드러날 경우 전체적인 성과의 적절성 자체가 약화될 수 있다. 2006년 QDR에서 강조하고 있듯이 미군 스스로는 변혁을 통하여 상당한 성과를 거두었고, 그 방향으로의 변화가 지속될 것을 강조하였지만, 이것은 미국방부의 주관적인 평가로서 객관성이 미흡할 수 있고, 어느 정도 시간이 지난 후에는 다르게 평가될 수 있다.

따라서 국방개혁과 같은 변화를 추진하기 위해서는 합리적 모형을 적용하여 변화의 일관성과 신속성을 보장할 필요도 있지만, 여기에만 지나치게 치중할 경우 자기합리주의에 빠지거나 변화를 위한 변화에 그칠 우려도 있다. 기본적인 방향과 과제를 설정하는 단계에서는 합리적 모형의 비중을 증대시키더라도 실제적인 구현에 있어서는 점증적 모형과의 조화를 충분히 중시할 필요가 있다.

5. 소요도출 기준

평 가

냉전시대에 미군은 소련을 적대국으로 상정하고 가장 가능성이 높은 각본(scenario)을 구상하여 그에 대비하는 위협기반 국방기획을 적용하였다. 냉전의 시대에는 적과 적 위협의 정도가 어느 정도 알려져 있고, 각본도 구체적으로 발전되어 있었으므로 전략과 군사력의 최적화도 쉽게 이루어질 수 있었다. 미군은 국방부에 '순수소요평가실'(Office of Net Assessment)을 두어 전략적 수준에서 소련과 미국의 전력 격차를 분석하고 소련이 증강한 새로운 전력을 파악하여 효과적인 대응방책을 건의하는 임무를 부여하였다. 그리고 세계의 각 지역을 담당하고 있는 지역별 작전사령부에서도 위협기반 방식에 근거하여 대치하고 있는 상대 군사력의 규모와 성능을 파악하고, 가능성이 큰 각본을 구상하여 이에 효과적으로 대처할 수 있는 방향으로 군사력 증강소요를 건의하도록 하였다. 그러나 1989년 베를린 장벽의 붕괴에서 상징적으로 나타났듯이 냉전은 종식되었고, 지금까지 군사력 증강의 기준으로 작용하던 위협도 사라졌다. 따라서 군사력 소요의 도출 방법도 전환되지 않을 수 없었다.

미국의 군사변혁에서 능력기반 국방기획은 그 추진의 핵심적인 이론적 근거였고, 변혁 과제 도출 및 구현의 기준이었다. 2001년 QDR의 서문에서 럼스펠드 장관은 "(국방정책) 재검토의 핵심적 목표는 과거의 사고를 지배해온 '위협기반' 모형으로부터 미래를 위한 '능력기반'의 모형으로 국방기획의 근본을 전환하는 것이다"[57]라고 명확하게 언급하고 있다. 미군 변혁에서 능력기반 국방기획은 "변화하는 안보환경에 대응하기 위하여 국방부가 취한 가장 중요한 조치 중의 하나"[58]였고, 이를 구현할 수 있도록 국방기획의 전반적인 체계와 절차를 변화시켰다.

능력기반 국방기획에 의하여 전력증강 소요를 도출하기 위하여 미군은 '합동 능력통합 및 개발체계'(JCIDS)를 새로 발전시켰다. 그 전에 적용되던 '소요창출체계'(Requirements Generation System)는 위협이나 각본을 기준으로 필요한 소요를 상향식(bottom-up)으로 제기함에 따라 소요의 조정이 어려웠고 물자의 증강을 통한 해결에만 집착함으로써 능력기반 국방기획에 적합하지 않았다고 판단하였기 때문이다.[59] 따라서 2002년부터 미군은 모든 형태의 미래 군사작전에 대응하기 위한 소요를 도출하는 "합동개념 중심의 능력식별 과정"(a joint concepts-centric capabilities identification process)[60]으로 JCIDS를 발전시켰고, 이를 지속적으로 개선시켜 나가고 있다. JCIDS는 국방부의 전략지침에 근거하여 합참에서 작전개념(CONOP: Concept of Operation)과 미래 군사작전 수행개념을 작성하고, 이를 구현하는 데 있어서 발생하는 능력의 부족 및 중복 부분을 식별한 다음에, 부족한 능력은 개발하여 보완하고 중복되는 능력은 도태시킨다는 논리적 흐름을 바탕으로 하고 있다. 다만, 미군 내에서도 JCIDS가 이해하기 어려울 정도로 복잡하고, 작성해야할 문서가 너무 많으며, 기대하는 만큼의 변화를 결과하지 못하고 있다는 등의 문제가 제기되고 있는 바

57) DoD, *Quadrennial Defense Review Report* (2001), p. iv.

58) Walter P. Fairbanks, "Implementing the Transformation Vision," p. 37.

59) USJCS J-7, *JCIDS Overview*, briefing slides (2004), p. 3. Available: http://www.mors.org/meetings/cbp/ read/3170 Brief to MORS 18 Oct041.pdf (검색일: 2006. 12. 27).

60) USJCS, *Joint Capabilities Integration and Development System, Chairman of the Joint Chiefs of Staff Instruction 3170.01E* (Washington D.C: DoD. 2005), p. 2.

와 같이,[61] 의도한 만큼의 현실적 유용성은 구비하지 못한 상태라고 할 수 있다.

제2장에서 열거하고 있는 능력기반 국방기획의 특징, 즉 <*① 명확한 잠재적국 또는 적국이 존재하지 않고 ② 시대적 상황과 여건을 고려한 자체 판단을 통하여 변화의 정도와 방향을 설정하며 ③ 변화의 폭과 비용이 커질 가능성이 있다*>는 내용에 대입해 봐도 미국의 군사변혁은 그러한 접근방법에 부합되고 있음을 알 수 있다. ① 미군은 냉전이 종료됨에 따라 더 이상 러시아를 적국으로 간주할 수가 없게 된 상태에서 그렇다고 하여 다른 잠재적국이나 적국을 지정할 수는 없는 불확실하거나 위협이 다양해진 상황이라고 판단하였고 ② 그래도 언제 어떠한 위협이 대두될지는 알 수 없기 때문에 미군은 다양한 상황과 위협에 적절하게 대응할 수 있는 태세와 능력을 구비하지 않을 수 없었고, 9/11 테러에 의하여 이러한 다양성과 불확실성이 실체화됨으로써 그러한 방향으로의 변화가 가속화되었으며 ③ 미래의 다양한 위협에 대응할 수 있는 충분한 역량을 구비한다는 차원에서 당연히 미군 전체의 변화 속도와 범위를 강화할 수밖에 없었고, 결과적으로는 국방예산과 군대의 규모를 증대시키지 않을 수 없었다.

그렇다고 해서 미군이 위협기반 국방기획을 완전히 배제한 것으로 보기는 어렵다. 과거로부터의 전환을 강조하기 위하여, 또는 원래가 불확실한 것이 미래의 위협인데도 확실하게 예측할 수 있는 것처럼 접근해 온 기존 방식의 위험성을 강조하기 위하여 변혁의 초기에 능력기반 국방기획을 강하게 부각시킨 것은 사실이지만, 실제로 미군 변혁에서 지향하고 있는 것은 두 가지 접근방법의 조화라고 보는 것이 타당하다. 위협기반을 완전히 배제할 경우 미래 대비태세를 위한 소요가 너무나 불확실하고 방대해지기 때문이다. "위협기반 국방기획으로는 단기적인 위협에 대처하고, 능력기반 국방기획을 증대시켜 파

61) Boyd Bankston and Todd Key, *White Paper on Capabilities Based Planning* (2006), pp. 10-11. Available: http://www.mors.org/meeting/cbp_ll/briefs/bankston_key/pdf (검색일: 2007. 2. 2).

악이 쉽지 않은 장기적인 위협에 대응할 수 있는 군대로의 발전을 보장해야한다"[62]는 정도로 이해하는 것이 타당할 수 있다.

미국 군사변혁의 경우 위협기반 국방기획을 완전히 배제시켰거나 능력기반 국방기획에 관한 새로운 틀을 완성한 상태는 아니라고 하더라도, 미군은 공식적으로나 실제적으로 능력기반 국방기획을 채택하여 미래의 불확실성과 미래 위협의 다양성에 대처하고자 노력하였고, 이것이 이번 변혁의 핵심적인 특징을 이룬 것만은 사실이라고 할 것이다.

분 석

능력기반 국방기획을 채택함에 따라 미군의 다재다능성(versatility)은 매우 강화되었다. 미군은 국가 간의 정규전은 물론이고 테러 등을 비롯한 다양한 비정규적 위협에도 적절하게 대처할 수 있는 능력을 구비하게 되었고, 타 국가의 재건 등과 같은 민사 임무도 효과적으로 수행할 수 있게 되었다. 미군은 국가적인 차원에서도 임무를 다양화시켜 핵태세를 조정하여 미사일방어망을 구축함과 동시에, 국토방어를 보장하고, 재난대처 및 국민편익 증진을 위한 능력도 구비하게 되었다.

능력기반 국방기획을 채택함에 따라 미군은 군사작전 수행과 전력증강을 위한 새로운 개념을 발전시키는 데 노력하게 되었다. 미군이 변혁의 핵심적인 개념으로 추진해온 네트워크중심전, 전투지원 및 전투근무지원 기능에 대한 대폭적 외부자원 활용(outsourcing), 육군의 경우 운용부대와 행동부대로의 전환 등은 신선할 뿐만 아니라 즉각적으로 도입하기가 쉽지 않은 변화들이다. 그럼에도 불구하고 미군은 능력기반의 논리에 의하여 과감한 결정에 주저하지 않았고, 결과적으로 미래전 대비에 있어서 능동성을 구비하게 되었다. 만약 이러한 방

62) Secretary of Defense Donald H. Rumsfeld, "Prepared Testimony to the Senate Armed Services Committee" (June 21, 2001). Avaliable: http://www.defenselink.mil/speeches/2001/s20010621-secdef.html. (검색일: 2006. 12. 6).

향이 옳은 것으로 판명된다면 미군은 상당한 기간 동안 군사분야에서 세계적인 주도권을 행사할 수 있을 것으로 판단된다.

능력기반 국방기획을 채택함에 따른 문제점이 전혀 없는 것은 아니다. 우선 전력증강을 위한 재원 소요가 커지고 초점이 분산될 수밖에 없다. 다양한 능력을 구비한다는 것은 말하기는 쉽지만 실천하기에는 너무나 많은 비용이 소요되거나 복잡한 과제이기 때문이다. 미래 위협이 불확실하다고 하여 모든 위협을 동등하게 인식할 수는 없고, 최소한 "누구와, 어디서, 무엇으로 인하여 전쟁을 해야할 것인가에 대하여 개략적으로라도 파악하여야" 군사력 소요의 현실성을 보장할 수 있다.[63] 특히 능력기반 국방기획을 통하여 이론적으로는 다양한 위협에 대한 다양한 대비를 강조하면서도 실제로는 비정규적 위협에 치중하고 있어서, "비정규적 위협에 대한 새로운 강조는 일리가 있지만, 지나친 교정(overcorrection)은 위험할 수 있다"는 경고처럼,[64] 경쟁국가로부터 전통적인 위협이 급작스럽게 부상하였을 경우 취약할 수 있다.

실제로 미군은 변혁을 추진해 나가는 과정에서 위협기반의 요소를 점진적으로 가미시킨 점이 있다. 럼스펠드 장관도 "새로운 전략은 '누가' '어디서' 위협을 가해올 지에 대해서는 적게 비중을 두고, '어떻게' 위협을 가해올 지와 그러한 위협을 격퇴하고 억제하기 위하여 무엇을 해야 하느냐에 더욱 큰 비중을 둔다"라고 하여[65] 최소한 예상되는 위협의 형태에 관해서는 어느 정도 한정하지 않을 수 없음을 인정하였다. 미 국방부에서는 능력기반 국방기획의 취지와는 맞지 않지만 '위협기반 비밀 국방기획각본'(threat-based classified DPSs(Defense Planning Scenarios))을 별도로 작성하여 군사작전 수행개념의 발전을 위한 근거문서로 사용하고 있다.[66] 능력기반 국방기획을 통하여 다양

63) Michael E. O'Hanlon, *Defense Strategy for the Post Saddam Era* (Washington D.C.: Brookings Institution Press, 2005), p. 119.

64) Robert S. Dudney, "A Force for the Long Run," *Air Force Magazine* (December 2006), p. 2.

65) Donald H. Rumsfeld, "Transforming the Military," *Foreign Affairs* (May/June 2002), pp. 24-25.

한 사태에 대한 융통성있는 대비를 강조하려는 것이지, 위협과 능력을 전적으로 분리시키거나 위협을 무시하는 것이 아니라는 입장이다.[67]

그리고 변혁의 전 기간에 걸쳐 노력했음에도 불구하고 아직도 미군은 능력기반 국방기획을 완전히 제도화하지 못한 상태이다.[68] 개념적인 차원에서 국방기획의 방법을 전환하는 것은 단순할 수 있지만, JCIDS에서 나타나고 있듯이 그것을 구체적 절차로 발전시켜 제도화하는 것은 매우 복잡한 과제이기 때문이다. 이러한 점에서 능력기반 국방기획은 장기적으로 정착되기보다는 새로운 시각을 통하여 소요를 결정하는 틀을 일시적으로 보강한 정도에 그칠 가능성도 있다.

---

66) USJCS, *Joint Operations Concepts(JOpsC) Development Process*, Chairman of the Joint Chiefs of Staff Instruction, Final Draft Submitted for CJCS Signature (Washington D.C: DoD, 2005), p. A-4.

67) Christopher J. Lamb, *Transforming Defense* (Washington D.C.: National Defense Univ. Press, 2005), pp. 16-17.

68) Boyd Bankston and Todd Key, *White Paper on Capabilities Based Planning*, p. 10.

제 5 장 한국 국방개혁의 분석과 방향

본 장에서는 국방개혁에 관한 이론적 틀과 미국의 군사변혁을 통하여 도출된 내용을 한국의 국방개혁에 적용하여 바람직한 국방개혁 추진의 방향을 제시하고자 한다. 한국의 입장에서 본 연구의 유용성을 강화하기 위한 분석으로서, 지금까지 한국이 추진해온 국방개혁의 경과를 함축적으로 정리 및 분석한 다음, 현대에 들어서 국방개혁이 불가피해진 상황을 정리하고, 한국이 추진하고 있는 국방개혁 2020의 내용을 정리한 이후에, 국방개혁 2020을 비롯하여 한국의 국방개혁 추진시 적용해야할 바람직한 방법론을 제시하고자 한다.

I 한국 국방개혁의 경과와 평가

1. 추진 경과

한국군은 '국방발전'이라는 용어보다 '국방개혁'이라는 용어가 더욱 친근할 정도로 정부 수립 이후 지속적으로 국방개혁을 추진해 왔다. 휴전선을 중심으로 남북한이 대치하고 있는 현실과 주변 강대국들에 의하여 둘러싸인 지정학적 위치로 인하여 항상 최선의 국방태세를 구비해야 하였고, 국가의 규모가 제한됨에 따라 최소한의 비용으로써 최대한의 국방을 달성하기 위한 지혜가 필수적이었으며, 세계 최첨단의 전력을 구비하고 있는 미군과 연합방위태세를 형성함에 따라 미군의 발전된 내용을 적극적으로 수용할 필요가 컸기 때문이다.

한국의 경우에는 행정부가 교체되거나 국방장관이 바뀔 때 마다 새로운 각오로 국방개혁에 매진하였는데, 국방개혁의 추진경과를 국방장관들의 임기를 기준으로 분석하기는 곤란하다. 최근 한국 국방장관들의 임기는 평균 15개월 정도로 짧을 뿐만 아니라, 개인별 차이도 적지 않고, 그나마도 처음부터 보장되지 않은 채 언제 교체될지 모르는 상황이어서 개혁의 시작과 마무리를 계획하는 것이 불가능한 실정이었기 때문이다. 한국의 경우에는 행정부별로 국방정책을 비롯한 제반 정책이 분명하게 구별되고, 최근에는 5년이라는 집권기간도 동일하다는 점에서 행정부를 단위로 국방개혁의 추진경과를 간략하게 분석하고자 한다.

박정희 대통령 시대는 불모의 상태에서 국가방위에 필요한 기본적인 전력을 구비하기 위하여 노력한 기간으로서 국방의 창조이면서도, 동시에 한국 국방개혁의 시작이라고 할 수 있다. 1969년 닉슨 독트린(Nixon Doctrine)에 의하여 비롯된 미군의 일방적 철군에 자극받아 '자주국방'을 기치로 하여 1970년도부터 '국방과학연구소'를 설립하고, 총포 등 기본화기의 국산화를 추진하기 시작하였으며, 1974년부터 '율곡사업'이라는 명칭으로 체계적인 전력증강 사업을 시작하였다.[1] 따라서 대통령을 중심으로 하여 모든 군대, 정부기관, 국민들이 합심하여 국방력의 강화에 매진하였고, 그 결과로 상당한 성과를 달성하였다. 문제에 대한 정확한 파악, 이에 대한 최선의 대응방향 설정, 장기적인 계획의 수립 및 실천의 측면에서 이 당시의 노력은 국방개혁의 모범적인 사례로 인식될 정도로 체계적이었다. 국방에서 변화를 달성해 나가는 과정만을 본다면 모범적인 방법론을 적용하여

---

1) 국방부, 「율곡사업의 어제와 오늘 그리고 내일」(국방부, 1994) 참조.

의도한 만큼의 성과를 달성한 성공적인 사례라고 할 수 있다.

전두환 대통령 시대에는 자주포, 한국형 전차, 장갑차, 주요 전투함정 개발, F-5 전투기의 기술도입 생산 등으로 율곡사업은 지속하였으나 국방분야에 대한 근본적인 개혁에는 큰 비중을 두지 않았다. 일부 핵심요원들을 중심으로 군대를 일사불란하게 통제하는 데 관심을 두었고, 실무적인 사항은 가급적 전문가에게 맡기는 형태였다. 박정희 대통령 시대부터 시작된 국방개혁의 정신과 방법론이 계승되어 기능하고 있었고, 계량적인 측면에서 전반적인 전력과 군인들의 사기 및 복지는 향상되었다. 전반적으로 박정희 시대로부터의 관성에 의한 점증적 발전이 지배한 시기라고 할 수 있다.

노태우 대통령 시대에는 전두환 대통령 시대와 유사한 분위기였지만, 박정희 대통령 시대에서 계승된 개혁의 관성이 희미해지면서 군대의 발전을 위한 새로운 시도가 필요함을 인식하기 시작한 시기라고 할 수 있다. 헬기, 잠수함, F-16 전투기의 기술도입 생산을 통하여 경성요소(hardware) 측면에서도 질적인 도약을 추진하였지만, 1988면 8월 18일 합참의 기능을 강화함으로써 군 전체의 효율성을 제고하고자 "818 계획"이라는 명칭 하에 군대의 상부구조를 발전시킬 것을 지시하였고, 이에 근거하여 1990년 10월 1일부로 각군본부에서 수행하던 기능을 합참으로 대폭 전환하여 합참이 작전부대에 대한 지휘권을 행사하면서 각군에서 제기된 전력증강 소요를 종합하도록 하였다. 이 계획은 상부구조에만 중점을 두었고, 반대와 논란에 따른 타협으로 원래의 의도에 미치지 못한 점도 있었지만, 어떤 형태로든 구현된 유일한 개혁안이었다고 평가될 정도로 수립한 계획의 상당한 부분이 실천되었다.

김영삼 대통령 시대에는 국방개혁의 상징적 조치로 인적 청산을 실시하고, 이를 통하여 국방의 전반에 걸쳐 새로운 모습으로 변화하고자 하였다. 국방개혁을 위하여 1993년 말부터 각 부대의 의견을 수렴하였고, 1994년 1월 국방제도개선위원회를 발족하여 국방태세의 전면적 개혁, 미래지향적 국방정책 발전, 국방업무의 투명성과 공정성 및 합리성 보장, 병무행정의 지속적 개혁, 생활개혁 10대 과제의 적극 추진 등 5가지의 주요과제를 제시하였다.[2] 그러나 시대적 요구를 분석하여 국방개혁의 핵심적인 방향을 설정한 것이라기보다는 개혁 자체만을 요구하는 경향이 있었고, 인적 청산을 통하여 새롭게 형성된 군 수뇌부들이 바람직한 비전을 제시하거나 개혁을 실천하지 못함으로써 기대에 미치지 못하는 일상적 발전 정도에 그치고 말았다.

김대중 대통령 시대에는 남북한 화해협력의 시대를 지향하면서 이에 부합되는 정예화된 군대로 탈바꿈시키고자 국방개혁을 추진하였다. 1998년 4월부터 예비역 4성 장군을 책임자로 하는 '국방개혁추진위원회'를 설치하여 포괄적이면서 야심적인 국방개혁 청사진을 마련하였는데, 당시 69만 명에 달하던 총병력에서 육군을 35만 명으로 감축하는 등 2015년까지 전체 군 규모를 40-50만으로 감축하는 것을 목표로 설정하고, 1군 사령부와 3군 사령부를 통합하여 '지상작전사령부'를 창설하며, 2군 사령부는 후방작전사령부로 개편하고, 일부 군단을 통폐합한다는 것 등이 주요내용이었다.[3] 그러나 1997년부터 시작된 외환위기로 인한 재정적 한계 속에서 개혁을 추진함에 따라 재정이 수반되는 부문의 개혁에는 한계가 있었고, 소위 '햇볕정책'의 성공과 지원을 위한 방향으로 국방개혁을 추진한다는 비판에 직면함으로써 공감대를 확산시키거나 실제적 구현에 이르지 못하였다.

노무현 대통령 정부의 초기에는 국방부가 중심이 되어 "자주적 선진 국방"이라는 목표 하에 "완벽한 국방태세 확립, 미래지향적 방위역량 구축, 지속적인 국방체제 개혁, 장병 복지·병영 환경 개선"의 중점을 선정하였고, 그 중에서도 "인사개혁, 국방조직 정비, 병역 및 예비역 제도개선, 군 사법제도 개선, 군사력 건설의 효율성 제고" 등을 중점적으로 발전시키고자 하는 등 통상적인 차원의 국방개혁을 추진하였다.[4] 그러나 행정부의 만족도나 개혁의 실제적 성과는 크지

---

2) 국방부, 『국방백서 1993-1994』(서울: 국방부, 1994), p. 163.

3) 김상범, "국방개혁의 추진에 따른 공중전력 발전과제와 방향," 『국방정책연구』, 제72호 (2006년 여름), p. 113.

4) 국방부, 『노무현 정부의 국방정책』(서울: 국방부, 2003), pp. 30-34.

않았고, 2004년 7월에 대통령의 국방보좌관이었던 윤광웅 국방장관이 취임하면서 새로운 방향으로의 국방개혁이 본격화되기 시작하였다. "협력적 자주국방"이라는 용어를 통하여 자주권의 강화를 강조하고, 김대중 대통령 시대에 발전된 내용을 바탕으로 "국방개혁 2020" 계획을 수립하였으며, 법제화를 통하여 그의 장기적인 구현을 보장하고자 하였다. 그러나 국방개혁법의 구현 목표를 15년 이후를 설정함에 따라 당시에는 별다른 변화를 추진하지 못하고 그 구현을 다음 정부에 인계한 결과가 되었다.

2. 분　　석

행정부와 국방장관이 교체될 때마다 새로운 방향으로의 국방개혁을 추진하였지만, 지금까지의 한국 국방개혁이 성공적이었다고 평가하기는 어렵다. 평가를 위한 객관적인 척도가 존재하는 것도 아니고, 행정부별로 다소 차이가 있을 수 있지만, 거시적으로 봐서 현재 한국군의 수준이 탁월해진 것이 아니라고 한다면 그 동안 추진해온 국방개혁들이 제대로의 성과를 달성하지 못하였다고 평가할 수밖에 없다. 대체적으로 한국의 국방개혁은 제시된 화려한 청사진이나 계획에 비해서 실천되는 정도는 매우 미흡하였다고 할 수 있는데, 정부 수립 이후 추진한 국방개혁의 대부분은 어떤 원인에 의해서든 좌절된 것으로 평가되고 있고,[5] 어떤 학자는 어떤 형태로든 구현된 것은 "818 계획"이라고 불리는 '국방태세발전방안' 뿐이라고 단정하기도 한다.[6] 따라서 수차례의 국방개혁에도 불구하고 한국군은 "병력위주의 양적 구조 유지, 3군 균형 및 합동성 발휘 제한, 정보 및 정밀타격전력 미흡, 독자적인 방위기획 및 작전수행능력 발전 소홀, 국방운용의 비효율성 잔존, 그리고 전근대적인 병영문화의 지속 등"[7] 여전히 핵심적

5) 이철기, "국방개혁과 남북관계의 상관성," 『국방개혁과 21세기 한국의 안보』, 2006 국방안보학술회의 (한국 국제정치학회, 2006), p. 25.

6) 김상범, '국방개혁의 추진에 따른 공중전력 발전과제와 방향," p. 112.

7) 백재옥, "국방개혁 2020안 효율성 제고를 위한 과제," 『군사논단』, 통권 제47호

이면서 동일한 문제점을 보유하고 있다.

지금까지 한국의 국방개혁이 성공하지 못한 원인에 관하여 국방분야를 분석해온 전문가들은, 한국의 국방개혁은 중점이 분명하지 못하였고, 국방장관의 짧은 임기 등으로 인하여 일관성이 유지되기 어려웠으며, 개혁의 내용에 대한 공감대를 형성하지 못하였고, 특히 개혁과정에서 실행력과 효율성이 부족하였다고 평가하기도 하고,[8] 개혁의지 부족, 개혁 핵심사항(군 구조개편과 병력 감축) 추진 미흡, 각군간 이해 상충 및 제도적 장치 미흡 등으로 실질적 성과를 얻지 못하였다고 평가하기도 하며,[9] 지도자의 의지 부족, 군 간의 갈등, 군 내부에서 개혁 추진, 국방예산 부족, 북한의 당면 위협, 미국과의 역할관계 등이 복합적으로 작용하여 성공하지 못하였다고 평가하기도 한다.[10]

이러한 원인에 대한 분석은 시각에 따라서 무수하거나 다양한 내용으로 제시될 수 있고, 동일한 원인이라고 하더라도 사람에 따라 표현하는 것이 다를 수 있다. 따라서 본 연구에서는 분석을 위한 틀로 활용하기 위하여 한국의 국방개혁이 성공하지 못한 원인을, *① 정치적 의제에 치중 ② 군 수뇌부의 의지 미흡과 기세 상실 ③ 공감대와 전문성의 미흡 ④ 구조 및 편성 위주의 개혁 추진 ⑤ 예산 등 현실적 요소 고려 미흡* 등으로 정리하였다. 이것은 위에서 열거된 전문가들의 분석 내용들을 종합하면서, 국방개혁에 관한 국내자(局內者)로서의 직접적 및 간접적 경험을 통하여 느낀 바를 반영하였고, 가능하면 모든 행정부에 걸쳐 공통성이 큰 원인을 선별하였으며, 필자 나름의 시각을 바탕으로 우선순위를 적용하여 순서를 구성한 것이다. 나름대로 정리한 원인별로 한국 국방개혁이 미흡했던 내용을 구체적으로 분석하면 다음과 같다.

(2006년 가을), pp. 4-5.

8) 민진, "국방개혁입법 연구: 프랑스 국방개혁을 중심으로," 국방대학교 안보문제연구소 안보연구시리즈 제6집『국방개혁과 국방관리체제의 혁신』(2005), pp. 17-18.

9) 백재옥, "국방개혁 2020안 효율성 제고를 위한 과제," p. 4

10) 김상범, '국방개혁의 추진에 따른 공중전력 발전과제와 방향," p. 113.

〈**정치적 의제에 치중**〉 한국군의 국방개혁은 대체적으로 정치적 구호나 정책의 변화에 좌우됨에 따라 추진력과 생명력이 약화되는 현상을 초래하였다. 박정희 대통령 시대에는 '자주국방'을 강조함에 따라 군대가 전문적인 분야에 집중하는 모습을 보였지만, 그 외의 정부에서는 정치적 구호를 지원하거나 구현하는 방향으로 국방의 중점이 왜곡되는 현상이 발생하였기 때문이다. 예를 들면, 전두환 및 노태우 대통령 시대에는 국가발전을 위한 군대의 역할, 김영삼 대통령 시대에는 인적 청산, 김대중 대통령 시대에는 대북정책에 대한 지원, 노무현 대통령 시대에는 대미자주성 확보가 순수한 군사분야의 발전보다 우선시되었고, 국방개혁의 핵심적인 주제를 차지하였다. 이 외에도 병무행정의 개선, 무기도입을 둘러싼 비리요소의 제거 등 국민들이 관심을 갖는 사항이 국방개혁을 통하여 강조되었고, 동시에 정부별로 인적 청산이 공통적인 요소로 잠복되어 있었다.

물론 국방분야도 정치적인 상황과 무관할 수는 없고, 당연히 정치적 의제를 구현 및 지원하고자 노력하여야 하며, 정치지도자의 적절한 관심은 국방개혁에 중요한 역할을 한다. 그러나 정치적 의제에 지나치게 치중될 경우 전쟁수행과 직결된 군사분야의 본질적인 부분보다는 정치지도자나 국민들의 표피적인 이해에 부합되는 사항이 부각될 수 있고, 정권이 교체되어 그러한 의제에 대한 시각이 달라질 경우 국방개혁에 포함된 다른 실질적인 내용들의 개혁도 타격을 받을 수밖에 없다. 정치적 의제를 구현하기 위하여 정치지도자가 군대의 국방개혁에 지나치게 개입하거나 군대의 전문성을 무시할 수 있고, 이로 인하여 국방장관 및 군 수뇌부들이 정치지도자의 의중을 일방적으로 추종할 경우 형식적인 국방개혁이 될 가능성이 크며, 군대의 전문직업성(professionalism)이 위협받게 된다. 5년 주기로 행정부가 바뀔 때마다 새로운 차원에서 국방개혁이 추진되어온 것 자체가 정치적 의제에 치중한 국방개혁의 취약성을 실증하고 있다고 할 수 있다.

〈**군 수뇌부의 의지 미흡과 기세 상실**〉 국방개혁이 미흡했던 원인으로 가장 보편적으로 거론되고 있는 사항은 국방장관을 비롯한 군

수뇌부의 의지 미흡이다. 사실상 리더십에 대한 비판은 어느 사안에나 적용될 수 있고, 정도의 측정이 어려운 애매한 분석이지만, 지금까지 대부분의 한국 국방장관은 개혁을 주창하기만 한 채 실제적인 구현이나 집행에는 무관심함에 따라 결과적으로 개혁의 의지가 약한 것으로 평가된 것으로 판단된다. 통상적으로 한국의 국방장관들은 개혁의 필요성만을 강조하면서 참모들에게 이를 위한 계획을 수립하도록 지시하고, 지시를 받은 참모부나 추진기구에서 국방개혁의 목표, 청사진, 추진계획을 수립하여 장관에게 보고하였으며, 장관은 정치권과 국회에 대하여 개혁을 위한 계획을 보고하거나 참모부 및 각군, 그리고 장병들에게 개혁의 철저한 이행을 당부하는 것으로 자신의 역할은 종료되는 것으로 인식해온 것으로 판단된다. 국방장관이 직접 나서서 개혁의 실제적인 추진을 위한 장병들의 공감대 형성, 세부적인 추진방향의 발전 및 이행, 현장 감독, 장애의 파악과 해결 등의 '힘든 과업'(dirty job)을 수행하지 않으면 국방개혁이 성공할 수 없다는 사실을 인식하지 못하였다고 할 수 있다.

더구나 대부분의 국방개혁에서 국방의 수뇌부들은 추진계획의 수립에 지나치게 많은 시간을 사용함에 따라 개혁의 기세를 상실하고, 결국은 통상적인 발전 수준에서 개혁이 추진되는 결과를 초래하였다. 새로운 정부나 새로운 국방장관이 들어서서 개혁을 시작할 때는 대부분의 사람들이 개혁에 동참하려는 자세를 갖게 되는데, 개혁을 위한 계획을 완성하는 데 대부분의 시간을 사용해버림에 따라 그 계획을 실제로 추진하고자할 때는 이미 개혁에 대한 기대나 동참의지는 약해진 상태가 된다. 그리고 개혁을 강력하게 추진하게 되면 당연히 저항이나 문제점을 유발시킬 수 있기 때문에 대부분은 추진을 지체시키거나 부작용을 최소화할 수 있는 점진적인 구현을 선호하게 되고, 그 결과로 개혁은 일상적인 발전을 종합한 정도에 불과하게 되며, 계획에서 제시된 내용을 제대로 이행하기도 전에 임기가 종료된다. 장관들의 평균 임기가 15개월 정도에 불과한 한국의 현실에서 이러한 방식으로 개혁을 성공시킨다는 것은 물리적으로도 불가능하다.

따라서 국방장관의 의지와는 상관없이 한국군의 국방개혁에는 "수많은 계획은 있어도 실천이 없었거나 약간의 저항에 포기하거나 미사여구로 장식된 허위보고로 종결된 경우가 많았다."11)

〈공감대와 전문성의 미흡〉 한국 국방개혁의 전형적인 취약점의 하나는 국방개혁을 위한 청사진이 소수에 의하여 밀실에서 작성됨으로써 개혁의 방향과 내용에 대한 공감대가 충분하지 형성되지 못한 채 추진된다는 점이다. 국방부에서조차 지금까지의 국방개혁이 "소수 인원이 계획하고 추진함으로써 개혁과제에 대한 공감대가 형성되지 못하여" 중도에 변경되고 추진이 중단된 경우가 많았다고 분석하고 있다.12) 국방개혁을 위한 기본적인 내용들조차 비밀로 분류되어 제한된 인원들에게만 공개됨으로써 대부분이 국방개혁의 방향과 내용을 인식하지 못하는 상황이 발생하였고, "비밀주의, 신속처리주의 등으로 광범위한 합의와 설득이 결여된 상태에서 '개혁을 위한 개혁안'을 만드는 졸속 행정처리도 빈번하였다."13) 탁월한 소수에 의하여 주도되는 이러한 방식은 효율성이 클 수는 있으나, 다수의 참여를 통한 과정상에서의 활발한 토의를 생략함으로써 현실성을 충족시키거나 지속성을 보장하는 것을 어렵게 만들었다.

특히 한국군의 경우 군사이론에 대한 관심과 기초가 미흡함에 따라 국방개혁 계획 자체의 타당성이나 전문성도 충분하지 못한 경우가 많았다. "잠정위원회식 연구기능과 순환보직으로 잠시 머물다 떠나는 비전문적인 군 장교들에 의한 연구는 국방체계에 대한 전문적이고 포괄적인 시각을 처음부터 제한시켰다"는 것이다.14) 개혁에 관한 계획을 수립하는 실무진들이 체계적이고 현실적으로 수립한 청사진과 계획도 객관적인 차원에서 보면 논리성, 현실성, 설득력이 부족한 사례가 많았고, 따라서 수뇌부가 교체되면 기존 계획을 수정하는

---

11) Ibid., p. 133.

12) 국방부, 『노무현 정부의 국방정책』(2003), p. 34.

13) 문광건 · 서정해 · 이준호, 『국방업무혁신을 통한 군정예화』(서울: 한국국방연구원, 2004. 4), p. 232.

14) Ibid., p. 232.

악순환을 초래하였다. 즉 "국방 차원의 기획에 필수적인 요구사항인 지식 및 경험의 결핍으로 의사결정이 지연되거나, 계획이 되더라도 현실과의 수많은 타협으로 개혁의 본질이 변질되어 모처럼의 개혁에 대한 합의기반과 열의를 잃거나 귀중한 국방자원이 낭비되는 현상을 반복해왔다."[15]

〈구조 및 편성 변화 위주의 개혁 추진〉 한국군이 추진해온 개혁의 대부분은 구조 및 편성 문제부터 취급하여 조직의 통·폐합으로 해결하려 한 결과 많은 반발, 예산상의 문제, 시행간의 타협을 초래하여 결국 용두사미가 된 측면이 있다. 한국의 국방개혁에서 공통적이면서 가장 핵심적인 주제로 부각되는 내용은 국방부·합참·각군본부 등을 비롯한 고급사령부 구조의 재조정, 그러한 사령부 본부의 편성 변화, 예하 부대의 형태와 수의 변화였는데, 이 분야는 최선의 상태에 관한 평가도 시각에 따라 다르고 조직 구성원들의 이해관계에 따라 그 평가가 달라지기 때문에 필연적으로 열띤 논쟁과 갈등을 발생시키지 않을 수 없고, 이러한 논쟁과 갈등의 와중에서 계획의 순수성과 포괄성이 사라지거나 추진이 지체되는 경우가 자주 발생하였다.

효과적인 구조 및 편성만으로 전쟁에서 승리할 수 없는 것과 마찬가지로 구조 및 편성의 개선만으로 국방의 제반 문제를 해결할 수는 없다. 현대의 군대가 교리, 구조 및 편성, 무기 및 장비, 교육훈련, 인적자원, 시설 등을 '전투발전분야'(Combat Development Domain)라고 분류하여 종합적인 발전을 추구하는 것 자체가 구조 및 편성의 변화만으로는 전투력을 향상시키기 어렵다는 시각을 반영하고 있다. 한국군의 개혁 계획 중에서 유일하게 구현되었다고 하는 "818 계획"에서는 육군 위주의 상부구조가 모든 문제의 근본적인 해결책이라는 인식하에 어려운 과정을 거쳐서 합참의 기능을 강화하는 방향으로 군정(軍政)과 군령(軍令)에 관한 권한을 일부 조정하였고, 그 당시에는 "40 여년 동안 풀지 못하였던 우리 군의 대개혁에 가깝기 때문에 '제2의 창군'이란 표현도 서슴없이 사용"하였지만,[16] 국방개혁 2020에서

15) Ibid., p. 230.

도 이러한 측면이 여전히 핵심을 차지하고 있다는 측면에서 보면 그 동안의 성과는 크지 않았다고 판단할 수밖에 없다. 수많은 국방분야 중에서 한 가지를 선택하여 노력을 집중해야 한다면, 구조 및 편성보다는 모든 구성원들이 협동하여 문제들을 해결해나가는 풍토와 역량을 강화하는 인간적인 측면에 더욱 많은 비중을 둘 필요가 있다는 견해를[17] 참고할 필요가 있다.

〈예산 등 현실적 요소 고려 미흡〉 한국의 국방개혁에서는 예산 등을 비롯한 국방개혁의 현실적인 여건이나 국방개혁을 추진하는 과정에서 감수해야할 위험을 충분히 고려하지 못하였다고 판단된다. 국방개혁의 청사진과 방향을 수립하고, '하면 된다'는 긍정적 사고로 추진해 나가면 이러한 요소들은 문제시되지 않거나 해결되도록 되어 있다는 점을 강조하였기 때문이다. 국방개혁이 급박할 경우에는 이러한 접근방법이 효과를 발휘할 수도 있겠지만, 국가의 제도화가 진전되고 자본주의 질서가 정착되어 있는 상황에서 예산 등의 현실적 요소를 고려하지 않고 국방개혁을 성공시키기는 어렵다. 그리고 국방개혁의 당위성에만 집착한 나머지 그 과정에서 나타날 수 있는 다양한 장애 및 제한 사항들을 사전에 고려하거나 적절하게 조치하기 위한 준비를 게을리할 경우에는 실제 구현단계에서 예상치 않던 요소가 돌출하게 되고, 이로 인하여 개혁 자체가 위협받을 수 있고, 실제로 그러한 사례도 적지 않았다.

3. 평 가

모든 행정부와 국방장관들이 의욕적으로 국방개혁을 추진하였음에도 불구하고 그 성과가 크지 않았던 것은 그 방향이나 과제가 잘못되었다기보다는 그것을 추진해 나가는 방법론에서 문제가 있었던

16) 윤광웅, "군조직개편 시행과 전력발전의 전망," 『육군』, 90-3호(1990 가을), p. 63.

17) James A. Blackwell, Jr., and Barry M. Blechman, ed., *Making Defense Reform Work* (Washington D.C.: Brassey's Inc., 1990), p. 4.

것으로 판단된다. 국방개혁 미흡의 원인으로 앞에서 열거한 사항 중에서 정치적 의제에 치중하거나 구조 및 편성에 중점을 둔 것은 국방개혁의 방향이나 과제와도 상관이 있지만, 지도자의 의지미흡과 기세상실, 공감대와 전문성 미흡, 예산 등 현실적 요소에 대한 고려 미흡 등은 순전히 방법론과 관련된 문제점이라고 할 수 있다. 실제로 행정부 및 국방장관마다 국방개혁의 방향과 과제를 발전시키는 데 많은 노력을 기울였고, 그것이 완성되지 못한 채 계속 누적되어 왔다는 측면에서 본다면, 개혁이 요구되는 방향과 과제는 대체적으로 잘 식별되어 있다고 판단된다. 따라서 한국 국방개혁의 성공을 보장하려면 효과적인 방법론의 모색과 적용에 더욱 큰 관심을 둘 필요가 있다고 할 것이다.

이 경우에 앞에서 분석한 바와 같이 국방개혁의 성공에 지장을 주었던 원인들을 더욱 구체적으로 분석하고 대증요법(對症療法)에 근거하여 그것을 시정해 나가는 것도 하나의 방법일 수는 있다. 그러나 지금까지 새롭게 국방개혁을 추진할 때마다 과거의 실패를 반성하고 동일한 문제점을 반복시키지 않으려고 노력해왔고, 그럼에도 불구하고 실패를 반복하는 결과를 초래하였다고 한다면, 이 방법은 한계가 있다. 그러한 원인들이 발생할 수밖에 없는 더욱 근본적인 배경이 존재할 수도 있고, 대증요법 자체가 은연중에 그 틀을 지속시키는 결과가 될 수도 있기 때문이다. 대부분의 국방개혁이 제대로 성공하지 못한 것이 사실이라면 대증요법 차원에서 머물 것이 아니라 국방개혁과 관련된 지금까지의 접근방법을 근본적으로 전환시키는 것이 필요할 수 있다. 직관이 아니라 이론적인 틀에 근거하여 국방개혁에 관한 개념과 방법론을 새로이 분석하고, 모색할 필요가 있다.

한국 국방개혁의 성공을 위하여 진정으로 토의하고 탐구할 필요가 있는 것은 개혁의 바람직한 방향이나 과제를 식별하거나, 과거의 문제점들을 발굴하여 시정해 나가는 것이 아니다. 국방개혁과 관련된 일반적인 개념부터 새롭게 정립한 상태에서 다른 학문분야에서 발전된 모형을 활용하거나 다른 국가의 사례를 분석하여 국방개혁의 추진과 성공에 필요한 체계적인 방법론을 정립하고 적용하는 것이 더욱 긴요하다. 즉 이론적인 측면에서 개혁이란 어떻게 추진되는 것이고, 국방분야에서 특별히 고려하거나 관심을 두어야 할 사항과 중점을 무엇이며, 정보화시대에 진입함에 따라서 개혁의 방법 및 내용 상에서 달라져야 할 것은 무엇인가에 대한 정확한 인식부터 정립할 필요가 있다. 그리고 한국군이 적용할 수 있는 최선의 방법론을 이론에 근거하여 탐구하고, 최근 다른 국가에서 국방개혁에 성공한 사례가 있다면 이를 통하여 필요한 교훈을 학습하고 참고할 필요가 있다. 이러한 사항들이 정립된 상태에서 개혁을 위한 방향과 과제를 개발하고 구현해 나갈 때 국방개혁의 성공 확률은 높아질 것이다.

Ⅱ 국방개혁 2020 분석

1. 시대적 요구

국방개혁을 통하여 식별된 문제점들을 제대로 해결하지 못할 경우 더욱 심각한 문제가 되는 것은 그러한 문제점 이외에 새로운 문제가 점점 퇴적된다는 사실이다. 그렇기 때문에 시간이 지날수록 개혁해야할 과제는 더욱 증대되고, 개혁의 절박성도 강화된다. 테트리스 게임과 같이 적시에 해결하지 못하여 더욱 많은 과제가 쌓이면 해결이 더욱 분주해지고, 그렇게 되면 상황이 기하급수적으로 악화되어 해결의 가닥을 아예 잡지도 못할 수 있다. 최근에는 한반도 주변 상황과 국내 여건의 변화 속도와 폭이 더욱 강화되고 있어 국방개혁을 통한 문제해결의 절박성은 더욱 증대되고 있는 상황이다. 한미동맹관계가 조정되는 가운데 국제적 안보환경의 불확실성이 증대되고 있고, 남북관계의 경우에는 북한의 핵개발을 둘러싼 위기의 발생 가능성을 배제하기 어려우며, 국민들의 안보의식이나 가용재원과 같은 내부적인 안보여건은 점점 악화되고 있고, 정보화시대에 적응하기 위한 숙제는 더욱 가중되고 있기 때문이다. 국방개혁을 요구하는 상황적 요소를 구체적으로 설명하면 다음과 같다.

국제적 안보환경

강대국들에 의하여 둘러싸인 지정학적 위치로 인하여 지역정세와 주변국가들의 동향이 한국의 국방태세에 끼치는 영향은 적지 않은데, 현재의 상황에서 한국의 안보에 가장 직접적이면서 결정적인 영향을 주고 있는 요소는 한미동맹관계의 변화이다. 한미연합방위태세를 기초로 한반도의 전쟁을 억제하고 유사시 승리할 수 있는 태세를 발전시키고 있는 한국에게 한미동맹관계는 국방 및 국방개혁의 핵심적인 조건 및 고려사항일 수밖에 없는데, 그러한 한미동맹관계가 본격적으로 조정되고 있는 상황이기 때문이다. 한국 내에서는 일부 진보적 자주의식의 영향으로 반미적 성향이 국민들의 의식에 침투한 바가 적지 않고, 그 결과로 한국군에 대한 전시 작전통제권이 한국군으로 전환되면서 한미연합사령부의 체제가 변화되어야할 상황이다. 미국에서는 9/11 테러 이후 동맹관계보다는 미사일방어망 구축이나 초국가적 위협에 대한 관심이 더욱 높은 우선순위를 차지하게 된 상태에서 한국 국민의 미국에 대한 부정적 태도가 미국 국민의 한국에 대한 부정적 반응을 자극하여 한미동맹의 기반이 상당히 약화된 상태라고 할 수 있다.

이미 한미연합방위태세에 변화가 나타나고 있기도 하다. 미국은 한반도에 주둔하는 병력을 이미 감소시켰을 뿐만 아니라, 다른 지역에 상황이 발생하였을 경우 전환한다는 '전략적 유연성'을 강조하고 있다. 북한 문제를 둘러싸고 양국의 시각 및 목표 상에서 더욱 세밀하게 조율해야할 필요성이 제기되고 있고, 한미 양국의 신뢰 및 유대관계가 과거와 같지 않다는 우려가 제기되고 있다. 이와는 대조적으로 미일동맹의 결속도는 더욱 강화되고 있어서 상대적으로 한국의 전략적 가치가 감소될 가능성이 우려되고 있다. 한국에서 보수 성향의 새로운 정부가 들어섬에 따라서 이 추세는 긍정적으로 변화되고 있지만, 그 동안 훼손된 부분이 적지 않은 것이 사실이다.

특히 한미 양국은 2012년까지 한국군에 대한 전시 작전통제권을 한미연합사에서부터 한국군으로 전환하도록 합의하였는데, 이로 인하여 한국 방위에 대한 한국의 책임이 절대적으로 증가될 수밖에 없고, 국방개혁 등을 통한 자체 역량의 확충이 요구되고 있다. 최근에 미군으로부터 인수한 휴전선 155마일에 대한 책임, 판문점 공동경비구역, 유사시의 신속한 지뢰살포작전, 유사시 해상으로 침투하는 북한 특수부대 저지, 유사시 수색 및 구조작전, 유사시 폭격 유도 등 전선통제, 유사시 후방지역 화생방 오염 제거, 유사시 북한 장거리포 무력화작전(대화력전) 등의 임무는 한국군으로 전환된 최초의 몇 가지 사항에 불과할 수 있다. 지금까지 미군을 활용했던 정도가 큰 만큼 책임 증가에 따른 변화의 폭도 커질 수밖에 없다. "제2의 창군에 버금가는 중차대한 정책적 과제"[18]가 될 수밖에 없다.

즉 한미동맹관계의 조정으로 인한 국방력의 약화를 단기간에 보완함과 동시에 장기적으로 한국의 전략적 융통성을 강화시키기 위해서는 성공적인 국방개혁을 통하여 군대를 포괄적이면서 신속하게 변화시킬 수 있어야 한다. 국방개혁을 통하여 국가발전에 결정적인 부담을 주지 않는 가운데 자주국방을 보장할 수 있어야 하고, 더욱 안정된 여건에서 역내 국가들과 외교 및 안보협력관계를 발전시켜 나갈 수 있어야 하며, 국내적으로도 성숙된 안보태세를 제공할 수 있어야 한다. 변화하고 있는 한미동맹관계가 내포하고 있는 위험을 기회로 반전시킬 수 있는 유일한 방안은 국방개혁을 통한 질적인 군대로의 발전이라고 할 것이다.

북한 요인

남북한 관계의 복합성도 새로운 차원의 국방개혁을 절실하게 요구하고 있다. 한국의 헌신적인 노력의 결과로써 과거 어느 때보다 남

---

18) 이규열, "한미동맹체제의 발전방향과 국방개혁의 추진," 『국방정책연구』, 제72호 (2006년 여름), p. 35.

북한 관계가 타협적으로 진행되고 있기는 하지만, 핵 및 미사일을 위주로 한 북한의 비대칭적 위협은 쉽게 해결되고 있지 않은 이중적인 상황이기 때문에, 이중적 상황의 불확실성에 대처할 수 있는 유연하면서도 단호한 국방태세가 요구되고 있다.

그 동안의 비판에도 불구하고 한국의 포용정책이 표면적이거나 심리적인 차원에서 남북한 긴장관계를 완화시키는 데 기여한 것은 사실이다. 다양한 채널과 수준에서 남북한 간에 대화가 진행되고 있고, 인적 및 경제적인 교류가 증대되고 있으며, 국제무대에서의 경쟁적 소모전도 사라졌고, 상당한 기간 동안 북한의 도발이 발생하지 않았다. '힘의 의한 평화'가 아니라 '동의에 의한 평화'가 시작되었다는 평가[19]는 상당한 설득력이 있다. 휴전상태라는 본질적인 취약성과 휴전선을 경계로 한 긴박한 현실적 대치로 인하여 남북한 관계는 금방 악화될 수 있다는 점에서 평화공존 상태라고 섣불리 평가할 수는 없지만, 후세에서는 그렇게 평가될 수도 있는 기간이 지속되고 있는 것이 사실이다.

그럼에도 불구하고 2006년 10월에 실시된 북한의 핵실험은 한국안보, 특히 국방부문에 심각한 과제를 제기하고 있다. 북한은 "1980년대 이후 5MWe 원자로를 가동하고 폐연료봉을 재처리하여 핵물질을 확보하는 등 핵연료의 확보에서 재처리에 이르는 일련의 '핵연료주기'를 완성하고, 이와 병행하여 고폭실험을 실시한 것으로 추정"[20]되고, "북한은 1994년 북미 기본합의 이전에 추출한 것으로 추정되는 플루토늄 10-14kg으로 핵무기 1-2개를 제조했을 것으로...(그리고) 북한의 주장대로 2003과 2005년에 폐연료봉 재처리를 완료했을 경우 30여kg의 플루토늄을 추가로 확보할 수 있었을 것으로 추정"[21]되던 것이 현실화되고 있기 때문이다. 국가안보는 만전지계(萬全之計) 차원에서 접근해야 하기 때문에 핵과 관련된 북한의 실제 수준과 능력

19) 조성환, "통일론의 비판적 지식사회론: 민족 패러다임의 비판적 인식,"『동양정치사상사』, 제3권 1호 (2004. 3), p. 264.

20) 국방부,『국방백서 2006』(서울: 국방부, 2005), p. 23.

21) Ibid., p. 24.

이 어떠하든 이제부터 한국은 핵보유국으로서의 북한을 상정한 대비태세의 구축을 고려하지 않을 수 없다. "선군사상에 입각한 핵무장으로 당면한 국제적인 문제를 비롯하여 경제회생, 체제수호, 나아가서 한반도 통일까지도 달성할 수 있다고 믿는 것"[22]으로 판단되는 북한의 실제적인 핵보유는 지금까지 한국이 노력하여 왔던 재래식 전력에서의 균형달성 노력을 무의미하게 만들어 버릴 수 있기 때문이다.

과거와 같이 미국의 안보공약이 절대적이라면 이러한 전환이 필요하지 않을 수도 있다. '핵우산'(Nuclear Umbrella)이라는 개념에서 보듯이 한국은 재래식 전력에 대한 억제와 승리태세 확보에 주력하는 대신에 미국이 북한의 핵을 억제하거나 필요시에 대응한다는 역할분담이 보장될 것이기 때문이다. 그러나 이제 한미동맹은 조정되고 있는 상황이고, 그에 따라 미국이 약속하고 있는 핵우산에 대한 신뢰도도 떨어질 수밖에 없으며, 이러한 상황에서도 핵전략을 고려하지 않을 경우 무책임한 태도로 비난될 가능성이 크다. 남북관계의 지속적인 진전을 보장하기 위해서라도 핵을 포함한 전반적 위협에 대한 포괄적 대응은 필수적이다.

핵무기의 억제와 방어를 고려해야 한다고 하여 핵무기를 보유해야 한다는 것은 아니다. 북한의 핵무기 사용을 억제하거나 유사시에 핵무기 사용을 불가능하게 하거나 북한의 핵무기를 방어할 수 있는 모든 방책이 포함될 수 있다.[23] 대체적으로 한국은 국제안보(international security) 패러다임에 입각하여 주변국들과의 협력을 강화해 나가면서, 미국의 핵억제력 및 대응력을 최대한 활용하고, 유사시 북한의 핵무기를 무력화하거나 방어할 수 있는 필수적인 능력을 구비해야 나가야 할 것으로 판단되지만, 이러한 내용들은 국방 전반에 대한

---

22) 남주홍, 『통일은 없다』(서울: 랜덤하우스중앙, 2004), p. 29.

23) 김태우 등은 외교적 조치를 제외한 북한 핵개발에 대한 자체의 생존전략 차원의 조치로서, 비대칭 대량보복전략, 예방조치전략, 제한적 선제공격전략, 초전제압전략, 조기공세전환전략 등으로 전혀 새로운 전략을 개발해야 하고, 미사일, 조기경보기, 무인기, 정보전 능력, 정밀타격용 폭탄 및 지하관통탄, 특작부대 양성, 군사위성, 원자력추진 잠수함 등 한국적 전략무기체계를 개발해야 하며, 핵잠재력을 개발해 나가는 등의 광범한 조치를 요구하고 있다. 김태우 외, 『북한 핵문제 종합적 대처방안』, 연구보고서 03-(서울: 한국국방연구원, 2003. 10), pp. 95-105.

근본적인 변화를 수반할 수 있는 사항으로서, 쉽게 결정하거나 금방 구현할 수 있는 사항이 아니다.

이제 한국군은 관성적인 발전을 지속하거나 부분적인 개혁을 반복하는 대신에 국방의 전반적인 틀과 내용을 근본적으로 변화시켜야 할 필요가 있다. 북한 군사위협의 성격이 근본적으로 변화되었는데도 불구하고 과거와 같은 형태의 노력을 계속한다는 것은 배가 떠내려가고 있는데도 칼이 빠진 뱃전 밑에서 칼을 찾으려는 고사(刻舟求劍)와 다르지 않다. 그러한 국방개혁이 바탕이 될 때 남북관계도 더욱 안정적으로 발전될 수 있고, 영구적인 평화정착도 가능해질 것이다.

국내 여건

국제안보환경이나 북한의 위협처럼 표면적으로는 드러나는 정도는 크지 않지만 국내의 여건도 장기적이고 근본적인 차원에서는 심각할 수도 있는 도전요인을 제기하고 있다.

첫째, 국민들의 평화적 정세 인식과 경제·복지를 우선하는 시각이다. 냉전의 종료로 인하여 진영 간의 대규모 충돌 가능성이 사라지고 남북한 관계도 최근 수년 동안 진전된 모습을 보였기 때문에 국민들은 평화가 정착되고 있다고 생각하여 '평화배당금'(peace dividend)과 군대의 감축을 요구하고 있다. 이러한 분위기에 편승하여 "한국 사회에는 전투적, 배타적, 수정주의적, 동맹부정적인 민족주의"[24]가 적지 않게 확산되어 있고, 전쟁에 대한 경각심이나 대비의 필요성에 대한 인식이 약화되고 있다. 따라서 이러한 변화된 여건 속에서 국방을 보장하기 위한 접근방법의 근본적인 변화가 필요한 상황이라고 할 수 있다.

둘째, 국방비의 지속적인 상대적 감소이다. "적정 국방비 확보"를 위한 한국군의 적극적인 노력에도 불구하고 지금까지 한국의 국방비는 국민총생산에 대한 비율에 있어서 장기적으로 감소되는 경향을 보여 왔다.[25] 수년 동안 경제성장이 둔화됨에 따라 국방비의 실질적

24) 문광건·서정해·이준호, 『국방업무혁신을 통한 군정예화』, p. 164.

증액분이 크지 않았고, 현대적인 무기 및 장비의 가격은 오히려 증가되는 추세를 보이고 있으며, 군대의 현실적인 운영비용이 증대됨에 따라 미래전력을 위한 투자는 더욱 감소되고 있다고 할 수 있다. 자본주의 시대에 예산의 지원없이 충분한 국방력을 구비하는 것은 불가능하고, 예산이 부족하다고 하여 국방력 강화를 포기할 수는 없기 때문에 근본적인 차원에서 변화된 대응이 필요한 상황이다. 군 인력을 감소시켜 경상운영비를 줄임으로써 미래전력에 대한 투자여력을 확보하든가, 군대 전반에 걸쳐 낭비와 중복을 제거하고 효율성을 향상함으로써 필요한 재원을 자체 조달하든가, 군대의 임무를 감소시켜 필수적인 분야에만 집중하든가, 정부 및 다른 국가와의 상호보완관계를 모색하는 등의 자구책을 강구해야할 필요성이 증대되고 있다.

셋째, 징집제의 변화를 요구하는 요인들도 증가하고 있다. 한국군은 창설과 더불어 징집제를 유지하여 오늘에 이르고 있지만, 출산율이 점점 낮아져 징집 대상인원이 감소되고 있고, 젊은이들이 자신이 전념하던 바를 2년 정도 중단함으로써 국제적인 경쟁력에서 뒤쳐지는 점을 계속 무시할 수 없으며, 징집제의 근본적 문제라고 할 수 있는 세금부담의 불균형성[26]이 제기되고 있다. 이미 복무기간의 단축이나 유급지원병제의 도입이 검토 및 시행되고 있는 것에서도 알 수 있듯이, 현재와 같은 형태의 징집제를 계속적으로 유지하기는 어렵고, 이로 인하여 군대의 전체적인 규모나 운영도 영향을 받지 않을 수 없다. 부분적으로 시행된다고 하더라도 지원병들을 위한 인건비, 주거비, 생활지원비의 증대를 각오해야 하고, 정예화를 보장하기 위한 제반조치를 강구해 나가지 않을 수 없다. 한국군 국방개혁을 위한

---

25) 국방비가 정부재정과 GDP에서 차지하는 비율은 1980년대 이후 지속적으로 하락되어 왔는데, 국방개혁을 위한 소요가 일부 반영되어 2006년의 국방비는 정부재정의 15.5%, GDP의 2.57%를 차지하고 있다. 이는 세계 다른 국가와의 규모면에서 '03년 기준으로 GDP에 대비 비율은 56위이고, 국민 1인당 국방비는 31위이며, 병력 1인당 국방비는 62위이다. 국방부, 『2006년도 국방정책』(서울: 국방부, 2006. 2), p. 2.

26) 월 50만원의 소득을 올릴 수 있는 사람이 군대에서 복무할 경우에 그는 50만원의 세금을 납부하는 셈이 된다. 그러나 월 500만원의 소득을 올릴 수 있는 사람이 군대에 갈 경우에 그는 500만원의 세금을 내는 셈이 된다. 따라서 징집제는 국민들에게 차등화된 세금을 징수하는 결과가 된다.

모범적인 사례로 소개된 프랑스 국방개혁의 핵심은 징병제에서 지원병제로 전환하는 것인데, 장기간에 걸쳐(1997년에서 2015년까지를 개혁의 대상기간으로 선정) 법률로 제정하여 추진하는 데도 다수의 문제점을 야기하고 있다.[27] 따라서 징집제의 변화는 국방에 관한 전반적 개혁 차원에서 해결해 나가야할 심각한 요소이다.

넷째, 국방의 신성성과 군대의 특수성이 약화되고 있다. 과거에는 국가안보의 절대성으로 인하여 전쟁대비를 위하여 군대가 시행하는 대부분 조치는 국민들의 지원을 획득할 수 있었고, 국민들은 군대를 신뢰하였으며, 군대의 일상적 활동에 대한 간섭을 자제하였다. 그러나 사회 전반에 걸쳐 모든 조직들이 개방됨에 따라 그 동안 국방분야에 관하여 허용되던 특수성과 폐쇄성을 인정하지 않으려 하고, 공공성이 높은 사회조직의 하나 정도로 군대를 인식하며, 군대로 인한 국민 불편의 경감이 오히려 중요한 현안으로 대두되고 있다. 이제 군대는 국민의 요구를 최대한 수용하는 가운데 유사시 국가를 보위할 최후의 수단으로서의 신성한 사명과 능력을 유지해야 하는 어려운 상황에 처하게 되었고, 이것 또한 통상적인 발전을 통해서는 해결하기가 쉽지 않은 요소이다. 한국의 국방개혁은 "군과 사회 간에 이격되어 있는 문화와 인식의 격차를 해소하는 것"[28] 이어야 한다는 지적은 상당한 설득력을 지니고 있다.

기술의 발전

정보기술(information technology)로 대표되는 현대적인 기술의 발전 또한 군대의 현상유지를 어렵게 만들고, 대대적인 개혁을 요구하고 있다. 특정한 국가 내에서도 국방분야의 기술적 적응이 늦게 되면 불균형이 발생할 수 있지만, 국제적인 차원에서 다른 국가의 군사기

27) 징병제에서 직업군인제로의 전환을 위하여 실시한 프랑스 국방개혁의 내용에 관해서는 Jean Michel Palagos, "프랑스 국방개혁의 경험과 교훈," 연세대학교 · 국가관리연구원,『세계적 국방개혁 추세와 한국의 선택』, 제8회 공군력 국제학술회의 발표논문집 (2005. 9. 8), p. 91-113 참조.

28) 임길섭, "국방개혁의 비전과 추진방향,"『합참』, 제26호 (2006.1), p. 21.

술 수준에 비하여 상대적으로 뒤쳐질 경우 결정적인 전략적 열세에 처하게 되기 때문이다. 전세계적 차원에서 새로운 기술이 확산된다고 하더라도 모두가 그에 따른 공평한 혜택을 누리는 것은 아니라는 점에서,[29] 국방개혁 등의 적극적인 조치를 통하여 기술적 발전의 이점을 즉각적으로 수용해야할 필요성은 크다.

43일만에 종료된 이라크전에서의 주요전투작전(Major Combat Operation)에서 미군이 보여준 바와 같이 기술적 우위를 확보한 군대는 그렇지 않은 군대를 속수무책으로 만들어 버릴 수 있다. 정보화시대에 들어서면서 미래전의 승패를 좌우하는 결정적 요소는 과학기술이고, 이것은 전장상황 및 작전개념을 근본적으로 변화시킬 것으로 전망되고 있다. 그렇기 때문에 미군은 90년대 후반부터 '군사분야 혁명'과 '변혁'을 추진해 왔고, 이러한 추세는 전 세계적으로 확산되고 있다. 효과기반작전, 네트워크중심전 등 기술적 우위를 바탕으로 한 군사작전 수행개념이 발전되고 있고, 감시기술, 정밀유도와 지능탄기술, 에너지탄에 관련된 기술, 나노기술, 무인 및 스텔스 기술 등 첨단기술이 발전되어 미래 전쟁에서의 승패를 좌우할 것으로 전망되고 있다. 한 단계 높아진 version의 프로그램이 나오면 따라가지 않을 수 없는 컴퓨터 분야의 추세와 같이 한 차원 높아진 기술의 version에 맞도록 자국 군대의 version을 높이지 않고는 시대에 적응하기가 어렵다.

새로운 기술의 도입이 단편적이거나 기술 자체의 도입에만 국한되어서는 곤란하다. "첨단 센서를 통하여 유리알 들여다보듯이 전장상황을 파악할 수 있고, 네트워크를 활용한 정밀타격능력이 향상되고 우주무기 및 직사 에너지빔 등 새로운 타격무기체계를 구비하며, 컴퓨터 및 전자장비의 진보를 통하여 정보처리·정보네트워크·통신·무인장비 등의 분야에서 상당한 발전을 이룩하고, 지상차량·함정·로켓·항공기 등이 경량화, 고속화, 스텔스화될 경우"[30] 미래전에서

29) US National Intelligence Council, *Mapping the Global Future*, 국가정보원 역, 『2020년 미래세계 예측』(국가정보원, 2005.2), p. 42.

의 승리 가능성이 높아지는 것은 사실이지만, 이것들이 충분조건인 것은 아니다. 이러한 기술의 효과는 교리, 구조 및 편성, 교육훈련, 인적자원, 시설 등의 발전과 결합되어야 전쟁에서의 승리로 연결될 수 있고, 그러한 포괄적인 발전을 위해서는 당연히 군대의 대폭적인 변화가 불가피해진다.

더구나 미래전에서의 승리를 위해서는 다른 국가의 군대보다 더욱 신속하면서도 광범위하게 이러한 기술을 도입할 수 있어야 한다는 차원에서 '발전' 수준의 노력은 불충분할 가능성이 크다. '군사기술혁명,' '군사분야혁명'이라는 용어에서 알 수 있듯이 혁명적인 속도와 범위로 기술적 발전에 적응해 나감으로써 다른 국가에 대한 상대적 우위를 확보할 필요가 있다. 그리고 "전통적인 우방인 미국이 기술적인 측면에서 상대적으로 엄청난 투자를 하고 있기 때문에 한국군이 최신기술을 계속적으로 조달할 수 없을 경우에는 열망이나 믿음과는 달리 유사시 한미간 상호운용성의 효율성이 크게 저하될 우려가 있다."[31] 이러한 점에서도 국방개혁을 통한 한국군의 급속하고 포괄적인 변화는 불가피하다.

2. 국방개혁 2020

국방개혁을 요구하는 시대적 요구에 적극적으로 부응한다는 차원에서 노무현 정부는 "국방개혁 2020"을 주창하여 구체적인 국방개혁안을 마련하고, 국방개혁법을 통과시켰다. 국방개혁법이 통과됨으로써 국방개혁을 위한 장기적인 틀이 마련되었고, 계획대로 추진될 경우 군대의 규모 및 조직에 관하여 상당한 변화가 추진될 것이다. 다만, 국방개혁법의 통과 이전이나 직후에 구체적으로 실천된 사항이 많지 않고, 국방개혁법의 핵심적인 내용들은 대부분 2020년 가까이에 가서 구현되도록 되어 있으며, 전례에 비춰보면 계획이 마련되었다고

30) 김재두 외, 『2025년 미래 대예측』(서울: 한국국방연구원, 2005), p. 265.
31) 문광건 · 서정해 · 이준호, 『국방업무혁신을 통한 군정예화』, p. 175.

하여 그대로 시행되는 것은 아니기 때문에 국방개혁 2020의 미래가 반드시 밝다고는 할 수 없다. 이러한 점에서 국방개혁 2020의 핵심적인 내용을 정리하여 설명하고, 지금까지 한국 국방개혁이 실패한 공통적인 원인을 적용하여 우려되거나 보완되어야 할 사항이 무엇인지를 분석하고자 한다.

주요 내용

참여정부는 출범 초부터 안보환경의 변화를 반영하고 미래전에 능동적으로 대응한다는 차원에서 국방개혁을 강조하였으나, 새로운 방향으로의 국방개혁이 본격화된 것은 2004년 7월 노무현 대통령의 국방보좌관이었던 윤광웅 국방장관이 취임하면서부터이다. 윤장관은 취임과 더불어 정부 정책의 적극적인 구현을 강조하면서 "협력적 자주국방"과 "문민통제" 등을 슬로건으로 하여 국방개혁을 강조하였고, "2005년 1월부터 과거 국방개혁의 미비점과 일부 분야에 상존하고 있는 구조적 · 제도적 불합리성과 비효율성을 분석함은 물론, 주요 국가들의 개혁사례 등을 참조하여 '국방개혁 2020'을 작성"하였으며, 2005년 6월 1일부로 '국방개혁위원회'를 구성하였고, 2005년 9월 1일에 '국방개혁 2020 기본계획'을 대통령에게 보고하고 국민들에게 공개하였다.[32] 그리고 국방개혁의 지속성을 보장하기 위하여 프랑스의 예를 참고하여 법제화를 추진한 결과 2006년 12월 1일부로 국방개혁법이 국회를 통과하였다.

국방개혁법에 의하면 "국방정책을 추진함에 있어서 문민기반의 확대, 미래전의 양상을 고려한 합동참모본부의 기능 강화 및 육군 · 해군 · 공군의 균형있는 발전, 군 구조의 기술집약형으로의 개선, 저비용 · 고효율 국방관리체제로의 혁신, 사회변화에 부합되는 새로운 병영문화의 정착" 등을 중점적으로 추진하고, 그 구현에 필요한 '국방개혁기본계획'을 대통령의 승인을 얻어 수립하도록 규정되어 있으며, 국방부 장관 소속 하에 '국방개혁위원회'를 설치하도록 명문화되

32) 국방부, 『국방백서 2006』(국방부, 2006), pp. 36-37.

어 있고, 국방부 장관은 매년 대통령 및 국회에 전년도 국방개혁의 추진실적 및 향후계획을 보고하도록 의무화되어 있다.[33]

국방개혁법에서는 크게 세 가지의 국방개혁 범주를 설정하고 있다. 먼저 '국방운영체제의 선진화'와 관련해서는 민간인력의 활용을 확대하고, 유급지원병제를 시행하며, 여군인력을 2020까지 장교정원의 100분의 7까지 부사관 정원의 100분의 5까지 연차적으로 확충하고, 합동직위를 지정하는 등의 조치가 포함되어 있다. '군구조 · 전력체계 및 각군의 균형 발전'에 관해서는 통합전력 발휘를 위한 합참 등 상부조직을 개선 · 발전시키고, 2020년까지 상비병력 규모를 50만명 수준으로, 간부비율은 상비병력의 100분의 40으로 조정하며, 상비병력을 대체할 수 있도록 예비전력을 정예화하고, 군의 경계임무 중 일부는 치안기관 등으로 전환시키며, 합참 내 각군 인력의 균형편성 및 순환보직을 보장한다는 등의 조치가 포함되어 있다. 그리고 '병영문화의 개선 · 발전'에 관해서는 장병의 기본권이 보장될 수 있도록 군인의 복무와 관련된 제반 환경을 개선 · 발전시키도록 되어 있다.[34] 이를 구현하기 위한 방향으로 국방부가 발전시킨 내용을 『국방백서 2006』에서 인용하여 소개하면 다음과 같다.

> 군은 첨단전력을 증강하고 질적으로 정예화하여 과학기술군으로 발전해 나가면서 2005년 68만여 명의 상비병력을 2020년까지 50만 여명 수준으로 정비해 나갈 것이다. 합동참모본부는 방위기획과 작전수행의 중심기관으로서 육 · 해 · 공군의 통합전력을 보장할 수 있도록 관련기능과 조직을 보강할 것이다. 육군은 군단과 사단 수를 줄여나가되 단위부대의 전투력은 2-3배로 강화할 수 있도록 재설계하여 무인정찰기 · 차기전차와 장갑차 · 화력체계를 증강하고 지휘구조를 단순화함으로써 현대전 양상에 적합한 조직으로 변모하게 될 것이다...특히 1 · 3군을 통합하여 지상작전사령부로 개편하고, 2군사령부도 후방작전사령부로 개편하게 된다. 해군은 수중 · 수상 · 항공 입체전력 운용능력을 강화하여 근해 방어형 전력구조에서 해상교통로의 해양자원 보호 등 전방위 국가이익을 적극 수호할 수 있는 구조로 개선할 예정이다. 부대구조는 지금의 3개 함대사와 잠수함 · 항공 전단체제에서 3개 함대사령부,

---

33) "국방개혁에 관한 법률," 2조, 5조, 6조, 9조. Ibid., pp. 208-209.
34) "국방개혁에 관한 법률," 3장, 4장, 5장. Ibid., pp. 209-213.

잠수함사령부, 항공사령부의 기동전단 체제로 보강·개편하여 기동형 부대구조로 발전시키고, 미래전장에서 임무수행능력이 향상되도록 발전될 것이다.... 해병대는 입체적 상륙작전, 신속대응작전, 지상작전 등의 임무와 상황에 적합한 융통성있는 공지기동부대와 전략도서방어부대구조로 발전될 것이다. 공군은 공중우세와 정밀타격에 접합한 구조로 발전시키기 위해 평시 적의 징후를 감시하고 응징보복을 기할 수 있는 능력을 구비하고, 전시에는 공중우세를 확보하여 지상과 해상작전 수행여건을 최대한 보장할 수 있도록 한반도 전역에 걸쳐 작전능력을 확보할 것이다....한반도 항공작전의 효율성을 높이기 위하여 북부사령부를 창설하여 2개 전투사령부, 9개 비행단, 1개 방공포병사령부와 1개 관제단 구조로 바뀔 것이다. 예비전력의 규모는 2020년까지 상비병력 규모와 연동하여 정하는 동시에 대체전력 역할을 할 수 있도록 질적으로 정예화해 나갈 것이다. 국방운영분야에 있어서는 국방인력이 새로운 군 구조와 전력구조에 부합되도록 전문성을 강화하기 위하여 간부의 구성비율을 높이고, 유급지원병제 도입을 추진하며, 인사관리의 투명성과 합리성을 보장할 수 있도록 제도를 개선해 나갈 것이다. 또한 국방관리 전반을 혁신하여 국방운용의 투명성·전문성·책임성·효율성을 향상하게 될 것이다.[35)]

비록 그 시행은 2020년까지 장기간을 지향하고 있지만, 국방개혁 2020이 달성하고자 하는 내용은 방대하면서도 야심적이라고 할 수 있고, 그렇기 때문에 지속적인 추진이 필수적이다. 그리고 지금까지의 경험에 비춰봐서 그러한 지속적 추진이 쉽지 않을 것이라고 예상되기 때문에 국방개혁 추진을 위한 대통령 및 국회와의 협의를 명문화하고 계량화된 목표를 제시하는 등 달성 가능성을 높이기 위하여 노력한 흔적은 적지 않다고 판단된다.

분 석

지금까지 한국군이 추진한 국방개혁이 대부분 도중에 중단되었다는 반성을 바탕으로 법제화를 통하여 2020년까지의 장기간에 걸친 지속적인 구현을 보장하겠다고 결정함에 따라, 상대적으로 긴 28개월 근무하였음에도 불구하고 윤장관은 재임 기간 중 국방개혁법을 준비하는 것 이외에는 가시적인 성과를 산출하지 못하였다. 당장의 성과

---

35) 국방부, 『국방백서 2006』, pp. 37-39.

보다는 장기적인 성과를 보장하기 위한 토대 구축을 선택한 것으로 판단된다. 따라서 국방개혁 2020의 성공 여부는 2020년에 가서야 명확하게 드러난다고 할 수 있고, 후임 장관들이 그 의도를 얼마나 충실하게 구현해 나가느냐에 달려있다고 할 수 있다. 다만, 과거 국방개혁이 실패했다고 판단되는 공통적인 원인들을 적용해봄으로써 국방개혁 2020이 유사한 전철을 밟을 가능성이 있는지는 검토할 수 있다고 판단된다.

〈정치적 의제에 치중〉 윤장관은 본인이 대통령의 국방보좌관으로 근무하면서 파악한 정치지도자의 의도를 국방개혁을 통하여 구현하고자 노력하였기 때문에 국방개혁 2020에서도 정치적 의제가 핵심적인 요소로 작용하였다고 할 수 있다. "협력적 자주국방"이 노무현 대통령의 의지를 구현하기 위한 내용이라는 데서 알 수 있듯이,[36] 국방개혁 2020은 군에 의한 발의보다는 정치지도자의 독려에 의하여 추진되었다. 국방개혁 2020에서 강조된 국방부의 문민화 역시 과거 군사정권의 잔재에서 탈피하겠다는 정치적 배경이 바탕이 되었다고 할 수 있다.

국방개혁 2020이 이렇게 정치적 성격을 띠게 되었기 때문에 변화의 전반적인 방향과 내용에는 동의하면서도 야당에서 비판을 하고, 군도 소극적으로 반응하게 되었다고 판단된다. 법안 자체는 2006년 2월16일 상정되었음에도 전시 작전통제권 전환을 비롯한 '협력적 자주국방'의 정치적 의제를 둘러싸고 여야가 대립함으로써 수개월을 낭비한 이후에 국방개혁법은 2006년 12월 1일 겨우 통과되었다. 수년에 걸쳐 국방개혁을 준비하면서도 과제별 목표만 제시하는 수준에 그친 채 세부적인 일정이나 실천계획을 발전시키지 않은 것을 보면 군 내부의 실제적인 추진의지도 높지 않았다고 볼 수밖에 없다. 따라서 정권이 교체되어 이러한 정치적 의제에 관한 시각이 달라질 경우 전체 국방개혁의 추진에 변화가 초래될 가능성이 없다고 할 수는 없다.

〈군 수뇌부의 의지와 기세 상실〉 윤장관은 대통령 참모로서의 경

36) 국방부, 『국방백서 2004』(서울: 국방부, 2005), p. 81.

력을 바탕으로 국방개혁의 추진을 위한 영향력을 충분히 보유하고 있었고, 개인적으로 818계획에 참여하면서 느낀 문제의식과 소신을 지니고 있음에 따라[37] 다른 어느 장관보다는 개혁의 의지는 강한 편이었다. 그러나 국방개혁 2020의 계획 수립과 법제화에 지나치게 많은 노력과 시간을 사용하였을 뿐만 아니라 그 동안에 병행하여 추진할 수 있었던 개혁적인 조치의 개발과 구현에는 적절한 관심을 두지 않았기 때문에 그러한 본인의 영향력, 소신, 그리고 의지를 제대로 반영하지는 못하였다고 판단된다. 윤장관은 2004년 7월 취임한 이후 2005년 12월 2일 국방개혁 2020을 위한 법률안을 국회에 제출할 때까지 17개월 정도를 계획수립과 법안화에 시간을 사용하였고, 그 이후부터 2006년 12월 1일 법안이 통과될 때까지 주목할만한 개혁 조치를 취하지 못한 채 추가로 1년을 더 보내었으며, 법안 통과의 막바지에서 임기를 종료하게 되었다. 다른 어떤 국방장관보다 유리한 위치에서 상대적으로 긴 28개월을 근무하였지만 국방개혁법을 통과시킨 것 이외에 윤장관이 실제적으로 변화시킨 사항은 거의 없다.[38] 윤장관을 계승한 김장수 장관도 정권 말기의 제한된 임기로 인하여 추진력을 구비하기가 어려웠다고 본다면 노무현 정부의 국방개혁 성패는 다음 정권이 국방개혁법을 어느 정도로 계승하거나 충실하게 실행하느냐에 따라서 결정될 수밖에 없다고 할 것이다.

〈공감대와 전문성 미흡〉 국방개혁의 핵심내용인 "협력적 자주국방" 자체가 정치지도자의 의지를 바탕으로 제시된 것이기 때문에 국방개혁에 대한 군인들의 공감대는 약한 편이었고, 국방개혁 2020의 계획도 국방장관을 중심으로 한 소수가 주도하여 수립함에 따라 전체 군대의 의견이 충분히 수렴되었다고 보기 어렵다. 특히 국방개혁

---

37) 윤장관은 8.18이 시행될 당시 합참전략국 제1차장으로서 실질적인 중간책임자였다.

38) 『국방백서 2006』에서는 제3절 '선진정예강군 건설을 위한 국방개혁'의 제6항으로 '2005-2006년 국방개혁 추진'이란 제목 하에 국방개혁으로 추진한 사항을 열거하고 있는데, 전체 내용이 1쪽도 되지 않는 짧은 4문단으로서, 군구조개편 준비단의 발족, 국방운영혁신준비단의 발족, 군 책임운영기간 설치 · 운영에 관한 법률과 장병복무기본법의 제정 추진, 그리고 첫 번째와 두 번째의 준비단을 국방개혁추진단으로 통합 · 편성한다는 내용을 각각 기술하고 있을 뿐이다. 국방부, 『국방백서 2006』, pp. 42-43.

을 위한 기본계획을 비밀로 분류하여 예하부대로 배포함으로써 이에 대한 토론이 활성화되지 못하였고, 계획이 발전된 이후 단계에서도 공감대가 확산되지 못하였다. 전문성의 측면에서 볼 때, 국방개혁 2020의 내용 자체는 김대중 대통령 시대에 전문가들이 지혜를 모아 발전시킨 안을 계승한 것으로서 타당성이 높다고는 할 수 있으나, 대부분이 군대의 구조 및 편성 변화에 관한 것으로서 현 시대 국방개혁의 핵심적인 주제라고 할 수 있는 정보화시대에의 적응을 위한 방향과 과제는 거의 반영하지 못하고 있다. 그리고 소수에 의하여 기본적인 계획을 완성한 다음에 법제화 과정에서야 공청회를 추진하여 여론을 수렴함에 따라서 전문가들의 객관적인 의견이 개진되거나 반영되기는 어려웠다. 따라서 국방개혁 2020이 시대적 요구를 충분히 반영하고 있거나 현실성이 높다고 보기는 어렵다.

〈구조 및 편성 변화 위주의 개혁 추진〉 국방개혁 2020 역시 구조 및 편성의 변화에 중점을 두고 있다. 윤장관 개인으로도 818계획에 참가한 경험과 군간 불균형에 대한 인식을 바탕으로 3군간 균형성을 강화할 수 있는 상부구조의 변화에 중점을 두고 있었고, 이번 국방개혁이 병력의 감축을 지향하고 있음에 따라 구조 및 편성의 조정이 핵심적 사안이 되지 않을 수가 없었기 때문이다. 국방개혁법을 보면 '국방운영체제의 선진화'를 먼저 내세우고 있으나 그 내용에서는 민간인력의 확충과 유급지원병제, 여군 및 부사관의 증가 등 구조 및 편성과 관련된 사항이 핵심을 이루고 있고, '군구조 · 전력체계 및 각 군의 균형 발전'에서는 상부조직의 개선 · 발전과 병력규모의 조정 등에 관한 사항을 세부적으로 언급하고 있으며, '병영문화의 개선 · 발전'에서 언급되고 있는 실제적인 사항은 거의 없다. 2006년 국방백서에서 '국방개혁의 핵심과제'라는 제목으로 열거하고 있는 내용의 대부분도 군 구조의 변화에 관한 사항이다.[39)]

〈예산 등의 현실적 요소 고려 미흡〉 2005년 발표한 국방개혁안에 의하면 2020년까지 국방개혁에 투자될 재원은 약 621조로 추산하고

39) Ibid., pp. 37-39.

있으나, 이 621조라는 수치는 기간 동안의 전체 국방비를 포함한 액수로 국방개혁을 위한 순수한 투자액이 아니다. 국방부에 의하면 그 중 67조만이 순수하게 국방개혁을 위한 소요라고 하는데, 이것으로 국방개혁 2020에서 제시된 야심적인 계획을 충족시킬 수 있을 지는 불확실하다. 그리고 621조가 가능하다고 판단한 근거는 앞으로의 경제성장률이 7%를 상회할 것이라는 가정인데, 최근의 경제성장률은 4% 근처이고, 앞으로 높아진다고 하더라도 그 정도로 계속되기는 어렵다. GDP에 대한 국방비의 비중을 보더라도 국방개혁 2020의 추진을 위해서는 최소한 3.2% 정도까지 증대되어야 하는 것으로 요구하였으나 '06년에는 2.60%에 불과하였고, 국방예산의 연간 증가율도 11% 정도를 고려하였으나 '06년에는 6.7%에 불과하였을 뿐만 아니라[40] 앞으로도 증대될 가능성이 많지 않다. 따라서 가용재원에 있어서 국방개혁 2020 계획에서 전망한 것과 실제 간에 상당한 차이가 발생하여 2006년에 이미 "매년 국방개혁 추진에 따른 소요재원을 검토하여 보완"[41]하지 않을 수 없다고 판단하였다. 실제로 국회 국방위원회에서도 국방개혁 2020의 1단계 추진에 소요되는 예산을 확보하기가 어렵다고 판단한 바 있다.[42] 앞으로 국가적으로 통일비용이 증가되거나 한미연합방위태세의 조정에 따라 추가되는 책임을 수행할 능력을 구비하기 위한 비용이 필요할 경우 국방개혁을 위한 국방비의 가용성은 더욱 제한될 수 있다.

평 가

논리적으로 따지면 "국방개혁 2020"은 2020년이 되어야 그 성공 여부나 성과를 정확하게 평가할 수 있기 때문에 현재의 시점에서 그 성공 여부를 단정하는 것이 빠르다고 할 수는 있지만, 국방개혁 2020이 과거 국방개혁이 실패한 원인의 대부분을 구비하고 있다는 점에

40) Ibid., p. 221-222.
41) Ibid., p. 41.
42) 한국일보, 2006. 12. 6.

서 우려되지 않을 수 없다. 국방개혁 2020에도 대미 자주성의 강화라는 정치적 의제가 핵심 동인으로 작용해왔고, 국방개혁법 제정 이전이나 이후에도 변화의 기세를 유지하고 있다고 평가하기 어려우며, 변화에 대한 국민적 및 군내의 공감대와 전문성이 미흡하고, 여전히 구조 및 편성 위주로 개혁과제를 식별한 상태이며, 재원 등을 비롯한 현실적 요소들을 충분히 고려한 것으로 판단하기는 어렵다. 따라서 현재대로라면 국방개혁 2020도 대부분의 과거 국방개혁 사례가 걸어간 전철을 밟을 가능성이 적지 않다.

실제로 국방개혁법이 통과된 이후 상당한 기간이 경과하였음에도 그 동안 구현된 것이 거의 없는 상태에서 모든 것들이 2020년이 되면 가능해질 것으로 기대하고 있는 경향이 존재하고 있다. 계획에 비하여 현재 어느 정도로 구현되고 있고, 예상하지 않았던 문제점은 무엇이고 어떻게 시정해 나가야 할 것인가에 대한 분석도 거의 이루어지지 않고 있다. 국민들은 물론이고 군인들의 인식에서도 국방개혁의 절박성이 존재하고 있지 않다. 시간만 경과하면 '국방개혁법'이 자동적으로 한국군을 개혁시키는 것이 아니라면 현재의 추세가 계속될 경우 계획대로의 개혁이 어려울 것이라는 판단을 무조건 성급하다고 배척하기는 어렵다.

특히 병력의 감축이나 구조의 조정은 의지와 추진력만 구비하면 단기간에도 추진할 수 있다고 하지만, 국방개혁법에서 질적인 목표로 제시하고 있는 "첨단전력으로 증강되고 질적으로 정예화된 과학기술군", "단위부대의 전투력을 2-3배로 강화"한 육군, "해상교통로의 해양자원 보호 등 전방위 국가이익을 적극 수호할 수 있는" 해군, "공중우세와 정밀타격에 적합한" 공군, 상비전력의 "대체전력 역할"을 수행할 수 있는 수준으로의 예비전력, "국방운용의 투명성 · 전문성 · 책임성 · 효율성 향상" 등과 같은 목표는 의지와 추진력만으로 달성하기가 어려운 과제들이다. 명시한 대로의 질을 구비한 군대가 되기 위해서는 방대한 예산이 필요할 뿐만 아니라 모든 장병들이 하나같이 합심하여 매진하지 않으면 달성할 수 없다. 따라서 국방개혁 2020

의 성공을 위해서는 개혁하고자 하는 내용과 방법론을 전반적으로 재검토하고, 실현가능성이 높은 새로운 방법론을 채택하여 실천의지를 갖고 적용해 나갈 필요가 있다.

또한 지금까지의 전례로 봤을 때 법률로 제정되었다고 하여 그대로 시행될 것으로 보기는 어렵다. 시행 과정에서 상황이 변화할 경우 방향, 과제, 조치 등이 달라지지 않을 수 없고, 행정부의 교체로 인하여 전반적인 국가정책이나 국정의 우선순위가 달라질 경우 추진의 방향이나 강도가 변화할 수밖에 없기 때문이다. 상황 측면에서 봤을 때 핵개발을 둘러싼 북한관련 정세, 그리고 전시 작전통제권 전환으로 인한 한미동맹관계의 변화, 국가여론의 보수화 등의 변수가 존재하고 있고, 이미 나타나고 있는 바와 같이 필요한 재원을 확보하지 못할 경우 계획대로 시행되지 못할 수도 있다. 따라서 법제화에만 의존하는 대신에 국방개혁의 실제적 구현을 위한 다양한 방안을 마련하지 않을 수 없다.

그리고 국방개혁 2020만 구현하면 정보화시대 군대로의 변모가 보장될 것이라는 단순한 인식에서도 벗어날 필요가 있다. 앞에서 언급한 바와 같이 국방개혁 2020 계획이 정보화시대의 요구를 충분히 반영하고 있거나 국방분야에 필요한 모든 변화를 포괄적으로 망라하고 있다고 보기 어렵기 때문이다. 더구나 변화의 속도가 급속도로 빨라진 현 시대에서 15년 이상 적용되는 고정계획에 집착하는 것은 곤란하다. 변화되는 정보화시대의 요구를 바탕으로 국방개혁 2020 내용의 적절성과 충분성을 주기적으로 재검토할 수 있어야 하고, '국방개혁 2020'의 구현이 아니라 '진정한 국방개혁'을 목표로 설정하고 지향할 필요가 있다.

Ⅲ 국방개혁 이론과 미군 사례에 의한 교훈

국방개혁의 성공을 위해서는 지금까지의 국방개혁 과정에서 문제가 되었던 점들을 대증요법으로 시정해 나갈 수도 있지만, 이 방식은 과거 국방개혁시마다 반복되었지만 실패하였다는 점에서 한계가 있다고 판단하지 않을 수 없다. 더욱 근본적인 차원에서 국방개혁의 성공을 보장하고자 한다면, 기본으로 되돌아가서 국방개혁에 관한 일반적 개념과 방법론을 철저하게 재검토하고, 정보화시대 국방개혁의 성공사례에서 실증된 교훈들을 적극적으로 참고할 필요가 있다. 원점에서 국방개혁을 새로이 인식하고 추진함으로써 과거와 같은 실패를 반복하지 않을 필요가 있다. 이러한 점에서 제2장에서 검토한 국방개혁에 관한 이론 측면과 제4장에서 분석한 미국 군사변혁에서의 교훈을 바탕으로 한국의 국방개혁 성공을 위한 방향을 제시하고자 한다.

1. 국방개혁에 관한 일반적인 개념 측면

개혁의 의미와 구성요소

'개혁'이라는 용어는 현실부정을 전제로 한다는 측면에서 발전과는 구별되고, 혁명에 비해서는 정도가 약하지만 발전, 혁신, 개선에 비해서는 훨씬 '급속하고 근본적인 변화'를 추구하기 때문에 '혁명적 결과에 이르는 진화적 변화'라고도 설명된다. 제2장에서 이러한 개혁의 의미를 항목별로 세분화하여 개혁은 <*① 지금까지를 부정하는 바탕 위에서 새로운 방향으로의 변화를 지향하고 있고 ② 혁명보다는 미약하지만 일반적인 발전에 비해서는 무척 의도적이면서 집중적인 비약을 지향하며 ③ 혁명과는 다르게 급진적인 변화를 경계하고 ④ 결과의 산출을 중시한다*>라는 결론을 도출하였다. 그리고 제4장에서는 이번에 실시한 미국의 군사변혁은 "군사분야의 '혁명'(revolution)"을 계승하였을 뿐만 아니라 럼스펠드 장관이 그 속도와 범위를 대폭적으로 강화하였다는 차원에서 일반적인 개혁보다는 훨씬 급속하고 포괄적인 변화를 추구한 것으로 평가하였다.

이러한 내용을 한국군의 국방개혁에 적용해볼 때, 우선 한국군의 국방개혁에서는 '개혁'이라는 용어에 있어서 근본적인 오해가 존재하고 있는 것으로 판단된다. 사람마다 개혁의 의미를 다르게 이해하여 사용하고 있고, 개혁이 지향하는 변화의 적절한 정도에 관한 공감대가 형성되지 못한 상태라고 판단되기 때문이다. 발전, 혁신, 개선, 혁명적 변화 등의 용어를 그것들이 의미하는 변화의 정도를 유념하여 구별하여 사용하는 것이 아니라 그 당시 상황에서의 참신성을 중시하여 선택하는 경향이 적지 않다는 것이다. 개혁이라는 용어를 지나치게 남용함으로써 개혁의 의미와 범위를 혼란스럽게 만든 점도 있다. 특정한 정치적 의제를 군대에 반영하거나 율곡사업이나 병무행정의 비리를 척결할 때도 개혁이라는 용어를 사용하였고, 인적 청산이나 교체를 감행할 경우에도 개혁이라고 지칭하였으며, 병력의 규모를 조정할 경우에도 개혁이라는 용어를 사용하였다. 그리고 시기에 따라서 개혁을 인식하거나 설명하는 정도도 상이하였다. 개혁을 시작할 때는 개혁이 요구하는 변화의 신속성과 포괄성을 강조하는 경향을 보이다가, 그 단계가 지나면 점진성을 강조하여 장기적인 계획수립과 공감대 형성에 과도한 시간을 사용함으로써 통상적 발전과 유사한 정도로 개혁이 격하되는 경향을 보였다. 실제로 "각 정부에서의 국방개혁은 개혁보다는 오히려 개선에 가까운 대상을 지정하여 실천하려고 노력하였다."[43]

또한 개혁의 의미를 세분화하여 설명한 항목별로 한국군이 지금까지 추진한 국방개혁을 분석해보면 ①항 '과거의 부정 및 새로운 변화 지향'과 ③항 '급진성의 경계'가 지니는 의미는 제대로 적용해온 것 같으나, ②항 '의도적이면서 집중적인 비약'과 ④항 '결과의 산출 중시'라는 개혁의 의미는 제대로 인식하거나 적용하지 못한 것으로 판단된다. 한국군에서는 개혁이 의미하는 변화 폭을 발전 정도로 이해하는 성향을 보였고, 성과의 산출보다는 추진 자체나 제시하는 멋진 청사진에 집착하는 경향을 보였기 때문이다. 한국군의 국방개혁에서는 '개혁은 혁명이 아니다'라는 말로 급진성을 경계하였고, 개혁의

43) 조기형, 『자주국방을 지향한 국방개혁 발전을 위한 제언』, 안보과정 연구논문 (서울: 국방대학교, 2004), p. 70.

성과가 부진할 때마다 '집을 부수지 않고 고치는 것이라서 어렵다'고 스스로 위로하는 경우가 많았는데, 이것은 개혁을 발전 정도로 인식하고 있기 때문이다. 국방개혁 2020에서도 나타나고 있지만 한국의 통상적인 개혁 계획은 수년간에 걸쳐 발전적 노력으로 추진해야할 사항을 종합하여 제시하고 있는 것에 불과한 측면이 있다. 그리고 모든 행정부나 국방장관마다 국방개혁을 시도하기는 하였지만 완결한 사례는 많지 않고, 계획에 비해서 어느 정도 구현되고 어떠한 성과를 달성하였는지를 평가하는 데 대한 관심도 적었다고 본다면 결과보다는 시도 자체로서 개혁을 평가하는 경향이 크다고 할 수밖에 없다. 따라서 수차례의 국방개혁에도 불구하고 한국군의 전반적인 수준은 크게 변화되지 않았고, 슬로건에 비해서 실질적인 변화는 미미하였다.

한국군의 국방개혁이 성공하기 위해서는 혁명에 비한 개혁의 점진성만을 강조하여 이해할 것이 아니라 통상적인 발전에 비해서 더욱 급속하고 근본적인 변화를 추구하는 측면에 비중을 두어 개혁을 이해함으로써 실천의 속도를 높일 필요가 있다. 국방장관의 임기가 짧은 점을 고려하면 이러한 필요성은 더욱 커진다. 그리고 개혁이라는 용어를 남발할 것이 아니라 객관적으로 타당한 경우를 대상으로 가려서 사용하고, 개혁이라는 명칭을 붙였으면 그 용어가 의미하는 바대로 구현하려고 노력하여야 한다. '국방개혁'이 '국방발전'이나 '국방혁신'이라는 용어보다 더욱 익숙하다는 것은 그만큼 개혁이 남용된 측면이 있다는 것이다.

개혁의 구성요소에 관하여 제2장에서는, <*① 개혁을 필요로 하는 상황과 과제 ② 개혁을 주도하는 지도자나 집단 ③ 변화를 구현할 수 있는 자원*>을 제시하였다. 그리고 미국의 군사변혁 사례에 이를 적용했을 때 미군은 이러한 구성요소를 균형되게 구비한 것으로 평가되었으며, 특히 럼스펠드 장관과 같은 의지, 통찰력, 추진력을 갖춘 지도자를 구비한 상태에서 어느 정도 충분한 국방예산을 확보하였을 뿐만 아니라 효율성 향상 노력을 경주하여 미래를 위한 투자비를 증대시킨 것이 결정적인 성공요소였다고 분석하였다.

이러한 사항을 한국군의 국방개혁에 적용할 경우, 반복적으로 국방개혁을 추진함에 따라서 ①항 '상황과 과제'에 관해서는 상당한 문제의식과 누적된 연구결과를 확보하고 있은 것으로 평가되지만 ②항 '지도자나 집단'과 ③항 '자원'의 측면에서는 여건이 충분하지는 않은 측면이 큰 것으로 평가된다.

②항 '지도자나 집단'에 관해서 볼 때 한국 국방장관들의 대부분은 개혁 자체에 대하여 높은 의지를 보유하고 있었고, 필요하다면 저항과 비판도 과감하게 극복하고자 하는 자세를 가지고 있었다고 할 수 있다. 그러나 대부분의 국방장관들은 자신의 역할은 개혁을 주창하거나 강조하는 데서 종료되는 것으로 인식하고 실제적으로 개혁을 추진하는 것은 참모들의 몫이라는 인식에 사로잡혀 그러한 의지와 자세를 개혁의 실제적 성과로 전환시키지 못한 것으로 평가된다. 한국군 국방장관들은 국방개혁의 필요성만을 강조한 다음에 추진기구를 창설하여 계획을 수립하도록 하고, 이 기구를 통하여 개혁의 기본방향과 계획을 보고받고 승인하는 것으로 개혁을 추진하고 있다고 생각하였으며, 스스로 나서서 적극적이면서 실제적인 개혁의 지침을 제공하거나 세부적인 시행을 감독하려 하지 않았다. 이러한 결과로서 개혁의 시행에 필요한 권한을 구비하지 못한 추진기구에서는 계획을 수립하는 데만 치중할 수밖에 없고, 국방장관은 계획이 수립되지 않았기 때문에 실천을 독려할 기회를 갖지 못하게 되었으며, 따라서 대부분의 개혁 조치가 구현되지 못한 채 임기가 종료되어 중단되는 결과가 되었다.

③항 '자원'의 경우에는 문제가 더욱 심각하였다고 할 수 있는데, 개혁을 위한 청사진과 계획을 작성할 때 예산을 비롯한 자원의 문제를 충분히 고려하지 않음으로써 다수의 개혁성 조치들이 구현의 절대적 필요성에도 불구하고 자원이 지원되지 못하여 중단되는 현상을 초래하였기 때문이다. 국방개혁을 위한 예산의 확보 측면에서도 국방개혁을 위한 국방비의 증대를 요구하고 그 정당성을 홍보하려는 노력은 많았으나,[44] 군대 스스로 중복과 낭비를 제거하거나 효율성을

개선함으로써 개혁에 필요한 재원을 확보하려는 노력은 드물었다. 국방개혁 2020의 경우에도 621조라는 액수를 제시하여 가용재원이 적지 않다는 인상을 주기는 하였으나, 이것은 15년 동안의 국방예산을 일정한 증가율을 적용하여 누적시킨 것으로서 실제적인 '개혁'을 위하여 사용할 수 있는 예산은 제한적일 뿐만 아니라 사업별로 소요되는 예산을 판단하여 가용재원과 비교하였거나 불충분한 재원을 확보하기 위한 자체의 효율성 향상계획이나 기타 조치를 포함하고 있지 않다.

이렇게 볼 때 국방개혁의 성공을 위해서는 무엇보다 국방장관 스스로가 개혁의 핵심설계자이면서 시행자가 되어야 한다. 국방장관은 개혁을 주창하거나 건의를 승인하는 것으로만 자신의 역할을 제한하기보다는 국방개혁의 필요성에 대하여 국민과 장병들의 공감대를 형성하고, 국방개혁을 위한 핵심적인 방향을 제시하며, 국방개혁의 구현과 집행에 직접적으로 관여하여 독려 및 지원하고, 추진진도와 성과를 평가하여 방향을 조정하거나 노력을 강화할 수 있어야 한다. 군대발전을 위한 헌신과 국방개혁의 의지만을 과시할 것이 아니라 실제적인 변화를 초래할 수 있는 '변혁적 리더십'을 성과를 통하여 입증할 수 있어야 한다.

그리고 개혁의 추진계획을 작성할 경우에는 가용 예산과 충분한 조화를 이루어야 하고, 충분한 예산이 가용하지 못할 경우에는 확보된 국방예산 상에서 낭비와 중복을 최대한 제거하여 필요한 예산을 확보하든가 아니면 개혁의 초점을 제한할 수 있어야 한다. 장밋빛 설계도만으로 국방개혁이 가능했었다면 한국군은 더 이상의 국방개혁이 필요하지 않은 수준이 되어있을 것이다.

---

44) 한국군은 수 년 동안 소위 '적정국방비'의 수준과 필요성을 강조하고, 국방비가 비생산적인 것이 아니라는 내용을 홍보하고자 노력하였다. 그 논리의 대부분은 국방개혁을 지속하려면 현재보다는 국방비가 증액되어야 하고 이를 위해서는 국가지도자의 '특단'이 필요하다는 논리이다. 그러나 이 논리를 뒤집어보면 지금까지의 장관들은 국방비가 확보되지 않은 상태에서 국방개혁을 주창했거나 재원도 고려하지 않은 채 국방개혁을 독려했다는 결론이 된다. 적정국방비를 확보를 위한 최근의 책자는 한국국방연구원, 『노무현 정부의 국방비전과 적정국방비』(서울: 한국국방연구원, 2003); 국방부, 『미래를 대비하는 한국의 국방비』(서울: 국방부, 2004).

국방개혁의 특성과 중점

국방개혁이 지니는 특성에 관하여 제2장에서는, <*① 국가의 생존에 관한 사항으로서 지니는 절대적인 중요성 ② 다른 국가와의 상대성 및 경쟁성 ③ 기회비용의 측면 ④ 불확실성 ⑤ 민군관계의 고려 필요*> 등으로 분석하였다. 그리고 제4장에서의 분석을 통하여 미군은 이번 변혁을 추진함에 있어서 대통령, 의회, 국민 모두가 냉전시대의 군대에서 정보화시대의 군대로 변모시켜야 한다는 과제의 중대성을 이해하였고, 능력기반 국방기획이라는 새로운 접근방법을 통하여 경쟁국이 없는 상황이지만 변혁을 추진해야 한다는 논리를 창의적으로 정립하였으며, 비록 기회비용성은 무시한 채 국방예산을 과도하게 증대시킨 점은 있으나 미래 상황과 위협의 불확실성을 충분히 인식하였고, 정치지도자들의 결정과 군인들의 전문성이 적절하게 조화를 이룬 것으로 분석하였다. 국방예산을 지나치게 많이 사용한 점 이외에는 국방개혁의 특성이 적절하게 고려된 것으로 평가된다.

이러한 요소를 한국 국방개혁에 적용할 경우 ①항 '국방의 절대성'과 ②항 '상대성 및 경쟁성'의 경우에는 북한과의 휴전상태라는 조건으로 인하여 당연히 심각한 요소로 고려되었으나, ③항 '기회비용성', ④항 '불확실성', ⑤항 '민군관계'에 관해서는 깊은 이해가 수반되지는 않은 것으로 판단된다.

③항 '기회비용성'의 경우, ①항 '국방의 절대성'을 이유로 한국에서는 국방비의 기회비용성이 그다지 높게 인식되지는 못하였고, 오히려 '적정국방비의 확보'를 위한 논리의 개발과 홍보에 치중한 점이 있었으며,[45] 기회비용성을 완화시키기 위한 효율적 사용방안에 관해서도 큰 비중을 두지 않았다.[46] 그럼에도 불구하고, 국가경제 규모의

45) 한국국방연구원의 자료에 의하면 국방비 "결코 낭비적이거나 비생산적이지 않다." 국방비는 국가안보라는 공공재를 생산하고, 제조업보다는 낮지만 공공행정이나 서비스업보다는 높은 생산유발효과를 가지며, 국방목적으로 건설한 사회간접자본이 사회에서도 활용되고, 기타 다양한 대민지원을 하고 있다는 논리이다. 한국국방연구원(2003), pp. 53-54. 그러나 국방비의 생산유발효과가 낮다거나 기회비용성이 크다는 것은 이미 상식화된 사항으로서 위와 같은 연구결과에 의하여 변화될 수 있는 사항이 아니다.

46) 예를 들면, 『국방백서 2006』의 경우에 제5장 3절이 '국방예산의 효율적 편성과

증대로 GDP나 전체 예산에서 국방비가 차지하는 비중이 점차 감소됨에 따라(1980년대의 GDP 대비 5.8%, 정부대비 34.7%에서, 2006년에는 GDP 대비 2.6%, 정부재정 대비 15.3%로 낮아졌다)[47] 국방비의 상대적인 비중은 줄어들고 결과적으로 국방비가 지니는 기회비용성도 감소되었다고 할 수 있다. 즉 내부적인 인식과 노력이 아니라 외부여건의 변화로 인하여 국방비의 기회비용성이 낮아졌다고 할 수 있고, 이는 필요시에 국방비를 증대시킬 수 있는 여력을 지니고 있다는 차원에서 국방개혁 추진에 긍정적인 요소로 작용할 수 있다.

④항 '불확실성'의 경우도 당연한 사항이지만 한국의 국방개혁에서 제대로 고려되지 않은 요소이다. 한국군의 경우에는 휴전선을 통하여 전달되고 있는 북한위협이 너무나 명백하기 때문에 미래 위협의 불확실성이라는 개념을 이해하는 것이 쉽지 않기도 하지만, '가정'(assumption)을 사용하여 미래의 명확한 각본을 구상하고 그러한 각본에 효과적으로 대응할 수 있는 방향으로 군대를 발전시켜 나간다는 논리적 흐름의 위험성을 심각하게 인식하지 않은 채 비판없이 일상적으로 적용하여 왔기 때문이다. 예를 들면, 한국군 국방기획의 전형적인 방식은 15-20년 이후의 특정한 연도를 통일의 시기로 가정한 상태에서 통일한국의 모습을 설정하고, 그러한 모습의 한국이 필요로 하는 군사력의 규모와 형태를 도출한 다음, 지금부터 그에 부합되는 방향으로 군사력의 규모와 형태를 발전해 나간다는 논리적 흐름이었다. 즉 미래 위협의 불확실성을 인정하는 대신에 가정을 사용하여 확실한 미래를 만든 다음에 그것을 현실화하는 데 필요한 사항을 개혁의 목표로 설정하는 방식을 사용하였다. 심지어 특정한 계획을 작성한 이후에 시간이 흘러서 통일의 시기가 지나치게 가까워졌다고 인식되면 그 시기만을 뒤로 계속하여 조정하면서 청사진을 수정하는 행태를 보여 왔다. 이것은 실천에 대한 고려는 최소화한 상태

집행'인데, 그 내용 중에 국방예산의 효율적 사용을 위한 구체적인 방안은 포함되지 않았고, '적정국방비의 안정적 확보'와 '2006년 국방예산' 그리고 '2007-2011 국방중기계획'의 사업과 예산현황만 소개되고 있을 뿐이다. 국방부, 『국방백서 2006』, pp. 147-153.

47) Ibid., p. 148.

에서 멋진 청사진과 계획을 제시하는 데만 치중한 방식으로서, 한국군이 수립한 대부분의 개혁 계획을 비현실적으로 만든 근본적인 결함 중의 하나였다고 할 수 있다. 국방개혁의 실질적인 추진과 성공을 위해서는 가정에 입각한 명확한 전망이 아니라 미래의 불확실성을 충분히 고려한 있는 그대로의 전망과 그를 바탕으로 한 현실적인 계획이 필요하다고 할 것이다.

⑤항 '민군관계'의 경우, 상당한 기간 동안 군인출신 정치인들이 국가를 통치함에 따라 민간정치인과 군사적인 문제에 관하여 긴밀하게 협의하고 지원을 획득해야 한다는 의식 자체가 미약하였고, 지금까지 대부분의 국방장관이 장군 출신에서 충원됨에 따라 국방개혁에 필요한 정치적 타협과 동의를 이끌어내는 역할은 미흡했던 것으로 판단된다. 국방개혁의 제반 사항에 관하여 국민들에게 설명하고 비판을 수용하고자 하는 노력도 활발하지 않았다. 그리고 현대적인 총체전력의 개념이 발전되지 못하여 여전히 현역 위주로만 군대가 구성 및 운영되고 있고, 국방부에도 현역 및 직업공무원의 고정적 집단이 배타적으로 순환보직을 실시함에 따라 필요한 전문인력의 수시 충원 및 해임이 곤란하여 국민들의 시대적 요구를 적시적으로 반영하는 민군관계가 발전되기가 어려운 여건이다. 이러한 문제를 시정한다는 취지에서 국방개혁 2020에서는 국방부내 군인의 직책을 직업공무원으로 전환시킴으로써 민간인의 숫자를 증대시키고자 하고 있으나, 남북한 대치상황에서 군사적인 전문성만 약화시키는 것으로 비판되고 있고, 민군관계를 개선하는 효과도 제한적인 것으로 판단되고 있다. 민군관계를 강화하기 위해서는 단순한 민간인의 숫자가 아니라 요구되는 분야에 대한 전문성을 중심으로 수시 충원 및 해임할 수 있는 직책의 비율을 증대시키고, 국방에 관한 사항을 국민들에게 충분히 알리고 설득하고자 하는 노력을 경주해야 하며, 무엇보다 실천이 전제된 국방개혁 계획을 작성하여 국회와 정치지도자들의 적극적인 지지와 지원을 획득할 수 있어야 한다.

이렇게 볼 때 한국군의 국방개혁이 성공하기 위해서는 미래의 불확실성을 충분히 인식하는 가운데 변화되는 상황 변화에 융통성있게 대응할 수 있는 실질적인 청사진을 제시할 필요가 있고, 정치인을 국방장관으로 활용함으로써 국민 및 정치지도자들과의 타협이나 공감대 형성을 우선시할 필요가 있다. 국방부의 경우 전문성을 중심으로 수시로 충원 및 해임할 수 있는 제도를 마련하고, 국방에 관한 제반 사항을 국민들에게 충분히 알리고 설득함으로써 민군관계를 실질적으로 개선할 수 있어야 한다. 설득력있는 국방개혁 계획을 제시하여 예산지원에 관한 국민적 동의를 획득할 수 있어야 하고, 군대 스스로도 중복과 낭비를 제거함으로써 개혁이 필요한 분야에 예산을 집중할 수 있도록 노력해야 한다. 국방비가 지니는 기회비용성을 냉정하게 인정하는 가운데 최소한의 국방예산으로 최대의 효과를 보장할 수 있도록 노력할 필요가 있다.

제2장에서는 일반적인 국방개혁에서 중점을 둬야할 분야로서, <*① 전투준비태세 강화를 위한 군사작전 수행개념 발전과 이를 위한 조직과 무기체계의 발전 ② 군대의 전반적 효율성 향상 ③ 시대의 기술적 성과 최대 활용 ④ 합동·통합·연합성의 강화 ⑤ 군대의 전문성과 응집성의 향상*> 등을 제시하였다. 그리고 미군이 실시한 변혁은 위에서 제기한 필수적인 방향을 제대로 포함하고 있고, 각 방향별로 필요한 조치들 간에 균형을 이루어 왔으며, 대체적으로 포괄적이면서도 균형적인 발전을 추구하였다고 평가하였다.

한국군에게 이러한 국방개혁의 중점을 적용할 경우 전체적인 항목을 포괄적으로 포함하고 있지도 않을 뿐만 아니라 무엇보다 항목간 우선순위 적용에 있어서 상당한 문제점을 지니고 있는 것으로 판단된다.

①항 '군사작전 수행개념 발전과 이를 위한 조직과 무기체계 발전'의 경우 당위론으로는 자주 언급되지만, 실제적으로는 이에 높은 비중을 부여하거나 이를 구현하는 데 필요한 집중적인 노력을 경주하지 못하였다. 앞에서도 언급한 바와 같이 국방개혁에서 정치적 의제나 인적 청산, 비리의 척결, 병역제도의 개선 등 국민들의 관심사

에 대한 비중이 커짐에 따라 전투준비태세에 대한 관심은 제한될 수 밖에 없었고, "개념에 의한 소요도출"(CBRS: Concept-based Requirement System)을 통하여 미래의 군사작전 수행개념을 정립한 이후에 이에 근거하여 군사력 발전의 소요를 도출해야 한다면서도, 군사작전 수행개념을 포괄적으로 발전시켜 조직과 무기체계의 발전방향을 제시하기보다는 대체적으로 당시에 부각되는 특정한 시각을 기준하거나 미군이 개발하고 있는 첨단의 성능을 가진 무기체계를 추종하는 방식으로 군사력 건설의 소요가 제기되었다. 군사작전 수행개념도 공개적이면서 다양하고 복합적인 토론의 결과로서 자연스럽게 발전되는 방식보다는 합참이나 각군 본부 차원에서 특정의 책자를 발간하여 권위적으로 결정하고자 함에 따라[48] 타당성이 보장되지 못하고, 공감대도 형성되지 못하였으며, 소요도출에 대한 논리적 근거로 기능하지도 못하였다. 또한 1990년도부터 2003년까지 전력증강비 중에서 신규투자가 점유하는 비율이 연평균 4.2%에 불과한[49] 사실에서 알 수 있듯이 미래지향적인 소요를 도출하였다고 하더라도 반영되는 정도는 극히 제한되었다. 일반적인 국방개혁에서 핵심적인 중점이 되는 사항들이 한국군의 경우에는 구호에만 머물러온 경향이 있었다고 할 수 있다.

②항의 '효율성 향상'과 관련하여 볼 때, 한국군에서는 북한의 위협을 효과적으로 억제하고 유사시 승리를 보장하는 것이 절대적인 명제로 인식됨에 따라서 효율성이 중요하게 고려될 상황은 아니었다. 자주국방을 추진해온 과정을 돌이켜보면 결정적 변수는 기술적 한계나 미군의 판매 허용 여부였지 재원의 가용성은 아니었고, 징집제나

48) 예를 들면, 합동차원에서 어떻게 전쟁을 수행해야할 것인가를 결정하기 위하여 한국 합참에서는 『합동전장운영개념』(1997. 8. 20), 『합동 VISION 2015: 합동전장운영개념서』(1994. 4), 그리고 『합동개념서』(2006. 10. 23)를 지속적으로 발간하였다. 그러나 제한된 기간 동안 소수가 작업하여 단행본을 발간하여 강요하는 방식으로 진행됨에 따라 어느 문서도 타당성이나 공감대를 확보하지 못하였고, 합동 차원의 소요도출에 활용되지도 않았으며, 이를 바탕으로 더욱 세부적인 개념서를 발전시키지도 않았다. 최근에 발행한 『합동개념서』의 경우에는 2급 비밀로 분류함에 따라 이에 대한 공개적인 토의 자체가 어려워진 점이 있다.

49) 전제국, 『지식정보화시대의 전략환경과 국방비』(서울: 한국국방연구원, 2005), p. 145.

강제적인 동원이 보장됨으로써 효율성의 개념이 간부들에게 내재화되기가 어려웠다. 국방예산의 효율적 사용도 절약정신 고취 차원에서 일상적으로 강조되었을 뿐이고, 국방개혁 차원에서의 전반적이면서 실질적인 조치는 취해지지 않았다. 국방개혁의 지속적인 추진에도 불구하고 미래지향적 전력증강 예산이 차지하는 비중이 오히려 감소되어온 것이 그의 증거라고 할 수 있다.[50] 최근 국방예산의 제한으로 인한 어려움을 인식하여 국방비 증대의 당위성을 강조하고는 있지만, 자체적으로 효율성을 강화하여 미래지향적 전력증강에 대한 집중도를 높이려는 노력은 활성화되고 있지 않다. 그 결과로 방만한 군대운영이 계속되어 실질적인 미래지향적 투자비가 제한되고 있고, 충분한 국방예산이 확보되지 않을 경우에는 국방개혁을 추진할 수 없다는 인식이 군 내부에 존재하고 있으며, 국민들은 군대의 개혁 의지를 신뢰하지 않게 되었다.

③항 '시대의 기술적 성과 활용'에 있어서, 한국군은 '규모의 경제'(economy of scale) 확보가 곤란한 여건이기 때문에 기술에 대한 대규모 투자가 제한되고 선진국과의 기술격차를 좁히는 것이 쉽지 않지만,[51] 상당한 노력을 기울여 대체적으로는 긍정적인 진전을 이뤄왔다. 국방과학기술연구소를 중심으로 필요한 기술과 첨단의 무기체계를 개발하여왔고, 다양한 방위산업체들을 육성하여 왔다. 그 결과로 세계적 수준의 초음속 훈련기인 T-50을 개발하였을 뿐만 아니라 기본훈련기인 KT-1은 인도네시아와 터키에 수출하고, K-9 자주포를 개발하여 터키에 수출하면서 최첨단의 탱크를 개발하기도 하였다. 국내 수요가 제한됨에 따라 기술적 성과의 포괄적인 활용이 어려운 점

---

50) 한국군의 경우 미래지향적 전력증강(방위력개선) 예산은 대체적으로 33% 이상을 유지하여 왔다. 그러나 최근에는 이러한 목표치를 유지하기 위하여 운영유지 성격의 사업을 방위력개선비로 조정하여 계산하는 측면이 있기 때문에 숫자 자체의 정확성 여부를 감안할 필요가 있다. 방위사업청이 신설되자마다 2006년의 전력증강 예산이 전체의 25.8%로 낮아진 것이 그 증거이다. 국방부, 『국방백서 2006』(2006), p. 221.

51) 국방부, 『국방백서 2006』, pp. 80-81. 그 동안 한국군이 국방비 중에서 기술개발에 투자한 정도는 평균 4.3%인데, 이것은 미국의 13.0%, 영국의 11.2%. 나토 18개국의 10.8%에 비할 때 너무나 미흡한 수준이다. 전제국, 『지식정보화시대의 전략환경과 국방비』, p. 150.

이 있고, 장사정 정밀타격분야 등 정보화시대에 부합되는 군사적 기술의 발전을 위하여 더욱 노력해야할 부분은 있지만, 이 분야를 국방개혁의 핵심적인 과제로 인식하여 노력해온 것만은 사실이라고 할 것이다.

④항 '합동 · 통합 · 연합성 강화'의 경우, 한국군은 한미연합사령부가 존재함으로 인하여 연합작전체제는 다른 어느 국가보다 발전 및 정착되어 있다. 유사시의 단일화된 지휘체제가 체계적으로 준비되어 있고, 연합작전을 전제로 한 단일화된 작전계획을 작성하고 있으며, 연례적으로 수차례의 대규모 연합훈련을 실시하고 있다. 그리고 정부기관 간의 통합에 있어서도 국가비상시를 대비한 세부적인 계획이 마련되어 있고, 주기적인 연습을 실시하고 있으며, 다방면에서 총력안보를 위한 체제를 발전시켜 왔다. 다만, 합동성의 경우에는 그 당위성에도 불구하고 아직까지 그 구현정도가 미흡한 것이 사실이다. 지금까지 합참의 기능을 강화하거나 합참의 기능과 각군본부의 기능을 효과적으로 분배하는 등의 구조 및 편성에만 집중한 나머지, 사고방식, 문화, 교리 등 근본적인 차원에서 합동성을 강화하기 위한 노력이 구체화되지 못하였기 때문이다. 합동성 강화를 위한 그 동안의 강조와 노력에도 불구하고 각 군종간의 불균형은 개선되지 않고 있고, 자군중심주의가 뿌리깊게 내재되어 있으며, 합동교리나 합동소요의 도출은 여전히 미흡하다. 정보화시대에는 합동성이 더욱 요구되고 있고, 이것이 보장되지 않을 경우 국가제부문의 통합이나 다른 국가군대와의 연합성도 보장되기 어렵다는 차원에서 합동성을 실질적으로 강화시키기 위한 열띤 토론, 희생적인 결단, 그리고 과감한 실천이 필요하다고 할 것이다.

⑤항 '전문성과 응집성'에 관해서 볼 때, 한국군의 국방개혁에서는 이러한 사항 자체가 중요한 의제로 포함되지 않을 정도로 관심이 낮았다. 그 동안 각군본부를 중심으로 하여 간부들의 전문성을 향상시키기 위한 다양한 노력을 기울인 것이 사실이지만 '민간 전문인력'의 활용이 주문되고 있을 정도로 자체의 전문성 미흡하다는 평가이고,

정보화시대의 요구에 부합되는 군대의 전문직업성(professionalism)을 정립하지 못하였으며, 전문성을 기준으로 자유롭게 충원 및 해임할 수 있는 제도적 발전도 미흡하다. 또한 국방개혁 2020에서도 "병영문화의 개선・발전"이 핵심적인 과제로 포함되어 있을 정도로 한국군의 응집성(cohesiveness)을 저해하고 있는 요소들이 적지 않게 존재하고 있다. 군대의 응집성을 향상시키기 위한 기본적인 사항은 상호간 존중하는 문화를 육성하고, 군인들의 생활여건을 개선하여 장병들의 사기를 고양할 수 있어야 하는데, 현실은 의료서비스 낙후, 생활여건의 열악, 잦은 이사로 인한 별거와 자녀교육문제 등이 누적되어 "아무리 첨단무기를 많이 보유한다고 하더라도 실질적인 전력증강효과는 상쇄될" 상황이다.[52] 이 부분의 개선은 상당한 재원, 노력, 시간이 투자되지 않고는 성공하기 어렵다는 점에서 더욱 문제가 심각하다. 그리고 최근 들어서는 작전통제권 문제나 북한 핵문제 등을 둘러싸고 예비역과 현역, 그리고 현역 간에도 보이지 않는 생각의 차이가 부각된 점이 있어서 실질적인 총체전력(total force)을 형성할 수 있는 조치가 요구되고 있다.

이런 점들을 종합할 때 한국군의 국방개혁에 있어서는 무엇보다 미래지향적인 군사작전 수행개념의 발전과 이에 근거한 일관성있고 근거있는 군사력 건설을 중시할 필요가 있다. 정치적 의제에서 벗어나 이 분야에 최우선적인 중점을 두고 국방개혁을 추진할 필요가 있다. 현대적인 군사이론에 대한 토의를 활성화하여 그 결과로써 한국적 상황과 여건에 부합되는 군사작전 수행개념을 정립하고, 이를 바탕으로 전력증강의 합리적 소요를 도출할 수 있어야 한다. 그러한 발전을 보장할 수 있는 체제를 건설하는 것이 중요한 개혁 조치가 될 수 있을 정도로 이 분야의 숙제는 많다.

효율성과 관련해서도 개혁 차원의 집중적인 노력이 필요하다. "국방개혁의 비전과 우선순위에 입각하여 전략적으로 자원을 배분해야 하고, 지출구조를 조정하여 효율성을 높이고, 효율성이 떨어지는 분

52) Ibid., pp. 153-161.

야에 대한 보다 강도 높은 구조조정을 통해 재정운용의 합리적 대안을 모색해야 한다."[53] 관리 분야에서부터 효율성을 보장함으로써 전력증강에 집중할 수 있도록 "군 내부의 자원관리 기능을 강화하고, 성과평가체계를 구축하여 활용하며, 민간부문에 상응하는 경쟁과 경영기법을 필요한 곳에 과감하게 도입하는 방안을 모색해야 한다. 국방정책/운용분야의 실효성 제고를 위해 시장원리를 도입, 확대하는 방안도 강구해야 한다."[54]

기술적 성과의 활용에 관해서도 외국과의 군사기술협력을 활성화함으로써 수요의 제한을 극복할 수 있어야 하고, 연구개발비를 증대시키는 가운데 그 효율성을 높일 수 있도록 연구개발의 질을 향상하고 고부가가치 핵심기술을 획득하는 데 중점을 둘 필요가 있다. 그리고 장사정 정밀무기 등을 비롯하여 최소한의 노력으로써 단기간에 적을 무력화시킬 수 있는 무기체계와 방식에 대한 비중을 높임으로써 약소국의 상대적 열세를 극복하고자 노력할 필요가 있다.

상부구조의 조정을 통하여 합동성을 보장할 수 있다는 단선적인 사고에서 벗어나 각군별로 조화 및 화합할 수 있는 분위기와 문화를 조성하고, 군종별 예산 및 인력의 균형을 개선할 수 있어야 하며, 자군중심주의를 해소시킬 수 있어야 한다. 합동 차원의 교리를 발전시키는 가운데, 합동교육을 활성화하는 등 '교리, 구조 및 편성, 무기 및 장비, 교육훈련, 인적자원, 시설'의 모든 전투발전 분야에 걸쳐 합동성을 동시에 강화하는 것이 요구된다.

그리고 다소 시간이 걸릴 수는 있지만, 가장 근본적인 군대의 개혁은 군대의 전문성을 향상하는 것이라는 사실을 유념하여 양성교육, 재교육, 자기계발의 프로그램을 시대에 맞도록 체계화 및 발전시키고, 정보화시대에 부합되는 군대의 전문직업성을 보장할 필요가 있다. 군대의 응집성을 향상시키기 위하여 상호존중의 문화를 생활화시키고, 모든 군인들의 주인의식과 사기를 고양할 수 있도록 전투력 향

---

53) 백재옥, "국방개혁 2020안 효율성 제고를 위한 과제," p. 16.

54) Ibid., p. 21

상 차원에서 군인들의 생활향상을 보장하고자 노력할 필요가 있다.

'정보화시대' 국방개혁의 방향

정보화시대의 효과적인 개혁에 관하여 제2장에서는, <*① 정보 및 정보기술의 적극적 활용 ② 개혁의 적시성 ③ 개혁의 포괄성 ④ 전문가 중심 개혁*>을 강조하였다. 그리고 이번 미국의 군사변혁은 정보화시대가 요구하는 개혁의 내용과 방법에 상당히 근접하였고, 특히 개혁의 신속한 추진을 통하여 적시성을 강화하고 전반적인 분야에서 정보 및 정보기술의 이점을 극대화하였다고 평가하였다.

이러한 사항을 한국군에 대입해 보면, 당위성 차원에서 정보기술의 중요성은 충분히 강조되었으나 현재 추진되고 있는 국방개혁 2020의 경우에서 나타나고 있듯이 이것을 실제적으로 구현하기 위한 노력은 미흡한 것으로 평가되고, 개혁의 적시성, 포괄성, 전문가의 활용 측면에서도 전반적으로 미흡한 점이 있다고 판단된다.

①항 '정보 및 정보기술의 적극 활용'의 경우, 한국군은 90년대 후반부터 미군의 RMA에 자극받아 국방부에 군사혁신기획단을 설치하여 수년간 연구를 실시하였고, '작지만 강한 군대'라는 슬로건으로 정보화시대에 부합되는 군대로의 발전을 위한 종합적인 청사진을 제시하기도 하였다.[55] 그러나 국방개혁 2020에는 "정보화"라는 용어 자체가 거의 사용되고 있지 않고, 정보기술을 통한 네트워크화나 첨단 무기체계의 발전에 관한 방향도 언급되어 있지 않다. 그리고 국방부에서도 네트워크를 통한 부대 간의 연결이 정보화의 대부분인 것으로 제한적인 범위로 인식하여 접근하고 있는 실정이다.[56] 따라서 세계적으로 정보화시대가 상당부분 진행되고 있고, 미군을 비롯한 외국 군

---

55) 국방부, 『한국적 군사혁신의 비전과 방책』(서울: 국방부, 2003).

56) 정보화의 핵심은 연결된 상태를 활용하여 자료나 정보를 모든 사람들이 활발하게 공유하는 것이다. 그러나 국방부에서 발표한 『국방정보화정책서: 국방정보화비전 2022』에 의하면 국방부는 부대와 관련요소들을 네트워크로 연결하는 것에 치중하여 정보의 실시간 공유를 어떻게 보장할 것인가에 관한 사항은 그다지 언급하고 있지 않다. 국방부, 『국방정보화정책서: 국방정보화 비전 2022』(서울: 국방부, 2006). 현재 모든 간부들이 국방망을 통하여 연결되어 있지만, 정보의 공유나 교환을 위하여 활용하는 정도는 매우 낮은 것도 연결에만 치중하여 정보화를 인식하는 경향 때문이다.

대는 이의 이점을 적극적으로 수용하고 있는 상황이지만, 한국군의 경우에는 여전히 구호와 주문에 그치고 있는 상태라고 할 수 있다.

②항 '개혁의 적시성'에 관해서 볼 때, 국방개혁 2020이 지향하고 있는 바와 같이 14-15년 정도의 기간에 걸쳐 개혁을 시행하겠다는 것은 정보화시대에 적절하지 않고, 지금 당장은 개혁하지 않겠다는 것과 유사할 수 있다. 상황과 패러다임이 급속하게 변화하는 시대에 14-15년 정도 후의 모습을 설정하여 개혁을 추진한다는 것은 비현실적이고, 그 과정에서 상황이 달라지면 변화가 중지되거나 변화의 방향이 변경될 가능성이 크기 때문이다. 현재 국방개혁 2020에 포함되어 있는 대부분의 목표들이 2020년 가까이에 가서야 구현하도록 되어 있다는 측면에서 본다면 그 적시성은 더욱 떨어진다. 지금의 상황에서 변화가 필요하다고 판단하였음에도 먼 미래까지 기다려 이를 구현한다는 것은 논리적이지 못하다. 변화를 위하여 고려해야할 사항이 더욱 많은 미군이 8개월 정도에 변혁의 기본방향을 정립하고 시행에 착수한 것과 비교하면 국방개혁법을 준비하는 데 2년여를 소모한 것 자체가 국방개혁의 적시성이 중요하다는 시대적 요구를 충분히 인식하지 못한 것으로 판단된다. 국방개혁법이 발효되고 있는 지금도 변화의 가시성이 높지 않은 것을 보면 더욱 그러하다.

③항 '개혁의 포괄성' 측면에서도 시정되어야할 부분이 많다. 앞에서도 살핀 바와 같이 한국군의 국방개혁은 주로 구조 및 편성의 변화에 중점을 두어 추진되었는데, 이렇게 할 경우 구성원간의 갈등만 일으키면서 실제 구현이 어려워질 수 있고, 구현된다고 하더라도 기대되는 성과를 거두기는 어렵다. 시대적 변화에 효과적으로 대응하기 위해서는 '교리, 구조 및 편성, 무기 및 장비, 교육훈련, 인적자원, 시설'이라는 전투발전 분야 전체에 걸쳐 변화가 동시에 시행되어야할 뿐만 아니라, 정보화시대의 패러다임에 부합되도록 문화와 사고방식을 근본적으로 변화시키고자 노력할 필요가 있다.

④항 '전문가 중심 개혁'의 경우에도, 지금까지 대부분의 국방개혁에서는 순환근무를 하는 야전요원을 중심으로 국방개혁을 위한 실무

기구를 구성하고 이들로 하여금 개혁의 청사진과 추진계획을 수립하도록 하였다는 점에서, 시대가 요구하는 전문적인 내용이 충분하게 반영되었다고 보기는 어렵다. 국방개혁 2020을 보면 개혁의 중점 자체에 정보화에 관한 사항이 포함되지도 않았지만, 그러한 분야에 관한 전문지식을 구비한 요원의 참여도 매우 제한되었다. 정보화시대 군대로의 변모를 위한 청사진을 마련하기 위하여 1999년에 국방부에 '군사혁신기획단'을 편성하였고 그 분야에 대한 군내 전문가들을 총동원한 적이 있었지만, 그러한 노력이 계승되거나 참여했던 전문가들이 발탁된 경우는 매우 제한된다.

이렇게 볼 때 한국군의 국방개혁은 정보화시대의 변화를 제대로 수용하였다고 보기 어렵고, 이러한 측면에서는 현재 시행하고 있는 국방개혁 2020의 경우에도 보완되어야할 분야가 적지 않다. 정보화시대에는 정보 및 정보기술의 활용 이외에 국방개혁의 내용은 과거와 유사할 수 있지만, 방법상에서는 속도, 범위, 깊이가 상당히 증대되어야 한다는 점을 유념하고 반영할 필요가 있다.

저항과 비판의 관리

현재를 부정하는 가운데 새로운 방향으로 변화시키고자 하는 것이 개혁이기 때문에 그러한 현재에 관여하고 있었던 구성원들이 개혁에 관하여 저항하거나 비판하는 것은 당연한 현상이다. 그리고 이러한 저항과 비판은 극복해야할 대상이기도 하지만, 제대로 수용할 경우에는 장기적인 차원에서 개혁이 올바른 방향으로 추진되도록 하는 자극제가 될 수도 있다.

럼스펠드 장관이 추진한 변혁의 경우 육군을 중심으로 한 군 수뇌부와 국방부의 관료집단을 중심으로 하여 저항과 비판이 발생하였으나, 9/11 테러로 인하여 국가적 위기상황이 조성되고 후속된 대테러전쟁의 성공적 수행에 의하여 럼스펠드 장관의 국민적 인기가 상승함에 따라 변혁에 대한 저항과 비판은 영향을 미칠 만큼 표면화되지 못하였다. 다만, 부분적인 유연성에도 불구하고 근본적으로 럼스펠드 장관은 저항과 비판을 정면돌파하는 방식을 선택하였기 때문에, 미군의 변혁 자체는 신속하면서도 포괄적으로 진행될 수 있었지만 주변의 반감은 증대되어 이라크에서 상황이 악화되자 럼스펠드 장관은 사임하지 않을 수 없게 되었고, 이로써 변혁의 지속력도 약화되는 결과를 초래하게 되었다. 즉 럼스펠드 장관은 단기적인 시각에서는 저항과 비판을 적절하게 통제하였으나 장기적인 차원에서는 그러한 것들을 잘 활용하여 긍정적인 결과를 산출하는 데는 실패하였다고 할 수 있다.

전통적으로 한국군의 군지도자들도 저항과 비판을 설득하거나 수용하는 것보다는 이들을 억제하거나 회피함으로써 개혁을 신속하게 추진하는 것을 중시하는 경향을 보여 왔다. 그렇기 때문에 국방개혁 계획은 소수의 정예요원에 의하여 밀실에서 작성되는 것이 대부분이었고, 의견의 수렴도 고급 지휘관들을 중심으로 한 선별된 소수를 대상으로 실시되었으며, 저항과 비판이 발생하기 전에 국방개혁의 추진과 그 방향을 기정사실화하는 것을 중시하였다. 공감대도 확산시키지만 비판도 야기시킬 수 있는 평문을 통한 확대된 공개보다는, 공감대 형성에는 불리하지만 비판을 최소화할 수 있는 비밀문서의 형태로 세부계획을 전파하는 것을 선호하였다. 상명하복의 강한 전통을 바탕으로 하여 시행되기도 전에 비판하기보다는 시행해보고 나서 문제점을 발굴하여 건의하는 태도를 권장하였다. 따라서 대부분의 국방개혁은 저항과 비판이라는 시험대를 거치지 않은 채 구현단계로 진행되는 경향을 보여 왔다.

광범하거나 조직적이라고 보기는 어렵지만 국방개혁 2020의 경우에도 부분적으로 저항과 비판이 발생하였다. 이것들은 "협력적 자주국방"이라는 정치적 의제에 대한 견해차에서 비롯된 것으로서, 국방개혁 내용에 관한 긍정적인 토론을 유도할 정도로 발전되지는 못한 것으로 판단된다. 또한 상명하복의 지휘관계가 확실한 군 내부에서는 부정적 견해를 표명하기 어려웠고, 신문이나 집회 등을 통하여 예비역들을 중심으로 비판 의견이 제기되는 정도에 그침에 따라 그 영향력도 제한되었다. 특히 정치적 의제에 대한 견해차가 컸기 때문에 대립이 불가피하였고, 제대로 존중되거나 수렴되지 못하였다.

국방개혁 2020에 관한 공식적인 저항과 비판은 국방개혁법을 심의하는 과정에서 국회에서 제기되었다. 이 역시 "협력적 자주국방"에 관한 견해차를 바탕으로 야당에서 제기한 것으로서, 타협보다는 대립적인 분위기가 지배하였고, 그 결과로 2006년 2월 16일 상정된 국방개혁법은 여야 간의 공방에 의하여 수개월을 지체하다가 그의 주창자인 윤장관이 이임한 후인 12월 1일에 국회를 겨우 통과하게 되었다. 국방분야에 종사한 경험이 있는 야당의원들이 "원칙적으로 찬성"하면서도 병력의 규모나 감축의 일정 등 시행의 세부적인 사항에 관하여 융통성을 증대시킬 것을 요구하거나,[57] 국방개혁 2020이 지니는 위험을 제기하기는 하였으나[58] 전반적인 내용에 관한 진지한 토의나 보완에는 이르지 못하였다.

국방개혁 2020의 내용에 관한 전문가들의 비판은 부분적인 경우 이외에는 전반적으로는 억제되었다고 할 수 있다. 정치적 의제가 중심이 되어 추진되는 국방개혁에 관하여 공식적인 비판을 제기하기가 어려운 상황이었고, 자유로운 토론을 보장할 분위기가 형성되지 못하였을 뿐만 아니라 국방개혁의 세부적이거나 구체적인 내용도 충분히 공개되지 못하였기 때문이다. 전문가들의 의견은 국회 청문회에서 제시되는 정도였는데, 일부 시민단체 대표는 병력을 더욱 감소시킬 것을 요구하기도 하였지만,[59] 국책연구소 및 교육기관의 전문가들은 대체적인 방향에 관해서는 동의하는 가운데 "대체전력을 미처 확보하지 못한 상황에서 병력감축이 시행"될 경우 발생할 위험성을 경고하거나,[60] 전시작전통제권 전환이나 북한의 핵개발로 인한 예산 소요가

---

57) 송영선, "국회기본법 특위 참고자료," (2006. 4. 28). Available: http://www.songyoungsun.com (검색일: 2007. 11. 7).

58) 황진하 의원은 미 랜드 연구소의 Bennett 박사에게 의뢰한 연구용역을 활용하여 미래에 전개될 다양한 위협에 대한 대응 능력 필요, 소요되는 예산 확보의 곤란성, 병력 확보의 어려움 등을 지적하고 있다. Bruce W. Bennett, *A Brief Analysis of the Republic of Korea's Defense Reform* (Santa Monica, CA: Rand, 2006) 참조.

59) 이태호, "국방개혁 2020 및 국방개혁기본법 관련 국회 국방위 공청회 진술서," 『국방개혁 2020(안)에 관한 공청회』(국회국방위원회, 2006. 4. 18).

증대되는 상황에서의 예산확보의 어려움을 우려하는[61] 수준에 그쳤다.

국방개혁의 진정한 성공을 위해서는 저항이나 비판을 회피 및 억제하기보다는 개혁의 타당성과 질을 향상시키는 방편으로 적극적으로 활용할 필요가 있다. 이를 위해서는 무엇보다 개혁의 주체들이 저항과 비판에 대하여 열린 마음을 지녀야 하고, 정치적 의제보다는 군대의 준비태세 향상이라는 순수한 주제가 개혁의 핵심내용이 되어야 하며, 개혁에 관한 기본적인 방향 및 세부사항이 적극적으로 공개됨으로써 비판이 가능하도록 해야 하고, 통과의례로 간주하는 대신에 제기된 비판을 적극적으로 수용하고자 노력할 필요가 있다. 특히 저항이나 비판을 억제시키거나 정치적 타결에 노력하거나 정면돌파할 경우에는 우선의 개혁 추진에는 편리할 수 있으나 장기적으로는 국방개혁의 지속을 보장할 수 없다는 사실을 인식할 필요가 있다. 저항과 비판을 슬기롭게 극복하는 과정을 통하여 국방개혁에 대한 공감대를 확산시키고 동의를 획득할 수 있어야 하고, 저항과 비판은 당시에는 쓰지만 장기적으로는 유익한 약과 같다는 점을 유념할 필요가 있다. 그럼에도 불구하고 진정으로 옳다고 판단하였을 경우에는 어떠한 저항과 비판에도 불구하고 추진해 나가는 단호한 의지와 열정이 필수적임은 말할 필요도 없다.

2. 국방개혁의 방법론 측면

제2장에서는 국방개혁의 방법론과 관련된 핵심적인 몇 가지 요소를 기준으로 하여 5가지의 모형을 설정하여 분석하였다. 개혁의 주도요소에 관하여 상황과 지도자, 개혁의 추진방향에 관하여 하향식 개혁과 상향식 개혁, 변화의 정도에 관하여 혁명적 변화와 개혁, 개혁추진을 위한 정책결정 방식에 관하여 합리적 모형과 점증형 모형, 그

60) 김훈배, “국방개혁에 관한 소고,” 『국방개혁 2020(안)에 관한 공청회』(국회국방위원회, 2006. 4. 18), p. 52.

61) 홍관희, “국방개혁(법안)에 대한 평가 · 분석,” 『국방개혁 2020(안)에 관한 공청회』(국회국방위원회, 2006. 4. 18), p. 81.

리고 소요도출의 기준에 관해서는 위협기반 국방기획과 능력기반 국방기획을 대비시켜 분석하였다. 이러한 모형을 미국의 군사변혁에 대입한 결과를 참고로 하면서 제2장에서 제시한 모형이 한국 국방개혁에 관하여 지니는 함의를 분석해보면 다음과 같다.

주도 요소

국방개혁의 주도 요소에 관한 모형의 핵심사항은 상황과 리더 중에서 어느 부분의 비중이 커야하는가가 아니라 어떻게 조화를 달성할 것인가이다. 이런 점에서 미군 변혁의 경우 전체적인 측면에서 상황과 인물이 적절하게 조화를 이루는 가운데, 럼스펠드 국방장관을 비롯한 군 수뇌부, 특히 럼스펠드 장관의 개인적 추진력이 견인차적인 역할을 수행한 것으로 분석되었다. 변혁을 추진하는 속도와 집중력에 있어서 럼스펠드 장관은 다른 어떤 장관도 흉내낼 수 없는 리더십을 발휘하였고, 이로 인하여 대테러전을 수행하는 가운데서도 괄목할 정도로 미군을 변화시켰다.

한국군의 경우에는 국제적 환경, 북한 요인, 국내적 여건, 기술적 발전 정도를 고려할 때 개혁을 위한 상황적 요구는 지속적으로 증대되고 있고, 이전의 국방개혁을 통하여 해결하지 못한 문제점들이 산적해 있는 상태이기 때문에 개혁을 위한 여건은 충분히 성숙된 상태라고 할 수 있다. 그렇기 때문에 한국의 국방개혁이 부진한 것은 그러한 상황을 실제적인 변화로 제대로 연결시킬 수 있는 의지와 역량을 구비한 인물이 존재하지 않았거나 존재하기 어려운 여건에 기인한다고 할 수 있다. 개혁을 완수할 수 있는 충분한 기간이 대부분의 국방장관들에게 주어지지 않았다는 점에서 보면 잘못된 인사관행의 폐해가 핵심적인 원인일 수도 있다.

이러한 점에서 국방개혁의 성공을 위해서는 국방장관을 비롯한 군 수뇌부들의 임기를 충분하게 보장하고, 이들이 소신있게 근무할 수 있는 여건을 조성해주는 것이 최우선시 되어야 한다. 그런 다음에 국방분야의 개혁을 구상하고 추진할 수 있는 적임자를 임명하여야

할 것이다. 그것이 불가능하다면 박정희 대통령처럼 국가지도자가 직접 국방개혁을 주도하거나, 국방개혁을 위한 상설의 전문기구를 설치하여 충분한 신분보장과 책임/권한을 부여함으로써 장관의 임기와 상관없이 개혁을 주도하도록 보장하는 수밖에 없다.

다만, 한국의 눈부신 경제성장이나 미국의 군사변혁 사례를 통하여 알 수 있듯이 의지와 역량이 충만한 지도자는 불리한 여건이 존재하더라도 이를 극복하면서 개혁을 추진해 나간다. 국방분야의 발전을 위한 열정과 사명감으로 충만한 간부들이 대부분인데도 불구하고 국방개혁을 성공시키지 못하고, 그들을 방관자나 무언의 비판자로 만들어 국방개혁의 지속을 보장하지 못한 것은 국방장관 및 군 수뇌부들의 리더십이 미흡한 탓이기도 하다. 군대의 장기적인 발전보다는 개인적인 야심이나 이해를 우선시하거나, 개혁을 추진함으로써 비난받는 것보다는 '대과없는' 임기 종료를 선호해온 경향이 존재하지 않다고 보기는 어렵다.

따라서 상황과 여건을 탓하기 전에 국방장관 및 군 수뇌부들은 임기가 계속되는 기간 동안 헌신과 열정으로서 국방개혁을 추진하는 데 최선을 다한다는 자세를 지닐 필요가 있다. 임기가 중간에 중단될 수도 있다는 현실을 충분히 감안하여 개혁계획을 작성하고, 신속하고 정확한 개혁 추진으로 시간적인 효율성을 극대화하며, 실제적인 구현과 집행에 적극적으로 개입하여 불필요한 지체를 최소화하고, 짧은 시간이지만 확고한 공감대를 형성함으로써 후임자에게 자연스럽게 계승하게 되는 조건을 형성할 수 있어야 한다. 그리고 군사전문교육을 강화하고 군사이론과 국방개혁에 관한 광범한 토론과 연구를 장려함으로써 어떤 사람이 국방장관이나 군수뇌로 임명되더라도 유사한 방향으로 국방개혁을 추진하게 되도록 군대 전체의 안목을 향상시키고 일치시킬 필요가 있다.

추진 방향

대부분의 개혁사례에서는 상향식 개혁과 하향식 개혁이 병존하고,

개혁의 성공을 위해서는 지도자의 역량이나 여건에 부합되도록 이들의 비중을 적절하게 조정하고 조화시킬 필요가 있다. 심장의 힘을 통하여 개혁이라는 피를 모든 세포에게 전달함과 동시에 정맥을 통하여 각 세포의 건의를 수렴해야 한다고 할 수 있다. 그리고 미국의 군사변혁도 기본적으로는 럼스펠드 장관의 강한 추진력을 바탕으로 철저한 하향식 개혁으로 추구되면서, 군대 조직 자체가 내포하고 있는 특성이라고 할 수 있는 상향식 의견수렴이 병행되는 방식으로 추진되었다고 할 수 있다.

한국의 경우에도 대부분의 국방개혁은 하향식으로 시행되었다. 그러나 국방부에서 개혁을 위한 목표, 방향, 과제를 정립하여 지시하는데 너무나 많은 시간을 사용함으로써 개혁의 기세를 상실한 점이 많았고, 모든 제대와 장병들에게까지 철저하게 전파되지 못하고 중간의 특정한 제대에서 멈추어 실제적인 확산은 광범하거나 철저하지 못하였다. 국방부나 각군본부 수준에서는 상당한 변화가 발생한 것으로 인식하였지만, 실제적으로 발생한 변화는 제한적인 경우가 많았다. 김영삼 정부 시절에는 의도적으로 상향식 의견수렴을 시도한 적도 있으나 기대만큼 제기된 의견을 실제로 구현하거나 시정하지는 못하였다. 대부분의 국방개혁들이 성공적인 결과를 달성하지 못하였다는 점에서 하향식 개혁과 상향식 개혁으로 구분하여 분석한다는 것 자체가 그다지 큰 의미를 갖지 않는다.

국방개혁을 위한 상황 및 과제가 누적된 상태에서 신속하고 일관성있는 변화를 추진하기 위해서는 하향식 개혁에 중점을 둘 수밖에 없고, 정보화시대에 접어들면서 이러한 점은 더욱 강조되고 있다. 속도와 일관성이 점진성이나 다양성보다 더욱 중요시되는 상황이기 때문이다. 다만, 이 경우에 하급제대와의 원활한 의사소통에 더욱 주의를 기울임으로써 독선적인 국방개혁이 되지 않도록 노력할 필요가 있다. 또한 국방개혁의 목표, 방향, 과제를 정립하는 데 지나친 시간을 낭비하지 않도록 논의의 효율성을 보장하고, 현실성없는 미사여구가 아닌 목표, 방향, 과제의 실질성을 중요시할 수 있어야 한다.

하향식 개혁의 성공을 위해서는 국방부장관을 비롯한 군 수뇌부들의 역할이 무엇보다 중요해진다. 국방장관은 스스로부터 국방개혁을 위한 강력한 의지와 명확한 소신을 구비한 바탕 위에서, 국방개혁의 추진에 적절한 요원들로 군 수뇌부를 구성하거나 기존의 군 수뇌부들을 설득함으로써 군 수뇌부들을 개혁의 주도세력으로 전환시킬 수 있어야 한다. 이로써 국방장관을 비롯한 모든 군 수뇌부들은 국방개혁을 성공시켜야겠다는 의지와 사명감을 바탕으로 단결하고, 자신들이 담당하고 있는 조직의 이해를 벗어나서 전체 군대 차원에서 사고하며, 집중적이면서 허심탄회한 토의를 통하여 국방개혁에 관한 인식을 통일시키고, 구현을 위한 체계적이면서 현실적인 전략을 정립할 수 있어야 한다. 국방개혁을 위한 명확한 주체를 형성하는 것은 하향식 개혁의 최우선적인 과업이고, 국방개혁 성공의 관건이라고 할 수 있다.

나아가 국방장관과 군 수뇌부들은 국방개혁에 관한 명확한 방향과 계획을 제시함으로써 예하 지휘관 및 장병들의 일사불란한 시행을 요구하고, 추가적인 지침이나 세부계획을 지속적으로 하달하여 구체적인 구현을 보장하며, 실천의 정도를 수시로 정확하게 파악하고, 필요한 경우에는 현장에서 즉각적인 조치를 통하여 진전되는 사항을 수정 및 보완함으로써 적시성을 보장할 필요가 있다. 고급 제대를 중심으로 개혁추진 현황을 보고받는 데서 만족하지 않고 현장을 확인함으로써 국방개혁의 방향과 지침이 모든 제대에까지 침투되도록 보장할 필요가 있다. 개혁이라는 피가 심장에서 시작하여 모든 세포에까지 골고루 침투되고 각 세포의 의견이 정맥을 통하여 수렴되는 체제가 정립될 때 실제적인 개혁이 추진되고 있다고 할 수 있다.

변화의 정도

통상적인 상태보다 더욱 의도적이거나 집중적인 변화를 추구하는 노력 중에서 변화의 정도가 큰 것이 '혁명적 변화'이고, 그 보다 온건한 것은 '개혁'인데, '혁명'이 주는 부정적 어감으로 인하여 대부분은

'개혁'이라는 용어를 사용하지만 그 당시의 상황이나 개혁을 추진하는 주도세력의 의지와 역량에 따라 그 실제적인 변화의 속도와 범위는 매우 다양하다. '혁명적 변화'에 해당하는 변화를 추구하는 경우도 있고, 통상적인 발전에 국한되는 경우도 있다. 실제로 미군이 최근에 추진한 변혁(transformation)은 통상적인 개혁보다는 훨씬 짧은 기간에 큰 폭의 변화를 추구 및 달성함으로써 '혁명적 변화'에 가까웠다고 평가할 수 있다.

미국 군사변혁의 전신이라고 할 수 있는 군사분야 "혁명"("Revolution" in Military Affairs)을 군사"혁신"으로 번역한 것에서도 알 수 있듯이, 5.16 군사혁명의 경험과 공산주의 혁명에 대한 경계심으로 인하여 한국에는 '혁명'이란 용어를 사용하거나 '혁명적 변화'를 강조하는 것이 쉽지 않고, 따라서 대부분의 국방개혁은 단기간의 대폭적인 변화보다는 장기간의 점진적인 변화를 추구하였다. 준비하는 데 2년이 소요되고 14-15년에 걸쳐 구현하겠다는 국방개혁 2020을 '개혁'이라고 부르는 데 대하여 의문을 제기하는 사람은 거의 없다. 그러나 현재 상태가 잘못되었다는 문제의식을 바탕으로 시급한 시정을 추진하는 것이 개혁이라는 원론적 입장에서 보면, 그 정도로 긴 기간에 걸친 변화는 통상적인 발전에 불과하거나 지금은 개혁하지 않겠다는 것과 다르지 않다. 실제로 그러한 속도와 범위의 변화를 추구하였기 때문에 한국 국방개혁의 대부분은 성공적인 결과를 달성하지 못하였다고 할 수 있다.

국방개혁을 통하여 진정으로 어떠한 결과를 달성하고자 한다면 한국은 급속하고 대폭적인 변화에 대한 거부감에서 벗어날 필요가 있다. 개혁 자체가 의도적이고 집중적인 변화가 필요하여 제기된 것일 뿐만 아니라, 개혁해야할 과제가 산적해있고 변화의 속도가 빠른 현대에서는 더욱 신속하고 대폭적인 변화가 필수적이다. 급속한 변화에 따른 부작용이 두려워 시행을 미루거나 주저한다면 국방개혁은 절대로 성공할 수 없다. 80 정도의 힘을 주어야 부러지는 나무에 대하여 60 정도의 힘으로 수 십 번 시도해봐야 부러지지 않는 것과 같이, 개혁을 위해서는 현상을 휘저어 새로운 방향으로의 전반적인 변화를 불가피하게 하는 급속하고 대폭적인 변화가 선행될 필요가 있다. 강력한 추진력을 바탕으로 상당한 정도의 변화를 추구한 다음에 그에 따른 문제점을 보완하거나 시행착오를 정리하는 방식, 즉 '先변화 後정리'의 방식이 필요하다. 다소의 문제점이 수반되더라도 필요한 변화를 신속하게 초래하고 나서 그 문제점을 보완하는 방식이, 부작용을 최소화하는 데 집착하여 신중하게 접근한 결과 변화 자체를 야기시키지 못하는 방식보다는 훨씬 실질적이라는 것이다. 지금까지의 한국 국방개혁이 후자에 치중한 결과 실제적인 성과를 달성하는 데 실패하였다면 더욱 전자의 방식을 강화시킬 필요가 있다.

급속하고 대폭적인 변화라는 것도 사후에 종합적으로 평가하니까 그런 것이지 과정 자체에서도 급속하게 느껴지는 것은 아니다. 모든 구성원들이 나눠서 노력하면 실제로는 그다지 혼란스럽거나 불안한 것도 아니다. 구상원들이 변화를 기대하고 있음에도 변화를 위한 계기를 부여하지 않는 것이 오히려 불안할 수 있다. 어떤 개인이 이룩한 놀랄만한 결과만을 보고 다른 사람들은 불철주야 쉬지 않고 노력한 특별한 성과로 미화하지만 정작 본인은 단순히 게으름피지 않고 열심히 노력한 것일 뿐인 경우에 비유할 수 있다. 변화의 기본 방향을 신속하게 확정하여 예하부대에 하달하고 모든 제대 및 구성원들이 각자의 담당분야에서 개혁해야할 내용을 찾아서 노력하면 짧은 시간에도 놀랄 정도의 성과로 종합되고, 후세에서는 '급속하고 대폭적인 변화'를 달성하였다고 평가하게 된다. 한국군과 같이 사명감과 열정으로 뭉쳐진 간부들을 보유하고 있는 군대의 경우에는 그러할 가능성이 더욱 크다. 이런 점에서 개혁이 "혁명적 결과에 이르는 진화적 변화"[62]라고 한 미 육군성 장관 하비 박사의 말은 음미할 가치가 있다고 판단된다.

62) Franscis J. Harvey, "A Letter to the Soldiers of the United States Army," (January 2005). Available: http:www.army.mil/leaders/leaders/sa/messages/2005Feb21.html. (검색일: 2007. 1. 4).

정책결정 방식

정책결정 방식에 관한 모형은 목표를 기준으로 하여 제반 조치들의 논리성을 최우선시하는 합리적 모형과 좋은 방향으로 조금씩 개선해나가면 결국은 전체적으로 올바른 방향으로 변화하게 된다는 점증적 모형 간의 선택이라고 할 수 있는데, 제2장에서 개혁은 근본적으로 합리적 모형에 가깝다고 분석하였다. 그리고 미국의 군사변혁은 합리적 모형의 전형으로 평가될 수 있고, 럼스펠드 장관을 비롯한 변혁의 추진세력들이 합리적 모형의 성공에 필요한 긴박감과 통찰력을 구비하였기 때문에 요망한 결과를 달성하였다고 분석하였다. 다만, 미군의 경우에도 변혁의 성과가 가시화되면서 합리적 모형에서부터 점증적 모형으로 전환되는 양상을 띠게 되었고, 부시행정부 제2기에 들어서면 점증적 모형에 의해 추진되는 부분이 더욱 많아졌다고 분석하였다.

한국군의 경우에는 군사력의 소요를 도출하여 획득하는 기본적 절차라고 할 수 있는 국방기획관리제도 자체가 합리적 모형에 근거하여 정립된 것이고,[63] 지금까지 추진한 대부분의 국방개혁에서도 주어진 상황을 분석하고 그에 대응할 수 있는 최선의 대안을 판별하여 추진하는 방식을 선호함으로써 합리적 모형에 충실하여 왔다. 다만, 그러한 분석과 판별에 지나치게 많은 시간을 소모하였고, 자원의 가용성을 충분히 고려하지 않은 상태에서 최선의 대안을 판별함에 따라 실제적인 구현에는 이르지 못하였고, 결국 국방개혁은 주기적으로 추진되었지만 실제적인 한국의 국방은 관성적인 발전에 지배되어 왔다고 할 수 있다. 즉 논리상으로는 합리적 모형을 선택하였지만, 실제로는 무의식적이면서 '질이 높지 않은'(방향의 타당성을 확신한 상태에서 점증적 변화가 발생하는 것이 아니고, 시간의 흐름과 관성에 따라 변화가 일어나기 때문에 그 방향의 타당성이 낮을 수밖에 없다)

63) 국방기획관리는 "국방목표를 설계하고 설계된 국방목표를 달성할 수 있도록 최선의 방법을 선택하여 보자 합리적으로 자원을 배분·운영함으로써 국방의 기능을 극대화시키는 관리활동"이라고 정의되어 있어 합리적 모형의 전형이다. 국방부, 『국방기획관리기본규정』(서울: 국방부, 2006), p. 4.

점증적 모형에 의하여 국방이 변화되는 결과가 되었다고 할 수 있다.

국방개혁을 성공적으로 수행하려면 기본적으로는 합리적 모형을 채택할 수밖에 없다. 변화를 요구하는 상황의 절박성이 크거나, 요망하는 변화의 정도가 클수록 합리적 모형에 충실할 필요가 큰데, 현재 한국군이 처한 상황은 위의 두 가지 모두에 해당된다. 국제적 안보환경, 북한의 상황, 국내 여건, 기술적 측면 등을 고려할 때 한국의 국방개혁은 절대적으로 필요하고, 그것도 매우 신속하면서도 큰 폭의 변화일 필요가 있다. 따라서 우선은 합리적 모형을 적용하여 국방개혁의 미래지향적인 목표를 명확하게 제시하고, 그러한 목표 달성을 위한 체계적인 계획을 수립하며, 이의 구현을 위한 긴박감과 통찰력을 구비한 지도자나 주도세력을 확보하고, 신속하면서도 포괄적인 변화를 추진하며, 최초의 목표나 계획과 추진의 내용을 지속적으로 비교하면서 수정 및 보완해 나갈 필요가 있다.

합리적 모형의 단점이라고 할 수 있는 "비현실성"을 감소시키기 위하여 전반적 및 근본적인 사항이거나 집중적인 노력이 필요한 분야에 관해서는 합리적 모형을 채택하고, 그렇지 않은 분야에 관해서는 점증적 모형을 적용하는 방식도 고려할 수 있다. 국방개혁에 관하여 집중과 절약을 조화시키는 방식이라고 할 수 있는데, 절대적으로 필요한 분야에서는 급속하거나 근본적인 변화를 추구하고, 그렇지 않은 분야에서는 변화의 속도와 범위를 완화시켜 나감으로써 이상과 현실을 동시에 충족시킬 수 있다. 국방개혁을 위한 기간과 자원이 제한되는 경우에는 개혁의 범위를 좁게 한정함으로써 조기에 최선의 대안을 발견하여 변화를 도모한 상태에서, 나머지 분야에서는 점증적 발전을 도모함으로써 위험을 최소화하는 방식도 고려할 수 있다.

소요도출 기준

소요도출의 방식에 관한 모형은 대두된 '위협'에 효과적으로 대응할 수 있는 방향으로 군사력을 증강할 것인가, 아니면 어떠한 위협이 대두되더라도 효과적으로 대응할 수 있는 우리의 '능력'을 구비하는 데 중점을 둘 것이냐에 관한 선택이다. 미국의 군사변혁은 공식적으로나 실제적으로도 후자의 능력기반 국방기획을 선택하여 미래의 불확실성과 다양한 위협에 대한 대처를 강조하였고, 이것은 미국 군사변혁의 핵심 요소로 간주되었을 뿐만 아니라 과거 미군이 적용해오던 방식과 구별되는 뚜렷한 특징을 형성하였다.

한국의 경우에는 휴전이라는 법적 상태와 휴전선을 통한 대치라는 현실로 인하여 위협기반 국방기획이 뿌리 깊게 정착되어 있다. 군사적인 모든 분석에 있어서 첫 번째 항목은 주변정세나 위협에 대한 평가이듯이, 위협을 분석하고 이에 따른 대응책을 강구하는 것은 한국군에서는 절대적으로 타당한 과정으로 인식되어 있다. 한국군의 간부들이 미군들이 적용하고 있는 능력기반 국방기획의 개념을 명확하게 이해하는 데 상당한 어려움을 느끼고 있는 것에서 알 수 있듯이 능력기반의 국방기획은 개념 자체가 생소하다.

그러나 한국이 앞으로 직면하게 될 위협은 과거에 비해서 더욱 다양해지거나 불확실해질 것으로 전망되고 있다. 주변국들의 군사력 증강 추세를 볼 때 한국에 대한 그들의 직접적인 영향이 증대될 것으로 예상되어 이에 대한 대비가 필요해 지고 있는 상황이고, 북한의 경우에는 핵실험을 계기로 전혀 다른 성격의 위협으로 전환되고 있다. 더구나 이러한 위협들의 성격, 규모, 내용이 점점 불확실해지고 있어 명확한 대응방향을 설정하기가 쉽지 않다. 따라서 지금까지 해오던 방식처럼 북한의 군사전략과 능력을 파악하여 이에 효과적으로 대처할 수 있는 방향으로 군사력 소요를 도출하여 증강할 경우에는 편협된 대비가 될 수 있고, 주변국으로부터의 예상하지 못한 위협이 대두될 경우 취약할 수 있다. 군사력 건설에는 상당한 선행기간이 필수적이어서 미래에 어떤 위협이 가시화된 후에 대비하고자 하면 늦을 수 있다는 점에서, 다양한 위협에 대응할 수 있는 방향으로의 소요도출은 지금부터도 가미할 필요가 있을 수 있다.

그럼에도 불구하고 북한의 위협이 워낙 직접적이고 명확하기 때문에 한국군의 경우에는 기본적으로는 위협기반 국방기획을 적용하면서 능력기반 국방기획의 내용을 유념해 나갈 상황이라고 판단된다. 북한의 위협을 주된 기준으로 군사력 증강의 소요를 도출하는 가운데, 가능한 범위 내에서 주변국의 위협에도 대응할 수 있는 측면을 반영하거나 추가할 필요가 있다. 특히 위협기반 국방기획에서 문제가 되는 것은 특정한 위협이나 각본에 고착되는 것이기 때문에, 한국군은 위협 판단에 대한 고정관념에서 벗어나 더욱 폭넓은 시각을 구비할 필요가 있고, 미래 위협의 불확실성을 더욱 중시하며, 주변국의 위협에 대한 분석의 정도를 강화해 나갈 필요가 있다.

이 경우 주변국의 전략 변화나 무기체계 증강추세의 파악에만 치중하는 것보다는 그들이 무엇을 수행하기 위한 '능력'을 구비하고자 하는가에 초점을 맞출 필요가 있다. 전략은 상황에 따라 변경될 수 있는 가변적인 것이고 개별적 무기체계에 치중한 파악으로는 효과적인 대응방향을 도출하기 어렵지만, 적의 능력은 그러한 전략과 무기체계를 종합한 내용으로서 금방 변하지 않고 어느 정도는 구체적이기 때문에 우리 대응방향의 범위를 한정 지워줄 수 있기 때문이다. 예를 들면, 상대국이 어떠한 전략에 근거하여 어떤 종류의 함정을 어느 정도 증강시키는가보다는 그들이 어느 정도의 해상우세작전을 수행할 수 있고, 어느 규모의 부대를 상륙시킬 수 있는가를 판단하고, 이에 대비하고자 노력할 필요가 있다는 것이다. 위협기반 국방기획에서 '위협'은 위협을 야기하는 상대국의 '능력'이기 때문에 주변국의 위협에 대한 대비에 있어서는 주변국이 한국에 대해서 위협을 가할 수 있는 그들의 '능력'을 판별하고 그것을 중심으로 대비하는 것에 중점을 둘 필요가 있다.

능력기반 국방기획에서 미군이 강조하고 있는 것처럼, 한국군의 경우에도 물자(materiel) 차원의 대비에만 치중하는 사고는 탈피할 필요가 있다. 위협에 대한 가장 실질적인 대비책은 충분한 무기와 장비를 구비하는 것이지만, 현실적으로 그렇게 할 수 있는 여건이 제한되기 때문에 물자 이외의 방법도 적극적으로 활용할 필요가 있다. 주변국들에 비해서 한국은 국력이나 군사력의 총량이 열세하기 때문에 이러한 측면을 더욱 적극적으로 활용하지 않을 수 없다. 동맹관계를 강화하거나, 창의적인 전략 및 작전개념을 발전시키거나, 군사과학적인 발전을 강화하거나, 훈련이나 사기 등의 무형적 요소를 강화함으로써 경제적이면서도 효과적으로 위협에 대응하는 방책을 고민할 필요가 있다. 이 분야는 한국인의 우수한 지적 능력을 최대한 활용할 수 있는 분야라는 차원에서 비교우위를 확보할 수 있을 것으로 판단된다. 최소한으로, 예상되는 위협에 효과적으로 대비할 수 있는 무기 및 장비를 확보하기가 어렵다고 하여 위협으로 식별하거나 이에 대한 효과적 대응책을 강구하는 것을 회피해서는 곤란하다. 국력과 군사력의 총량이 열세한 상태에서라도 최선의 대응방법을 강구할 수 있도록 사고의 지평을 확대시킬 필요가 있다.

제 6 장 결 론

I 종 합

본 책자는 국제정치의 패러다임이 변화하고 있고 정보기술을 중심으로 새로운 문명의 시대가 전개되고 있는 시대적 전환기에서 국가안보의 핵심적 주제 중 하나인 국방개혁에 관한 일반적 개념과 방법론을 이론적으로 분석하고, 이를 미국의 군사변혁 사례에 적용하여 교훈을 도출한 다음, 한국의 국방개혁에 참고할 수 있는 함의(implication)를 제시하기 위한 목적으로 시도되었다. 국방개혁의 성공에 필요한 이론적 틀을 확립하고 실질적 건의를 산출함으로써 한국이 추진하고 있는 국방개혁의 성공을 지원하고자 하는 동기도 배경으로 작용하고 있다고 할 것이다.

이에 따라 본 책자에서는 국방개혁과 관련된 일반적인 개념, 즉 개혁, 국방분야 개혁의 특성과 중점, '정보화시대' 국방개혁의 특성, 저항과 비판에 관한 내용을 정리한 다음에, 국방개혁의 방법론에 관한 모형을 분석하였다. 특히 국방개혁의 방법론에 관해서는 다른 학문분야에서 발전시킨 내용을 참고하여 개혁의 주도요소에 관해서는 상황(situation)과 지도자(leader), 개혁의 추진방향에 관해서는 하향식

(top-down) 개혁과 상향식(bottom-up) 개혁, 개혁의 속도와 정도에 관해서는 혁명적 변화(revolutionary change)와 개혁(reform), 정책결정방식에 관해서는 합리적 모형(rational model)과 점증적 모형(incremental model), 그리고 소요도출의 기준에 관해서는 위협기반 국방기획(threat-based planning)과 능력기반 국방기획(capabilities-based planning)으로 대비되는 모형을 설정하여 분석하였다.

그리고 국방개혁과 관련된 일반적 개념이나 방법론의 모형에 관하여 분석한 결과를 럼스펠드 장관이 중심이 되어 추진한 미국의 군사변혁에 적용하여 필요한 교훈을 도출하였다. 즉 미군의 '변혁'(Transformation)은 개혁의 통상적 의미를 초과하는 급속하고 포괄적인 변화를 추구하였고, 국방개혁 고유의 특성과 중점을 제대로 식별하여 추진하였으며, 정보화시대의 요구를 충분히 수용하였고, 저항과 비판도 효과적으로 통제한 것으로 분석하였다. 방법론의 모형을 적용하여 분석해볼 경우에도 미군의 변혁은, 상황과 지도자의 모형과 관련해서는 '군사분야 혁명'(Revolution in Military Affairs)을 통하여 변혁을 위한 상황이 충분히 조성된 상태이기는 하였으나 럼스펠드 장관의 열정과 지도력이 크게 작용하였고, 변화의 추진방향에 관해서는 철저한 하향식 개혁을 적용하였으며, 변화의 정도 측면에서는 '혁명적 변화'라고 평가될 수 있고, 정책결정 방식에서는 합리적 모형을 추구하면서도 '나선형 개발'의 개념에서 보듯이 점증적 모형의 장점을 결합하였으며, 소요도출 기준에서도 '능력기반 국방기획'으로 전환함으로써 국방기획의 새로운 지평을 개척했다고 할 수 있다.

이러한 이론적 틀과 미국 군사변혁 사례 분석의 결과를 한국의 국방개혁에 수렴시켜 볼 때 방법론의 측면에서는 다음과 같은 점들이 적극적으로 반영될 필요가 있다고 판단하였다. 즉 한국의 국방개혁이 성공하기 위해서는 열정과 통찰력을 구비한 지도자를 선정함과 동시에 그에게 국방개혁을 시작하고 완료할 수 있는 충분한 기간과 권한을 부여할 필요가 있고, 하향식 개혁을 기본으로 활용하여 변화의 속도와 일관성을 강화하되 실제로 구현될 있도록 하는 데 필요한 다양한 조치들을 강구할 필요가 있으며, 과거에 비해서 변화의 속도와 범위를 대폭적으로 증대시킨다는 차원에서 '선(先)변화 후(後)정리'의 모형을 채택할 필요가 있고, 전반적이거나 핵심적인 사항을 결정할 때는 합리적 모형을 채택하되 개혁의 구현이나 제도화를 위해서는 점증적 모형을 적용함으로써 노력의 집중과 절약을 조화시켜 나갈 필요가 있으며, 기본적으로는 위협기반 국방기획을 지속하는 가운데 부분적으로 능력기반 국방기획의 정신도 반영해 나갈 필요가 있다.

Ⅱ 교 훈

국방개혁의 이론과 실제에 관한 본 책자에서의 분석을 통하여 한국군의 국방개혁에 유용한 몇 가지 교훈이 도출되었다고 판단된다. 지금까지 한국은 수차례의 국방개혁을 추진하였지만 성공한 사례는 많지 않았다는 차원에서 국방개혁에 관한 지금까지의 인식과 방법론에서 벗어날 필요가 있고, 개혁을 주창하는 데서 그치지 말고 실제적인 변화를 구현할 수 있도록 이론과 방법론 측면에서 미흡한 부분을 수정 및 보완해 나갈 필요가 있다. 그 중 긴급하다고 판단되는 몇 가지를 제시하면 다음과 같다.

먼저, '개혁'이란 구호를 사용할 경우에 "지금까지를 부정하는 바탕 위에서 의도적이고 집중적인 비약"을 지향한다는 개혁의 원래 의미를 정확하게 이해하고, 그에 맞도록 변화의 방향과 정도를 설정할 필요가 있다. 실제로는 '발전'의 정도로만 변화시킨다는 의도이면서도 선전효과나 참신성을 과시하기 위하여 개혁이라는 용어를 사용할 경우에는 개혁을 미사여구화하거나 현실과 괴리시키거나 다른 사람들을 현혹시키는 결과를 초래하기 쉽다. 점진적 발전도 나쁜 것이 아니고, 개혁이 반드시 좋은 것도 아니다. 따라서 점진적 발전이 필요하다고 판단하면 그렇게 한다고 하면 되고, 개혁을 주창하였으면 그 용어가 의미하는 의도적이면서 집중적인 비약을 결과할 수 있도록 특별한 노력을 경주할 필요가 있다. 점진적인 발전 차원에서 장기간에 걸쳐 수행해야할 과제를 종합한 후 개혁이라고 할 경우에는 노력의 집중도도 떨어지고, 제대로 구현하지도 못하면서 '개혁 피로증'(reform fatigue)만 유발할 수 있다.

국방개혁의 목적에 관해서도 그 당시 초점이 되는 정치적 요구의 해결보다는 "전투준비태세 강화를 위한 군사작전 수행개념 발전과 이를 위한 조직과 무기체계의 발전" 등을 비롯한 순수한 군사적 필요성을 우선시할 필요가 있다. 문민통제의 원칙에 입각하여 그 당시에 문제가 되는 정치적 주문을 구현하는 것도 중요하지 않은 것은 아니지만, 그러한 것이 지나칠 경우 국방개혁의 근본적인 목적 자체가 혼란스러워질 수 있기 때문이다. 어떠한 상황에서도 국방개혁의 핵심은 싸워 이길 수 있는 군대를 육성하는 것이다. 이러한 차원에서 미래전에서의 군사작전 수행개념을 진지하게 연구하고, 그 결과를 통하여 미래지향적 조직과 무기체계의 발전방향을 도출하며, 현실적인 여건과 결합시켜 실질적으로 구현해 나가는 데 국방개혁의 우선적인 중점을 둘 필요가 있다.

군대 자체의 효율성 향상에 더욱 많은 관심을 집중하고 실질적인 조치를 강구해 나갈 필요가 있다. 국방예산의 증대가 현실적으로 쉽지 않은 상황이라면 군대 자체에서 불필요한 중복과 낭비를 제거하거나 우선순위를 조정함으로써 진정으로 개혁되어야 할 분야에 필요한 재원을 집중할 수 있어야 하기 때문이다. 군대 나름대로 중복과 낭비를 제거하기 위하여 다양한 지혜를 모으거나 군대 운용을 효율화하고, 전투분야에 대한 집중을 보장하기 위하여 외부자원을 적극적으로 활용하거나 선진화된 경영기법을 최대한 도입하며, 합동성을 강화하는 것은 물론이고 다른 정부부처와의 통합성, 다른 국가 군대와의 연합성을 강화함으로써 동일한 총량으로 최대한의 전투력을 확보할 수 있어야 한다.

정보화시대에 부응할 수 있는 군대로 변모시킬 수 있도록 모든 부대와 개인을 네트워크로 연결시키고, 정보의 신속한 전파와 공유를 통하여 의사결정의 질을 극대화시키며, 정보화시대의 과학기술을 활용한 첨단 무기 및 장비를 개발할 필요가 있다. 특히 의사결정의 신속성과 정확성을 향상시킴으로써 동일한 총량의 군사력이 지니는 운용 효율성을 극대화하고, 이로써 전투력을 증강하는 것과 같은 효과를 달성할 수 있어야 한다. 나아가 정보화시대에 부합되도록 사고방식, 문화, 관행을 근본적으로 변화시켜 나감으로써 사회의 정보화에 적응하거나 정보화시대가 약속하는 유리점을 최대로 활용할 필요가 있다. 정보화된 군대의 운영과 건설에 관한 전문요원을 육성하고, 미래지향적 개념과 정보기술을 효과적으로 결합시켜 나가고자 노력할 필요가 있다.

국방개혁과 직접적으로 관련하여 변화되어야할 가장 우선적인 사항은 2년도 채 되지 않은 기간에 장관을 교체하는 관행을 개선해야 한다는 것이다. 군사이론의 기초가 확고하여 모든 사람들이 동일한 사고를 구비하고 있거나 참모조직이 상당한 주도성과 권한을 구비할 경우에는 이러한 빠른 순환도 기능을 발휘할 수 없는 것이 아니지만, 통상적으로 지휘관의 교체에 따라 제반 시각과 방향이 달라지는 한국의 여건에서는 2년도 채 되지 않는 국방장관의 임기로는 어떠한 국방개혁도 완수하기가 어렵다. 최소한 이러한 기본적인 조건이 충족된 상태에서 국방분야의 개혁을 구상하고 추진할 수 있는 적임자를 임명하여 필요한 기간과 권한을 보장하여야 할 것이다. 국방개혁에 필요한 국민 및 정치지도자의 지원을 보장하고 국방예산을 확보하는 데는 군인출신보다는 정치인 출신의 국방장관이 더욱 효과적일 수 있다는 분석 결과도 참고할 필요가 있다.

Ⅲ 제 언

본서에서의 분석과정을 통하여 직접적으로 도출된 사항은 아니지만, 국방개혁의 성공을 위하여 추가적으로 고려 및 보완되어야 할 사항을 제시하고자 한다. 이것은 주로 국방개혁에 관한 자세나 바탕에 관한 사항으로서, 이러한 기반구조(infrastructure)가 튼튼해야 개혁의 방법론이 제대로 효과를 발휘하고, 결과적으로 추진하는 국방개혁들이 성공적인 성과를 거둘 가능성이 높아지기 때문이다.

약속보다는 구현을 중시

국방개혁에 있어 의도적으로 중시하고자 노력하지 않을 경우 망각하기 쉬운 사항은 약속보다 구현을 중요시하는 자세이다. 이것에는 국방개혁을 추진하는 주체와 그 개혁을 지켜보거나 참여하는 국민 및 군인들 모두가 유념할 필요가 있다. 개혁 주체의 입장에서는 당연히 개혁을 시작할 때 화려한 청사진으로 제시하고 거창한 약속을 과시하고 싶은 욕구가 발생하게 되는데, 약속이 거창할수록 구현이 어려운 대신에 기대 수준은 높아져 실망시킬 가능성이 적지 않다. 개혁을 강력하게 시작하거나 요구하기 위해서는 강한 약속 자체가 필요한 점도 있으나, 그만큼 위험할 수 있다. 국민이나 군인들의 입장에서는 개혁 주체의 거창한 약속을 근거로 개혁의 성과를 예단하거나 평가하는 자세를 지양하고자 노력할 필요가 있다. 약속이 거창하면 그 중의 얼마는 성사시킬 것이라고 안일하게 기대하는 태도에서 벗어나, 실현할 수 없는 약속의 허점을 비판하여 보완시킬 수 있어야 하고, 일부라도 실천한 것을 긍정적으로 평가할 것이 아니라 더욱 큰 변화를 초래할 수 있는 기회를 상실하고 말았다는 기회비용(opportunity cost)의 시각에서도 비판할 필요가 있다. 이러한 냉정한 시각은 국방개혁의 실질적 성공을 위한 밑거름이라고 할 것이다.

평시의 국방개혁이 효과적인 전쟁억제 수단일 수 있다는 점도 유념할 필요가 있다. 개혁은 허장성세로 끝나도 좋은 하나의 장식이 아니라, 그것 자체로 어떤 기능을 수행하는 군사적 수단의 하나로 볼 수 있다는 것이다. 미국의 군사변혁이 "적국을 단념시키는"(dissuade the enemy) 국방목표에 기여한다는 언급에서 알 수 있듯이, 국방개혁은 전반적인 준비태세도 향상시키지만 그러한 노력 자체에 의하여 상대국으로 하여금 도발의 의사를 갖지 못하도록 단념 및 억제시킬 수 있다. 국방개혁을 적극적으로 실천하고 있는 국가에 대한 전쟁을 도발하기 위해서는 상당한 각오가 있어야 하는 것은 당연하다. 다만, 이러한 점을 고려하여 실제적 성과와는 상관없이 국방개혁만을 남발할 경우 단념 및 억제의 효과는 점점 약화될 것이다.

어떤 경우의 국방개혁에 있어서도 핵심적인 사항은 국방장관을 비롯한 군 수뇌부의 의지와 열정이다. 상황을 활용하는 것도 인간이고, 인간들을 움직이는 것도 인간이기 때문이다. 국방장관을 비롯한 군 수뇌부는 그들이 행사하는 권한만큼 국방의 문제에 대한 그들의 책임이 크다는 인식하에, 국방개혁을 성공시켜 미래지향적인 군대로 변모시켜야 한다는 사명감으로 무장할 필요가 있다. 다른 사람에게 요구할 것이 아니라 스스로가 목표와 방향을 제시하고, 추진계획의 수립을 지도하며, 구체적인 시행을 점검하고, 필요한 사항이 있으면 수정할 수 있어야 한다. 자신이나 자신의 조직이익을 벗어나서 대승적인 차원에서 전반적인 사항들을 허심탄회하게 토의하고 결정할 수 있어야 한다. 지도자들의 이러한 각오와 헌신이 없는 경우에는 다른 어떠한 조건들이 성숙되어 있다고 하더라도 개혁은 성공할 수 없다. '대과없는' 임기만료에 만족하는 대신에 그로 인하여 비전을 가진 더욱 탁월한 지도자가 성공적인 국방개혁을 추진할 수 있었을 기회와 시간을 박탈당했다는 사실을 인식할 필요가 있다.

국방개혁은 그것에 착수하였다는 사실이나 선의가 중요한 것이 아니다. 결과를 통하여 실제적인 변화를 산출하는 것이 중요하다. 훌륭한 리더십 덕목을 골고루 구비한 지도자가 훌륭한 것이 아니라 훌륭한 결과를 산출한 지도자가 훌륭한 리더십을 구비하고 있는 것과 같다. 구현이 없는 개혁은 개혁이라고 보기 어렵다.

창의적 군사이론의 발전

국방개혁의 기본적인 조건으로서 한국군이 강조하여야 할 사항은 군사이론에 대한 학습, 연구, 그리고 적극적인 토의이다. 간부들이 군사적인 문제에 대하여 깊게 이해하지도 못하고 고민하지도 않는다면 아무리 개혁을 독려한다고 하더라도 바람직한 개혁방향과 계획을 설정하거나 시행할 수 없기 때문이다. 정보화시대의 군사작전 수행개념을 발전시켜 그에 부합되도록 군사력을 건설하고, 모든 부대들을 네트워크로 연결시키며, 정보화된 전쟁수행능력을 구비하고, 정보화시대의 과학기술을 활용한 첨단 무기 및 장비를 개발하기 위해서는 우선적으로 간부들이 이러한 사항에 관하여 전문적인 지식을 구비하여야 한다. 알지 못한 상태에서는 옳은 방향과 방법을 찾아내어 실천할 수 없기 때문이다.

한국의 제한된 경제력과 기술력으로 인하여 세계 첨단의 무기체계를 확보하는 것이 쉽지 않은 것이 현실이라고 한다면, 창의적인 군사이론이나 미래지향적 군사작전 수행개념을 발전시켜야할 당위성은 더욱 크다. 약소국의 입장에서는 소프트웨어의 창의성으로 하드웨어의 열세를 극복할 수밖에 없기 때문이다. 다음의 글은 전반적인 무기체계가 열세한 상태에서도 탁월한 개념이나 교리를 통하여 전격적인 승리를 도출한 독일의 사례를 잘 설명하고 있다.

> 1940년의 전역-역사상 가장 철저했고 일방적이었던 승리 중의 하나-은 독일인을 제외한 대부분의 모든 사람에게는 군사분야의 혁명으로 인식되었다. 사실, 그것은 전통적 군사력(legacy force)과 변혁된 군사력(transformed force)간 통합된 노력의 결과였는데, 사단 단위의 부대로 볼 때 전통적 군사력은 독일군의 90%를 구성하였고, 10%만 변혁된 부대였다. 프랑스는 이러한 통합에 의해 결과된 템포와 전과확대에 적응할 수 없었다. 이러한 두 가지 군사력을 함께 통합시킨 접착제는 속도, 분권화된 임무형 명령, 분권화된 지휘통제, 신속한 기회의 전과확대를 강조하는 교리였다.[1)]

지금까지 한국군이 추진한 대부분의 개혁은 무기 및 장비의 경성요소에 치중하였지만, 한국의 현실에서는 반대로 연성요소에 주목하였어야 했다고 할 수 있다. 연성요소는 한국인들의 창의성을 극대화할 수 있고, 비용소요도 적으며, 장기적으로 볼 때 군사발전의 타당

---

1) Williamson Murray and Thomas O'leary, "Military Transformation and Legacy Force," *Joint Forces Quarterly*(Spring 2002), p. 24.

성을 보장하여 시행착오를 최소화할 수 있기 때문이다. 이러한 분야의 발전없이 국방개혁을 성공시키겠다는 것은 좋은 장비만 가지면 운동경기를 잘할 수 있다고 생각하는 것과 유사하다.

모든 간부들은 기본적인 군사이론에 정통한 상태에서, 시대적인 군사적 요구를 정확하게 파악하고, 최선의 대비방향을 탐구하고 정립할 수 있어야 하며, 군 수뇌부에서는 그러한 것을 장려하기 위한 다양한 조치들을 강구해 나가야 한다. 좋은 운동장비도 필요하지만 더욱 필요한 것은 남보다 창의적이고 참신한 운동기술이기 때문이다. 최신의 장비를 구입할 여력이 적은 운동선수의 경우에는 더욱 기술에 치중할 수밖에 없다.

새로운 역할 분담 체제의 발전

정보화시대에 접어들면서 국방분야 전반에 걸쳐서 새로운 역할분담 체제가 형성되고 있다. 외부자원 활용(outsourcing)이라는 이름으로 대두되고 있는 이 경향은 군대에게 민간분야의 발전된 기능을 최대한 활용함으로써 효율성을 높여 핵심분야에 집중할 것을 요구하고 있고, 그 과정에서 군대의 제반 역할과 기능을 재조직하도록 만들고 있다. 전투와 관련된 필수적인 분야는 군인이 담당하고, 그 외 전투근무지원은 물론이고 전투지원의 일부까지도 민간분야에서 담당하는 방향으로 발전되고 있다. 따라서 이러한 추세를 효과적으로 활용함으로써 국방운용의 효율성을 향상시키고, 이를 통하여 필수적인 분야에 대한 집중적인 투자를 보장하는 것이 중요하다.

이러한 현상으로 인하여 최근에는 자본주의적 시장경제를 바탕으로 한 총력전 태세가 등장하고 있다. "사설군사회사"(Private Military Company)라는 용어에서 알 수 있듯이 선진국 군대의 경우에는 전투근무지원은 물론이고 전투지원의 분야까지 특정한 민간회사가 계약을 통하여 담당함으로써 자연스럽게 민간인이 전쟁에 직접 참여하고 있다. 과거에는 법에 의한 총력전 체제였다면 현재는 자본주의적 시장경제 원리를 바탕으로 한 총력전 체제라고 할 수 있다. 유사시 신뢰성(reliability)의 문제를 보완할 수 있는 조치를 강구해 나간다면, 이것은 최소한의 투자로서 최대의 성과를 거둘 수 있고, 군인의 숫자를 감축시키면서도 전체적인 전투력은 감소되지 않도록 하며, 제한된 여건 속에서도 미래지향적 투자를 증대시킬 수 있는 효과적인 대안일 수 있다.

외부자원 활용의 개념은 군대와 민간분야 간에만 적용되는 것이 아니고, 부대 간에도 적용될 필요가 있다. 부대의 경우에도 핵심적인 기능의 수행을 위해서는 자신의 부대가 보유하고 있는 자산이나 역량을 사용하지만, 그렇지 않은 기능은 다른 부대로부터 차용함으로써 전문성을 향상함과 동시에 부대의 임무수행역량을 증폭시킬 수 있기 때문이다. 각 부대의 경우에 전체 부대의 전투력이 강하냐 강하지 않느냐가 중요한 것이 아니라, 필요할 때 다른 부대의 역량을 얼마나 신속하면서 정확하게 활용하여 주어진 임무를 효과적으로 수행할 수 있는 체제와 능력을 구비하고 있느냐가 중요하다고 할 수 있다. 그리고 이것이 바로 네트워크중심전을 비롯한 현대의 군사작전 수행개념이 지향하고 있는 방향이다.

미래전에서의 승리를 보장하기 위해서는 과거의 전통에만 집착할 것이 아니라, 다른 국가와의 경쟁에서 우월한 체제를 구비할 수 있도록 정보화시대에 부합되는 민군간의 효과적 역할분담 체제를 발전시키고, 내부적으로도 효율성에 근거한 통합운용의 범위를 확대해 나갈 필요가 있다.

개혁의 지속성 보장

한 순간의 개혁은 쉽지만 그것의 지속은 무척 어렵다. 그렇기 때문에 개혁의 시도는 빈번했지만, 성과를 거둔 것으로 평가되는 사례는 적고, 그 중에서도 상당한 기간 동안 지속되어 성과를 정착시킨 사례는 매우 드물다.

무엇보다 개혁의 시작에서부터 종료에 이르는 전체적인 주기를 완성하는 측면을 중요시할 필요가 있다. 한국의 국방개혁은 대체로 개혁을 주창하고, 미래지향적 청사진을 작성하며, 이를 위한 추진계획을 수립하고, 각 제대별로 시행계획을 마련하여 구현하는 순서로 진행되었는데, 대부분의 경우 구현단계까지 이르지 못한 채 중단되고 새로 임명된 지도자가 다른 시각에서 처음부터 다시 전체 주기를 시작하는 과정을 반복하였다. 예를 들면, 최근에 각군에서는 미래지향적 개혁을 위한 기초적인 문서로서 '비전'(vision)을 작성하여 왔는데, 이전의 비전이 제대로 확산되어 구현되기도 전에 새로운 목표연도와 내용을 가진 비전을 작성하는 행태를 반복하고 있다. 목표, 청사진, 추진계획을 작성하는 기간을 최단기간으로 단축하거나, 좁은 분야로 개혁의 범위를 제한하거나, 지도자의 교체에도 불구하고 개혁을 지속시킬 수 있는 추진세력을 구축하는 등의 조치를 통하여 구현까지 이르는 주기를 완성하는 데 더욱 많은 관심을 투입할 필요가 있다.

개혁의 성과에 대한 정확한 평가도 무척 중요하다. 바람직한 방향으로 변화하는 것이 성과이지 변화 자체가 성과는 아니기 때문이다. 즉 "개혁이 부분적이든 전반적이든 상관없이 그것은 목적에 대한 수단이지 목적 자체가 아니다. 그것의 성공은 더욱 적절한 군사력, 더욱 강화된 능력, 더욱 향상된 업적을 산출할 수 있는 역량에 의하여 측정되는 것이지 과거 관행을 뒤바꾼 정도에 의하여 측정되는 것이 아니다."[2] 따라서 개혁의 성공과 지속을 위해서는 목표와 추진계획을 정확하게 수립하여 추진할 필요가 있고, 그러한 목표와 추진계획의 타당성을 지속적으로 검토 및 수정할 수 있어야 하며, 변화된 부분 자체의 타당성도 지속적으로 검토하고 수정해 나가는 자세가 요구된다.

앞으로도 국방장관을 비롯한 군 수뇌부의 임기가 길어질 것으로 기대하기가 어렵다고 한다면, 아예 국방개혁의 지속을 위한 제도적 보장책을 강구할 필요가 있다. 예를 들면, 국방개혁을 위한 독립된 부서를 설치하고, 이 기관에 충분한 책임과 권한을 부여함으로써 수

---

2) Hans Binnendijk, ed., *Transforming America's Military* (Washington D.C.: National Defense Univ. Press, 2002), p. 63.

뇌부의 잦은 교체에도 개혁의 지속을 보장하도록 할 수 있다. 한국의 경우에는 이전에도 이러한 기구는 수시로 만들었지만, 필요한 권한이 주어진 적이 없었고, 국방장관을 위하여 계획을 수립하거나 부분적인 조언을 하는 정도로 제한적으로 운영되었다. 그러나 이 정도로는 참모부서를 하나 더 증설하는 것일 뿐 국방개혁의 지속을 보장하기는 어렵다. 국방분야의 전반적이고, 집중적이며, 급속한 변화를 보장할 수 있는 상시기구를 설치하고, 대통령과 국회의 지원 하에 국방장관이 지니고 있는 상당한 권한을 위임하여야 하며, 국방장관부터 이를 존중할 필요가 있다. 개혁의 열정과 통찰력을 구비한 요원을 책임자로 임명하고 임기를 보장하고 신뢰할 필요가 있다.

국방개혁의 지속을 위한 근본적인 사항은 개혁을 긍정적으로 수용하고 개혁을 위하여 모든 구성원들의 지혜를 통합해 나갈 수 있는 군대 문화의 발전과 육성이다. 지금과 같이 단기적 성과 과시, 진급 우선주의에 집착하는 문화에서는 어떠한 개혁의 조치도 실제적인 성과로 연결되거나 지속되기가 어렵다. 변화가 크면 큰대로 적으면 적은 대로 상황의 변화에 적응하거나 활용해 나갈 수 있는 체제적이면서 문화적인 체질이 형성되어야 개혁이 착근하고 지속될 수 있다. "과거와 같이 정권이나 리더십이 변화될 때마다 '푸닥거리'식으로 개혁소동을 벌리는 대신에 항시적이고 조용한 개혁이 되도록 군의 체질을 바꾸어 나가야 한다"[3]는 국방개혁 실무자의 관찰을 유념할 필요가 있다.

3) 문광건 · 서정해 · 이준호, 『국방업무혁신을 통한 군정예화』(서울: 한국국방연구원, 2004), p. 243.

부 록

- 효과기반작전(Effects-based Operations)
- 네트중심환경(Net-centric Environment)
- 분산작전(Distribution Operations)

효과기반작전(Effects-based Operations)

'효과기반작전'(EBO: Effects-based Operations)은 걸프전쟁과 이라크전쟁에서 적용되어 그 탁월성을 입증하였고, 그 이후 한국군에서도 적극적으로 소개 및 토의되어 현재 한국군에게는 익숙하면서도 유용한 군사작전 수행개념으로 보편화되어 있다. 다만, 아래 인용문에서 제시하고 있듯이 미국에서도 효과기반작전은 지나치게 미화되었거나 모든 군사작전에 적용할 수 있는 세부적인 절차를 발전시키는 데 과도하게 노력하였다고 비판되고 있다.

> 효과기반작전은 최소한 지난 15년간 가장 유행하는 것 중의 하나였다. 어떤 사람들은 효과기반작전은 "군사작전에 대한 새로운 패러다임" 및 "전쟁승리를 보장하는 효율성"을 보증하는 틀로서 찬양해 왔다. 다른 사람들은 "파괴기반 표적선정" 및 "표적기반 작전"에 대한 대안으로 제안하여 왔다. 동시에 다수의 비평가들은 이것은 새로운 것이 전혀 아님을 강조하였는데, "역사를 통하여 유능한 지휘관과 계획수립가들은 효과기반 전역을 계획하고 시행하려고 노력하였다"는 것이다. 효과기반작전은 "달성할 수 없고, 초점이 좁은 만병통치약," "멋있어 보이는 새로운 말," "유행어," "잘못된 아이디어" 등으로 비난받기도 하였다. 전직 합참 작전차장이 이라크자유작전은 "효과기반의 전역"이었다고 설명한 1년 후에도 어느 전직 합동전력사령관은 효과기반작전은 "여전히 진전될 준비가 되지 않다"라고 언급한 바 있다.[1)]

이러한 문제점을 인식하여 최근에 미군은 "합동작전에 대한 효과기반접근"(Effect-Based Approach to Joint Operations)이라는 말을 사용하여 작전수행의 방식이나 절차보다는 작전을 계획하거나 수행하는 데 있어서의 사고방식이나 접근방법 차원으로 융통성있게 인식하고자 한다. 따라서 효과기반작전의 기본개념, 이점과 한계를 정확하면서도 균형되게 이해할 필요가 있고, 이를 바탕으로 그의 구현에 필요한 조치를 강구해 나가야 할 것이다.

---

1) J. P. Hunerwader, "The Effects-Based Approach to Operations: Questions and Answers," *Air & Space Power Journal* (Spring 2006), p. 54.

1. 효과기반작전의 배경과 내용

발전 배경

효과기반작전의 개념은 전혀 새롭게 등장한 것이 아니라 과거에도 존재했었다. 손자의 가장 중요한 주제라고 할 수 있는 "전투하지 않은 채 적을 굴복시키는 것, 적의 계략을 공격하는 것, 적을 온전하게 보전한 채 승리하는 것"이 최선이라는 내용은 효과기반작전의 개념과 일맥상통한다.[2] 최근의 전사를 살펴보더라도, 연합군은 제2차 대전의 초기에 독일의 산업능력을 저하시키기 위하여 베어링 공장을 핵심적인 요소로 파악하고 폭격을 집중한 적이 있고, 후반기에는 철도망을 핵심적인 요소로 보고 집중적인 파괴에 노력하여 상당한 성과를 거둔 바 있다.[3] 미 육군의 경우 공지전투(Air-Land Battle) 개념을 통하여 적의 전선병력보다는 집중되어 있는 적의 2제대를 공격하는 것을 강조하였는데, 이것 또한 효과기반작전의 핵심적 사고를 내포하고 있다.[4]

이러한 사고를 현대적 의미의 효과기반작전으로 발전시킨 직접적인 배경은 정밀타격 능력과 스텔스 기술의 발전이다.[5] 걸프전쟁에서 미군은 정밀타격 및 스텔스 기술을 활용하여 최소한의 소티와 폭탄을 사용하면서 요망하는 효과를 달성함으로써 효과기반작전의 우수성을 입증하였고, 그 결과로 효과기반작전이 전군적으로 확대되기 시작하였으며, 이라크 전쟁에서 또 한번 그 위력을 입증함으로써 현대의 대표적인 개념으로 공감대를 형성하게 되었다. 그리고 이러한 기

2) Allen W. Batschelet, "Effects-Based Operations for Joint Warfighters," *Field Artillery* (May-June 2003), p. 8.

3) Col Edward C. Mann III, Lt Col Gary Endersby and Thomas R. Seale, *Thinking Effects: Effects-Based Methodology for Joint Operation,* CADRE Paper No. 15 (Maxwell Air Force Base: Air University Press, 2002. 10), pp. 17-25.

4) Allen W. Batschelet, "Effects-Based Operations for Joint Warfighters," p. 8.

5) Col Gary L. Crowder, "Effects Based Operations Briefing," *Pentagon Briefing* (2003. 3. 19), Available: http://www.defenselink.mil/news/march2003/t03202003-t0319effects.html (검색일: 2003. 5. 20).

술에 전장감시 및 지휘통제능력의 발전이 추가됨으로써 효과기반작전의 위력은 더욱 강화되었다.

효과기반작전이 체계화된 데는 다양한 공중공격 이론의 발전이 기여한 바도 컸다. 미공군의 워든(John Warden) 대령은 "5원 이론"(Five-ring Theory)을 통하여 야전군사력(field military), 국민(population), 기반시설(infrastructure), 조직필수요소(organic essentials), 국가 지도체제(leadership)의 표적 범주 중에서 핵심적인 요소인 국가지도체제에 대한 공격의 중요성을 강조하였고, 그의 이론은 병행전(parallel war) 개념으로 발전되어 모든 범주의 표적을 동시에 공격하는 개념으로 확장되었으며, 이것이 효과기반작전으로 체계화되었다.

효과기반작전은 인명과 재산 피해를 최소화하는 것이 중요해진 현시대의 요구에 부합됨으로써 더욱 부각되었다. 현대에는 인명이나 재산피해가 정치적 및 사회적으로 심각한 문제가 될 수밖에 없어 이를 최소화하는 가운데 승리해야 하는데, 이에 관해서는 효과기반작전이 최선의 해결책을 제공하고 있기 때문이다. 인도주의가 강화되고 전쟁의 실황이 세계인들에게 실시간에 노출됨에 따라 현대전에서 파괴 및 섬멸은 더 이상 합리적인 대안이 되기가 어렵고, 특히 민간인이나 민간시설에 대한 부수피해(collateral damage)를 최소화하는 것이 중요하게 되었는데, 이러한 목적에 효과기반작전은 잘 부합된다고 할 수 있다.

내 용

일반적으로 볼 때 효과기반작전은 어떤 목표나 표적을 공격하는 군사적 행동 자체에 집착하지 않고, 그를 통하여 달성할 수 있는 효과에 주목함으로써 동일한 효과를 달성할 수 있는 다양한 하위의 목표(표적), 수단, 방법을 모색한다는 개념이다. 즉 요망하는 효과를 달성하기만 하면 되기 때문에 효과달성에 부합되는 최선의 목표(표적)를 선정하거나, 현재의 틀에 얽매이지 않고 동일한 효과를 더욱 효율적으로 달성할 수 있는 수단과 방법을 선택한다는 것이다.

여기에서 효과(effect)는 어떤 행위로 인하여 야기되는 결과인데, 해열제를 먹으면 열이 내려가는 효과가 있고, 운동을 하면 체중이 줄어드는 효과가 있다고 할 수 있다. 미군들은 군사적 행동으로부터 직접적으로 산출되는 효과를 직접적 효과(direct effects), 직접적 효과가 파급되어 발생하는 2, 3차적인 효과를 간접적 효과(indirect effects), 그리고 의도하지 않은 뜻밖의 효과를 부수적 효과(collateral effects)로 구분하고, 성공적인 군사작전을 위해서는 간접적 효과에 대한 정확한 분석과 부수적 효과의 최소화가 중요하다고 강조하고 있다. 따라서 효과기반작전에서는 요망하지 않은 효과는 회피하면서 요망하는 효과를 창출하는 것이 주안이다.[6)]

다시 말하면 효과기반작전은 전통적인 목표의 달성에 국한되지 않고, 한 단계 더 깊게 사고하여 그러한 목표를 달성함으로써 획득하고자 하는 효과를 군사행동의 중요한 기준으로 인식함으로써 목표(표적), 수단, 방법의 융통성을 보장하는 개념이다. 그렇기 때문에 효과기반작전은 작전수행개념이라기보다는 사고방식에 더욱 가깝고, 이러한 점에서 "작전에 대한 효과기반 접근"(effects-based approach to operations)이 더욱 정확한 용어라는 의견도 있고,[7)] 미 합동전력사에서도 "합동작전에 대한 효과기반접근"(Effect- Based Approach to Joint Operations)이라는 말을 사용하고 있다.[8)]

더욱 구체적으로 설명한다면, 효과기반작전은 다음과 같은 세 가지 개념을 중요시하고 있는데, 첫 번째는 앞에서 설명한 바와 같이 더욱 폭넓고 다양한 수단과 방법을 사용할 수 있도록 군사작전의 계획 수립 및 시행에 있어서 융통성을 극대화한다는 것이다. 효과기반작전은 정치적이거나 군사적으로 요망하는 효과를 달성하기 위한 최선의 수단과 방법을 모색하는 것이기 때문에,[9)] 임무를 부여받은 특

---

6) Joint Warfighting Center, *Commander's Handbook for an Effects-Based Approach to Joint Operations* (U.S. Joint Forces Command, 24 Feb 2006), p. Ⅱ-11.

7) J. P. Hunerwader, "The Effects-Based Approach to Operations: Questions and Answers," p. 55.

8) Joint Warfighting Center, *Commander's Handbook for an Effects-Based Approach to Joint Operations.*

정한 부대의 경우에는 지원받을 수 있거나 요구할 수 있는 모든 수단과 방법을 고려하게 되고, 국가적 차원에서 보면 군사적 수단 이외에 정치, 경제, 사회, 문화 등의 다양한 수단을 통하여 유혈전투나 소모를 최소화하면서 승리하고자 하는 노력으로 나타난다. 따라서 효과기반작전은 융통성과 즉각적 반응을 보장할 수 있는 방향으로 제반 수단과 방법을 통합 및 조정하게 되고, 결국은 제한된 자산을 최선의 효율성으로 사용함으로써 절약의 원칙을 구현하여 다른 임무에 집중할 수 있는 여력을 증대시키게 된다.

두 번째의 측면은 목표 또는 표적의 분석에 관한 사항으로서, 효과기반작전에서는 단순한 물리적 요소들의 집합체로 목표나 표적을 인식하지 않고 복합적이면서 상황에 적응해 나가는 하나의 체계로서 인식하여, 그러한 체계의 기능을 발휘하는 데 핵심적인 요소를 식별하여 공격함으로써 최소의 노력을 투입하여 최대한의 성과를 달성하고자 한다. 즉 특정한 적의 체계에 관하여 요망하는 효과를 달성할 수 있는 최선의 목표(표적)를 선정함으로써 부분적인 표적에 대한 최소한의 군사행동으로 전체 체계를 무력화시킨다는 개념이다. 그렇기 때문에 효과기반작전에서는 적에 관한 포괄적이면서도 정확한 평가를 통하여 적의 결정적인 취약점을 공격하고자 한다.

위에서 설명한 두 가지가 효과기반작전의 기본을 구성하고 있지만, 더욱 근본적인 세 번째의 측면은, 효과기반작전은 효과를 통하여 특정한 군사행동을 최종적인 국가목표와 연계시키고, 그러한 연계가 보장되지 않는 불필요한 군사행동은 자제함으로써 전체적인 노력의 효율성을 보장한다는 것이다. 과거에는 상급부대에서 부여한 목표를 하급부대가 단순하게 달성하는 형태였다면, 효과기반작전에서는 모든 부대가 국가의 전략적 목표나 상급부대의 지침을 염두에 두어 요망효과를 분석하고 이를 달성하고자 노력하기 때문에 모든 부대의 행동이 자동적으로 최종적인 목표와 인과적으로 연결된다는 것이다.[10]

9) Col Gary L. Crowder, “Effects Based Operations Briefing.”
10) Allen W. Batschelet, “Effects-Based Operations for Joint Warfighters,” p. 10.

따라서 효과기반작전은 과거에 비해서 사고와 접근의 폭을 확대하고, 적에 관한 분석을 강화하며, 각 군사행동의 인과관계를 중시하는 새로운 접근방식, 계획의 방향, 사고방식이라고 할 수 있고, 전쟁수행의 효율성을 극대화할 수 있는 개념이라고 할 것이다. 다만, 세 번째의 경우에는 이론상으로는 그럴듯하지만, 실제에 있어서는 요망효과를 명확하게 제시하거나 요망효과 간의 일관성을 확보하는 것이 말처럼 쉬운 것이 아니기 때문에 추가적으로 검토되어야 할 소지가 있다. 효과기반에 의한 계획수립이 이론처럼 정확하게 이루어질 경우 전체적인 틀과 일관성 속에서 개별적 군사행동들을 조직화하게 되지만, 그렇지 못할 경우에는 절차만 복잡하고 어려워져서 시간과 노력만 소모하는 결과가 될 수 있기 때문이다. 또한 효과를 중심으로 인과관계를 형성한다고 하지만, 예하부대에게 하달할 경우에는 목표의 형태를 띨 수밖에 없다는 점에서 실제에 있어서는 인과관계가 체계화되기 어렵다. 따라서 계선을 따라 목표를 세분화하여 하달함으로써 전체 목표를 달성하는 방식을 적용해온 육군에게는 효과기반작전의 적용이 현실적인 한계를 지니고 있다.

2. 효과기반작전의 이점과 한계

효과기반작전의 우선적인 이점은 최소한의 노력과 피해로써 승리를 달성할 수 있다는 것이다. '적 전쟁지도체제의 와해'가 달성하려는 효과라고 했을 때 제2차대전 때까지만 해도 이를 공격하기 위해서는 적의 조기경보체계, 요격체계, 비행장, 국지 방공망을 순차적으로 공격하여야 하였고, 최종적인 표적은 파괴하지도 못한 채 그 과정에서 쌍방의 소모만 증대되는 경우가 대부분이었다. 그러나 걸프전쟁과 이라크전쟁에서는 '적의 지도체제'를 직접적으로 공격하게 됨에 따라 바로 요망하는 효과를 산출할 수 있었고, 소모의 누적을 회피할 수 있었다.

둘째, 효과기반작전방식은 목표 및 표적 선정에 있어서 융통성을 증대시키고 있다. 달성하고자 하는 효과를 염두에 두어 판단하기 때문에 최초 선정한 목표나 표적에 대한 공격이 어떤 요인에 의하여 어려워질 경우 동일한 효과를 달성할 수 있는 대체 목표나 표적을 공격하면 되기 때문이다. 즉 전력을 차단하기 위해서 적의 발전소를 파괴시키는 것이 가장 효과적이지만, 적의 방어나 지형여건으로 인하여 그것이 불가능하다면 송전선이나 변전시설을 공격함으로써 동일한 효과를 거둘 수 있다. 특히 현대전에서는 시설의 파괴나 민간인의 살상을 최소화하는 것이 중요하기 때문에, 동일한 효과를 내면서도 파괴나 살상을 최소화할 수 있는 대체표적을 선정하는 것이 중요해지고 있다.

셋째, 효과기반작전은 임무달성을 위한 수단과 방법의 융통성을 증대시킨다. 적의 발전소 파괴라는 표적에 집착하는 대신에 적의 전력차단이라는 효과에 중점을 두게 되면 이를 위한 다양한 방법들이 가능할 것이기 때문이다. 예를 들면, 적 전력의 중앙통제 장치에 특수요원을 침투시켜 파괴할 수도 있고, 컴퓨터를 통한 해킹으로 해결할 수도 있다. 동일한 개념으로서, 적의 군사력을 격멸하여 달성하려는 효과가 우리의 의지에 대한 적의 저항을 무력화하는 것이라면, 심리전 등으로 적을 항복시키거나 해산시켜도 동일한 효과를 얻을 수 있다.

넷째, 효과기반작전 방식은 각군 간의 합동작전을 더욱 촉진시키는 촉매가 될 수 있다. 어떤 표적을 파괴하는 것보다는 어떤 효과를 달성하느냐가 중점이 되기 때문에 특정의 부대와 무기체계가 어느 군종에 소속되어 있느냐보다는 어떠한 부대와 무기체계가 요망되는 효과를 가장 탁월하게 달성할 수 있느냐가 판단의 초점이 되기 때문이다. 필요한 수많은 표적을 동시에 공격함으로써 적 전쟁수행체제의 전체적인 붕괴를 초래하기 위해서는 각군 전력의 통합운용이 필수적일 것이다.

그러나 효과기반작전의 가장 큰 첫 번째 문제점은 파괴의 최소화를 지향한 나머지 궁극적인 승리의 달성을 보장하지 못하거나 전후

처리를 어렵게 만들 수 있다는 것이다. 마비된 적은 일정시간 이후에 저항을 재개할 수 있을 뿐만 아니라, 마비만으로는 전쟁의 궁극적인 목적을 달성하기가 어려울 수 있기 때문이다. 효과기반작전을 비판하는 입장에서는, "목표로든 결과로든 소모(attrition)는 원래 부정적인 사항이라는 믿음은 잘못된 것이다"[11]라면서 결국 전쟁에서는 적의 군사력을 소모시켜야 한다는 점을 강조하고 있다. 미군은 이라크의 군사력을 소모시키지 못하였기 때문에 안정작전에 상당한 어려움을 겪고 있다. 테러분자와 같은 적에 대해서는 소모전 이외에는 방법이 없을 수도 있다.

둘째, 효과기반작전은 정밀타격능력에 지나치게 의존하는 점이 있다. 정밀타격능력이 효과적인 것은 분명하지만, 그것만으로는 결정적인 성과를 거둘 수 없고, 지상군이 진격하여 성과를 완결해야만 하기 때문이다. "정밀화력은 전략적 목표달성에 있어서 기술적인 단방약(單方藥, silver bullet)이 아니다. 전쟁의 수단과 목적을 혼동해서는 안된다. 지능탄과 멋진 무기만으로는 훌륭한 전략이 만들어지지 않는다"[12]는 시각이다. 또한, 정밀타격능력은 지속적으로 향상되어 왔지만, 아직 악천후에 취약하거나 유도장치도 불완전하고, 매우 고가일 뿐 아니라 생산에 오랜 시간이 걸리며, 정치적인 고려에 의하여 사용이 제한되는 경우도 많다.

셋째, 실제 전쟁에서 효과기반작전을 시행하는 데는 복잡한 절차와 조정을 필요로 한다. 효과기반작전의 성공을 위해서는 분명한 작전의 목표를 설정하고, 그에 따라서 요망되는 효과를 결정해야 하며, 그러한 효과를 달성하는 데 적절한 무기체계를 선정하고, 그의 시행을 위한 세부계획을 수립하며, 체계적인 협조를 보장할 수 있어야 한다. 충분한 시간을 두고 준비를 하는 경우에는 이러한 작업이 어느 정도 용이할 수 있으나 시간이 제한되고 제한사항이 많은 실전의 상

---

11) Ralph Peters, "In Praise of Attrition," *Parameters*, Vol. XXXIV, No.2 (Summer 2004), p. 24.

12) Timothy R. Reese, "Precision Firepower: Smart bombs, Dumb Strategy,", *Military Review* (July-August 2003), p. 53.

황에서 이러한 요소를 모두 고려하여 공격계획을 수립하고 시행하기는 어렵다. 따라서 효과기반작전을 수행하기 위한 구체적인 지침과 절차, 숙달된 계획의 수립 및 시행 요원들이 육성되어 있어야 하고, 그러한 것은 제반 상황을 급박하게 처리해야 하는 실무자에게 오히려 부담으로 작용할 수 있다. 즉 수단으로 작용하는 절차 자체가 목적이 될 수 있다는 것이다.

넷째, 효과기반작전에서는 적에 관한 분석에 지나치게 많은 역량을 기울이는 경향이 나타나게 된다. 효과기반작전에서 핵심적인 사항 중의 하나는 모든 목표와 표적을 체계로 인식하여 그 중에서 결정적인 중요성이 있는 부분을 파악하여 공격하는 것인데, 실제적인 차원에서는 목표와 표적에 관하여 정확하게 파악하는 것이 너무나 어렵다. 적을 체계의 시각에서 분석하여(SoSA: System of Systems Analysis) 결정적인 노드(Node)와 링크(Link)를 식별함으로써 작전환경(OE: Operational Environment)을 이해한다는 것은[13] 이론상으로는 쉽지만 실제로는 거의 불가능하다고 할 정도로 어려운 사항이다. 적은 그러한 사항을 노출시키지 않으려고 노력할 것이고, 전쟁에는 누구도 예측할 수 없는 불확실성이 존재하며, 인간의 판단력 자체가 정확하지 않기 때문이다. 그럼에도 불구하고 현재 적용하고 있는 효과기반작전의 절차에서는 이 단계가 미흡하면 다음 단계로 진전될 수가 없기 때문에 이의 정확한 파악에 노력하지 않을 수 없고, 따라서 효과기반작전의 과정은 점점 더 복잡해지며, 그 외의 사항에 관하여 관심을 투입할 여유를 지니지 못하게 된다.

다섯째, 효과기반작전에서는 효과와 목표를 구별하는 것이 쉽지 않고, 설정된 효과들이 예하부대의 행동을 통하여 어떻게 구현되거나 연결되는 지가 불분명하다. 지금까지 군대에서는 목표의 분할과 할당, 그 결과의 통합을 통하여 전체적인 임무를 체계적으로 수행하여 왔는데, 효과를 기반으로 삼는다면 예하부대에게 과업을 부여할 때

---

13) Joint Warfighting Center, *Commander's Handbook for an Effects-Based Approach to Joint Operations*, pp. Ⅱ-1-8.

효과를 사용해야 한다는 것인가? 상급부대가 하급부대에게 목표와 효과를 동시에 부여할 수 없을 것인데, 목표만 부여한 상태에서 각 제대에서 효과를 고려하도록 한다면 기존의 방법과 달라지는 것이 없다. 즉 이론적 설명에 비해서 실제적인 변화는 발생하지 않을 수 있다는 것이다. 미 합동전력사에서도 이러한 애매성을 인식하여 "목표는 우군의 지향점을 처방하는 것(prescribe friendly goals), 효과는 작전환경에서 체계의 행동을 묘사하는 것(describe system behavior in the operational environment), 과업(task)은 우군의 행동을 지도하는 것(direct friendly action)"으로 구별하고 "효과는 목표로부터 도출된다"라고 규정하고 있으나,[14] 실체적으로는 이러한 것들을 명확하게 구분하기가 어렵다.

3. 효과기반작전의 구현을 위한 과제

효과기반작전이라는 용어를 자주 언급하거나 그것의 중요성을 강조한다고 하여 효과기반작전이 구현되는 것은 아니다. 그 개념이 작전계획에 반영되었다고 하여 구현되는 것도 아니다. 미군이 발전시킨 내용을 우리의 개념으로 충분히 소화한 이후에, 한국군에 적용할 수 있는지 여부를 진지하게 토의할 수 있어야 하고, 그러한 결과를 통하여 한국군의 현실에 맞도록 교리, 구조 및 편성, 무기 및 장비, 교육훈련, 인적자원, 시설의 개발에 종합적으로 반영하여야 한다. 이러한 기본적인 방향을 염두에 두면서 현재의 상황에서 한국군이 효과기반작전의 구현을 위하여 노력해야할 방향을 제시하고자 한다.

첫째, 다소 늦은 감이 있지만 효과기반작전의 기본개념에 대하여 정확하게 이해하고 공감대를 형성하는 것이 중요하다. 현재 한국군 내에서 논의되는 효과기반작전에 대한 내용은 미군의 입장에서 실험차원에서 시행하고 있는 사항으로서, 지나치게 전술적이거나 절차적인 사항이며, 오히려 효과기반작전에 대한 이해를 어렵게 만들고 있

14) Ibid., p. Ⅲ-5.

다. 미 국방부 및 합참, 또는 미 본토의 다양한 연구 기관 및 학교에서 토의 및 정리되어 있는 1차 자료를 중심으로 효과기반작전의 기본적인 내용을 다시 이해하고, 이를 바탕으로 한국군의 상황에 부합되도록 구현하고자 노력할 필요가 있다. 기본적 개념에 대한 이해가 불충분 상황에서 구체화나 시행에 열중하는 것은 목표도 정확하게 파악하지 않은 채 달려가는 것과 같을 수 있다. 효과기반작전의 개념과 제반 용어를 명확하게 이해한 바탕 위에서 군대의 전반적인 사고 및 문화를 이에 맞도록 변화시킬 때 효과기반작전이 구현 및 생활화 될 수 있다.

특히 작전계획을 수립하거나 시행하는 절차로 효과기반작전을 이해하는 데서 벗어날 필요가 있다. 효과기반작전은 마음자세이고 사고의 방법에 관한 것이며, 점검표나 기계적 절차가 아니기 때문이다.[15] 효과기반작전은 계획수립이나 평가의 수단도 아니다.[16] 특정한 군사행동의 성공과 실패만을 고려하던 전통적인 방식에서 한 걸음 더 나아가서 그러한 군사행동이 초래할 수 있는 효과나 결과까지도 고려하고, 그러한 과정을 통하여 더욱 효과적인 공격의 대상, 수단과 방법을 찾으려는 노력이다. 과거에 천재적인 군사 지휘관들이 수행했던 예술(art)적인 사항을 현대에 들어서 과학(science)적인 방법의 도움을 받아 구현해보고자 하는 노력에 불과하다. 이러한 방식으로 효과기반작전을 차분하게 인식할 때 그 적용의 범위도 확대되고 실용성도 향상될 수 있다.

정책부서, 교리발전 부서 및 학교기관에서 효과기반작전에 관한 사항을 담당하는 요원들은 미군들의 내용을 소개하는 데 그치지 말고 우리의 용어와 시각으로 소화하여 교육시키고 전파시킬 필요가 있다. 효과기반작전의 개념과 방법을 다양한 간부교육 과정에 포함시키고 자유로운 토론을 보장하는 것도 장기적이면서도 확실한 구현방

---

15) Steven D. Carey and Robyn S. Read, "Five Propositions Regarding Effects-Based Operations," *Air & Space Power Journal* (Spring 2006), p. 66.

16) J. P. Hunerwader, "The Effects-Based Approach to Operations: Questions and Answers," p. 56.

법일 수 있다. 더욱 근본적으로는, 효과기반작전 자체의 이해에 국한하지 않고 정보화시대의 전반적인 군사이론을 전군적인 차원에서 토의하고, 모든 간부들이 "확신을 갖고 불확실한 상황을 처리하고, 사고를 통하여 모르는 부분을 보완하며, 창의적이면서 계산된 위험을 적극적으로 감수하고, 다양한 사고를 통합하여 전장을 가시화하면서 비선형적 방법을 생각해내는"[17] 역량을 구비하고자 노력할 필요가 있다.

둘째, 효과기반작전의 사고 및 접근방식을 모든 전투발전 분야(Combat Development Domain)에 종합적으로 반영하고자 노력하는 것이 중요하다. 효과기반작전을 담당하는 기구를 연합사나 합참에 설치한다고 하여 효과기반작전이 구현되는 것은 아니다. 그러한 기구는 효과기반작전의 구현을 독려하기 위한 방편에 불과하기 때문이다. 효과기반작전에 관한 사항들이 "교리, 구조 및 편성, 무기 및 장비, 교육훈련, 인적자원, 시설" 등 모든 전투발전 분야에 반영되고, 그 결과로 더욱 효율적인 전쟁수행태세를 지니게 될 때 효과기반작전은 구현된다고 할 수 있다.

예를 들면, 효과기반작전을 위한 새로운 교리를 발전시켜야 하는 것이 아니라, 한국군의 작전계획 수립과 시행에 관한 교리가 효과기반의 시각에서 개선되거나 보완되고, 그러한 내용을 기준으로 훈련을 하고 전투준비를 할 때 비로소 효과기반작전은 교리에 반영된다. 효과기반작전의 구현을 위한 새로운 조직을 창설해야 하는 것이 아니라, 작전계획의 수립과 시행을 담당하는 부서에 각 기능별 전문가, 관련 부대 및 무기체계에 관한 대표자 등을 통합하고 이들이 효과기반의 방식을 통하여 최선의 임무와 수행방법을 도출하고 시행하도록 보장할 때 효과기반작전은 구현된다. 간부들의 교육에 있어서도 모든 간부들이 효과기반작전의 기본적인 내용을 이해하는 것이 중요한 것이 아니라, 특정한 군사행동을 통하여 나타날 수 있는 직접적인 결과와 함께 2차, 3차의 결과도 예측하여 최선의 수단과 방법을 구상할

17) Allen W. Batschelet, "Effects-Based Operations for Joint Warfighters," p. 12.

수 있는 역량을 모든 간부들이 구비하게 될 때 효과기반작전이 구현되는 것이다.

셋째, 네트워크를 통하여 모든 부대를 연결시키고 정보의 활발한 공유를 보장할 수 있는 기반구조(infrastructure)의 구성을 서두를 필요가 있다. 네트워크에 기반을 둔 환경은 효과기반작전만을 보장하는 것은 아니지만, 이것이 없으면 현대적 의미에서의 효과기반작전은 구현될 수 없다. 적에 관한 정보가 실시간에 필요한 요원에게 즉각적으로 전파되고, 최선의 부대 또는 수단이라고 판단된 부대에게 즉각적인 명령을 하달할 수 없다면 효과기반작전의 속도와 효율성은 크게 저하될 것이기 때문이다. 작전 계획을 수립하거나 평가하기 위해서, 적 및 아군 상황을 적시에 정확하게 파악하기 위해서, 그리고 전장내 및 전장 내외로 정보공유를 보장하기 위해서는 네트워크화된 환경이 필수적일 수밖에 없다.

넷째, 효과기반작전에 대한 이론적 공감대를 넓혀가는 한편으로 한국군의 능력 범위 내에서 시행할 수 있는 방안을 모색하여 실천하여 나갈 필요가 있다. 예를 들면, 군사적인 측면에서는 미군과 같은 정밀타격력이나 스텔스 능력만을 추구할 것이 아니라 목표나 표적을 정확하게 분석하여 포병과 공군의 최소한의 타격으로 최대한의 성과를 달성하고자 노력한다면 효과기반작전을 성공적으로 구현하는 것이다. 수단은 그러한 개념을 더욱 효과적으로 구현하기 위하여 필요한 것이지, 개념 구현의 전제조건은 아니다. 달성하고자 하는 효과를 식별한 다음 현재 계획되어 있는 수단과 방법 이외에 동일한 효과를 달성할 수 있는 다른 수단과 방법을 모색하고 검토하여 필요시에 조정한다면 효과기반작전을 작전계획에 성공적으로 반영시켰다고 할 수 있다.

나아가 모든 지휘관 및 참모들은 특정한 군사행동을 계획하거나 수행할 경우 그것이 어떤 효과를 지향하고 상급부대의 목표와 어떻게 연결되고, 2차, 3차의 효과는 어떤 것이 발생할 수 있으며, 바람직하지 않은 부수효과는 어떤 것이 발생하고, 이를 최소화하기 위해서는 어떤 조치가 필요한가를 고민하는 것을 습성화할 필요가 있다. 이러한 다양한 사항들을 사전에 고려하거나 예측하여 군사행동을 실시한 것은 과거 명장들의 공통적인 특징으로서, 그렇기 때문에 그들은 전쟁에서 승리할 수 있었다. 효과기반작전을 통하여 모든 지휘관 및 참모들이 이러한 사고방식을 습성화하거나 조금이라고 가까이 간다면 그러한 노력을 하지 않는 적에 대하여 승리할 확률은 무척 높아질 것이다.

대신에 효과기반작전을 강조하는 제대를 지나치게 확대하지 않도록 유의할 필요는 있다. 특정한 임무에 대한 종합적인 계획을 수립하는 제대에서는 효과기반작전의 개념과 절차를 적용하는 것이 효과적일 수 있지만, 주어진 임무를 수행하는 데 전념해야할 전술적 제대는 그러한 것을 적용하지 않아도 문제가 없고 적용할 경우 오히려 임무수행을 복잡하게 할 수가 있기 때문이다. 전술적 제대의 경우에는 상급부대에서 부여된 임무에 최대한 충실하도록 하는 것이 최선이다. 예를 들면, 공군의 경우 전체적인 작전을 계획하는 제대에서는 효과기반작전의 개념과 절차를 적용하지만, 특정한 공격임무를 부여받은 편대군, 편대, 항공기에게는 타격해야할 목표에 관한 제원만 주어지는 것이 최선이다.

다섯째, 다소 시간이 걸리겠지만 효과기반작전을 수행할 수 있는 전장감시능력, 정밀타격능력, 이를 유기적으로 연결하고 조정할 수 있는 지휘통제능력을 강화할 필요가 있다. 특히 이 경우에 최첨단의 능력을 목표로 상정하고 일정기간 동안의 집중적인 투자를 통하여 그러한 능력을 구비하겠다는 방식보다는, 가능한 능력과 기술의 범위 내에서 현재의 능력을 점진적으로 개선시켜 나가는 접근방식을 채택할 필요가 있다.[18] 과거와 같은 목표지향적 성능개선은 하루가 다르

18) 이러한 방식을 미군은 "진보적 획득"(Evolutionary Acquisition) 또는 "나선형 개발"(Spiral Development)이라고 하는데, 이는 가능한 개념과 기술로 최단시간 내에 원형(prototype)을 개발한 다음에 실험 및 실제 사용을 통하여 점진적으로 개선해 나간다는 접근방식이다. 이 방법은 다소의 시행착오가 발생할 수는 있지만, 장기적인 차원에서 이상적 모델을 설정하고 추진하다가 상황이 변경되어 사업을 취소하거나 전면적으로 수정하는 전통적인 방법보다는 현실적이다.

게 새로운 기술이 등장하는 정보화시대에 맞지 않기 때문이다. 그리고 미군과 같은 첨단의 능력을 구비하고자 노력하는 것보다는 우리가 대적하고 있는 적보다 더욱 효과적인 능력을 구비하는 것이 현실적으로는 더욱 타당할 수 있다.

4. 결　론

효과기반작전은 걸프전쟁, 이라크자유작전 등에서 미군들이 승리하는 데 결정적인 기여를 한 현대의 대표적 군사작전 수행개념이다. 다만, 한국군의 경우에는 기본개념에 대한 이해가 미흡한 상태에서 한미연합사에서 발전시킨 절차의 학습에 치중한 나머지 나름대로 소화하여 이해하거나 한국의 상황과 여건에 부합되는 구현방안의 강구에는 미흡했던 점이 있었고, 이로 인하여 야전부대에서의 진지한 토의에도 불구하고 실질적인 성과는 많지 않았다.

무엇보다 하나의 작전수행방식이 아니라 사고방식의 변화에 대한 주문으로 효과기반작전을 폭넓게 인식할 필요가 있다. 효과기반작전의 체계화에 주도적인 역할을 한 데프툴라 장군도 "효과기반작전은 틀(framework)도, 체계(system)도, 조직(organization)도 아니다...오히려 그것은 방법론(methology)이거나 사고의 방법(way of thinking)이다"라고 말하고 있고,[19] 미 합동전력사에서 발전시킨 팜플렛에서도 "합동작전에 대한 효과기반접근"으로 바꾸어 사용하면서 "국력의 수단을 효과적으로 운용하는 데 관하여 다르게 생각하는 것(think differently)"이라고 첫 문장에서 말하고 있다.[20]

한국군의 모든 간부들은 효과기반 차원의 접근방법이나 시각을 바탕으로, 목표나 표적에 대한 무조건적인 공격보다는 그러한 공격을 통하여 달성할 수 있는 효과의 타당성을 한 번 더 고려하는 것을 생

---

19) David A. Deptula, "Foreword: Effects-Based Operations," *Air & Space Power Journal* (Spring 2006), p. 4.

20) Joint Warfighting Center, *Commander's Handbook for an Effects-Based Approach to Joint Operations*, p. viii.

활화하고, 적 부대 전체를 무력화시킬 수 있는 소수의 핵심적인 표적을 식별하여 집중적으로 공격함으로써 최소한의 전력으로 최대의 효과를 거둘 수 있도록 노력해야 하며, 동일한 효과를 달성할 수 있는 창의적인 수단과 방법들을 모색하려고 시도할 필요가 있다. 첨단의 정밀타격 능력과 스텔스 기술이 부재하다고 하여 한국군에게는 적합하지 않은 개념이라고 단정하기 이전에, 개념에 대한 정확한 이해를 바탕으로 우리 나름대로 적용할 수 있는 방안들을 모색하고 구현할 필요가 있다.

네트중심환경(Net-Centric Environment)

'네트워크 중심전'(NCW: Network-Centric Warfare)은 컴퓨터 기술을 최대한 활용하여 부대 및 관련요소들을 연결함으로써 지리적으로 떨어져 있는 제약을 극복하고, 실시간 정보공유를 보장하며, 이를 통하여 동일한 군사력의 운용 효율성을 극대화하는 개념이다. 이 개념은 1998년 미 해군의 세브로스키 제독(Vice Admiral Arthur Cebrowski)과 가르스트카(John Garstka)가 공동으로 작성한 논문을 통하여 본격적으로 소개되었고, 2001년부터 이들이 미 국방부 전력변혁실(Office of Force Transformation)에 근무하게 되면서부터 미군 전체 및 세계적인 범위로 확산되기 시작하였다. 따라서 미군이 발전시키고 있는 내용이 이에 관한 세계적인 모델로 작용하고 있다고 할 수 있다.

그리고 최근에 미군은 '네트중심환경'(NCE: Net-Centric Environment), 또는 '네트중심작전환경'(NCOE: Net-Centric Operational Environment)이라는 말을 더욱 광범하게 사용하는 경향을 보이고 있다. 네트워크중심전의 경우 컴퓨터망을 통하여 부대 및 관련요소들을 연결시켜야 한다는 점은 강조하고 있지만, 연결된 군사력을 과거와 다르게 어떻게 운용할 것인지에 관해서는 명확한 내용을 제시한 못한 상태이기 때문이다. 네트중심환경이라는 용어를 통하여 '컴퓨터망을 통하여 부대 및 관련요소들을 연결'하는 측면으로 제한함으로써 어떤 군사작전 수행개념이 개발되더라도 효과적으로 수용할 수 있는 환경을 조성한다는 취지라고 할 것이다.

1. 네트워크중심전과 네트중심환경의 개념

네트워크중심전

시대를 막론하고 모든 군대는 보유하고 있는 수단과 방법을 체계적으로 연결 및 통합함으로써 집중과 분산을 보장하고 그 효율성을 극대화하고자 하였는데, 현시대에 발전되고 있는 컴퓨터 기술을 활용하여 그러한 성과를 달성하고자 하는 것이 바로 네트워크중심전이다.

미 국방부의 공식적 문서에 의하면 네트워크중심전은, "센서(sensors), 의사결정자(decision makers), 발사기(shooters)들을 네트워크로 연결함으로써 전투력을 강화시키고, 이로써 상황파악의 공유, 지휘속도의 증가, 작전템포의 고도화, 살상력의 강화, 생존성의 증대, 자율 동시통합(self-synchronization)[21]을 달성하는, 정보우세(information superiority)에 의해 가능해진 하나의 작전개념이다."[22] 즉 네트워크중심전은 컴퓨터의 자료 처리 능력을 현대적인 통신기술을 통하여 연결함으로써, 모든 군사력들이 수집된 정보를 실시간에 공유하여 적, 자신, 상급 및 인접부대 등에서 일어나고 있는 제반 상황을 정확하게 파악하고, 이러한 정확한 상황 파악에 기초하여 신속하고 정확한 의사결정을 내리며, 그 결과로써 최단시간 내에 최소한의 군사력을 활용하여 임무를 수행함으로써 전체적인 효율성을 향상한다는 것이다.

네트워크중심전은 2001년의 아프가니스탄전쟁과 2003년의 이라크전쟁을 통하여 이미 그 잠재력이 입증되기도 하였다. 미군들은 아프가니스탄에서 특수부대들이 표적을 발견하여 레이저 조사기로 그 표적의 정확한 좌표를 획득한 다음 휴대용 컴퓨터를 통하여 항공기에 보내었고, 항공기는 GPS에 의하여 유도되는 "합동직접공격탄(JDAM: Joint Direct Attack Munition)"에 입수된 정보를 장입하여 공격함으로써 20분 내에 실제적인 공격이 이루어지게 하였다.[23] 이라크전에서는 이러한 사항들이 더욱 개선된 형태로 적용되었는 바, 네트워크중심전 능력은 초기 주요전투작전(major combat operations)에 있어서 주된

---

21) 외부적인 조치에 의해서가 아니라, 체계 스스로가 체계 전체의 노력을 동시통합하려는 경향이나 능력을 말한다.

22) Office of the Assistant Secretary of Defense for Networks and Information Integration/DoD Chief Information Office, *Net-Centric Program Assessment President's Budget Fy 2006-2011* (July 2004), p. 26. Available: http://www.dod.mil/nii/net-centricity.html (검색일: 2007. 8. 29).

23) Office of Force Transformation, *The Implementation of Network-Centric Warfare* (DoD, 2004), p. 30.

기여요소(a major contribution)였다고 평가되고 있다.[24)]

앞에서도 언급한 바와 같이 네트워크중심전의 가장 큰 제한사항은 명칭이 암시하고 있는 만큼의 내용을 제시하지 못하고 있다는 것이다. '전'(戰, warfare)이라는 말에서 암시하고 있듯이 네트워크중심전은 미래전을 수행하는 방법을 제시할 것으로 기대되지만, 실제로는 '싸우는 방식'(How to Fight)에 대한 내용은 없고, 네트워크의 구축과 이를 통한 정보의 공유를 강조하고 있을 뿐이다. 네트워크중심전은 컴퓨터망을 통하여 부대 및 개인들을 연결시키는 것 이외에 과거에 비해서 군사력 운용이 어떻게 달라지고, 이를 구현하기 위해서는 무엇을 어떻게 변화시켜야 하는지에 대한 명확한 개념을 제시하고 못하고 있다.

또한 내용적인 측면에서 네트워크중심전은 정보우세(information superiority)만 확보되면 승리가 거의 보장된다고 주장하고 있지만, 충분한 정보를 확보하였다고 해서 반드시 적의 방책을 예측하거나 정확한 의사결정을 보장할 수 있는 것은 아니다. 그리고 네트워크중심전은 컴퓨터와 그 소프트웨어의 발전에 기초를 두고 있기 때문에 기술 차원에서 문제점이 발생할 경우 전체 전쟁수행이 위험에 처할 수 있다는 차원에서 제1차대전시 프랑스의 마지노 라인에 비유되기도 한다.[25)]

네트중심환경

'네트워크중심전'이라는 용어에 병행하거나 대신하여 최근에 적극적으로 사용되기 시작한 용어는 "네트중심환경"(Net-Centric Environment)이다. 여기에서 "Network"를 "Net"로 축약한 것은 언어 경제의 원칙에 입각한 편의적 조치에 불과하지만, "Warfare" 대신에 "Environment"를 사용하고 있는 것은 실용적 측면을 중시한 변화의 결과

24) Ibid.

25) The Library of Congress, *Network Centric Warfare: Background and Oversight Issues for Congress,* CRS Report for Congress (June 2, 2004), p. 9.

라고 할 수 있다. 군사작전 수행개념으로서가 아니라 군사력의 효율성을 강화할 수 있는 기반구조로서 네트워크를 통한 연결을 인식한 결과이기 때문이다.

미 국방부는 네트중심(Net-Centric), 또는 네트중심성(Net-Centricity)를 다음과 같이 설명하고 있다. "네트중심성은 광범위하고 세계적 범위에서 상호 연결된 네트워크 환경(기반구조, 체계, 절차, 인원을 포함)이고, 사용자(users), 응용프로그램(applications), 플랫트폼(platform) 사이에 자료가 적시적이면서 중단없이 공유된다. 네트중심성은 군대의 상황파악도를 실질적으로 개선시키고, 의사결정주기를 상당할 정도로 단축시킨다. 네트중심능력은 네트워크중심작전과 네트워크중심전을 보장한다."[26] 즉 네트중심환경은 일차적으로는 모든 부대 간에 자료가 적시적이면서 중단없이 공유되도록 하는 환경을 구축하는 것이고, 그것을 활용하여 군사력을 효율적으로 운용하는 것은 네트워크중심전이나 네트워크중심작전이라는 시각이다.

군사작전의 수행을 위한 네트중심환경을 '네트중심작전환경'(NCOE: Net-Centric Operational Environment)이라고 구분하기도 한다. 국방부 차원에서 자체 및 예하의 모든 기관 및 부대를 대상으로 하여 네트워크중심전을 구현할 수 있는 환경을 구축하는 것은 네트중심환경이고, 그 중에서 합참 및 작전부대 간에 형성되는 네트워크와 그를 통한 기능의 수행을 중시하는 용어는 네트중심작전환경이라고 할 수 있다. 다만, 국방 및 군사와 관련하여 핵심이 되는 요소는 군사력의 운용이고, 군사력의 운용, 건설, 행정 등은 긴밀하게 연관될 수밖에 없으며, 군 전체는 두 개가 아닌 단일의 네트워크로 연결되기 때문에 네트중심환경이나 네트중심작전환경은 실제적인 측면에 있어서는 동일할 수 있다. 네트워크로 연결된 동일한 형태를 국방부의 시각에서 접근할 때는 네트중심환경이고 합참이나 작전사령부의 시각

26) DoD, *Data Sharing in a Net-Centric Department of Defense,* Directive No. 8320.2 (December 2, 2004), p. 8. Available: http://www.dod.mil/nii/net-centricity.html (검색일: 2006. 12. 29).

에서 접근할 때는 네트중심작전환경이라고 할 수 있다.

2. 네트중심환경의 의의

네트중심환경의 구축은 현대 정보기술의 이점을 극대화할 수 있는 방안이기는 하지만, 그의 구축을 위한 전반적인 아키텍처(architecture)[27]를 구상하는 것은 복잡하고, 상당한 노력이 필요한 사업이다. 기술에 의존하는 측면이 강하기 때문에 특정한 기술이나 부분에 문제가 발생하였을 경우 전쟁수행 자체가 불가능하거나 전반적인 전쟁수행체계가 와해될 수 있다. 특히 개념이나 교리와 같은 형이상학적인 내용의 비중을 감소시킴으로써 마치 공학도들이 전쟁의 최종 결과를 결정하게 된다는 오해를 불러일으킬 수 있는 위험성이 있고, 일반적인 장병들이 이해하기 어려워 실전에서는 효과적이지 않을 수도 있다.

그럼에도 불구하고 네트중심환경은 이러한 위험성을 상쇄할 수 있는 상당한 이점을 보유하고 있는 것으로 인식되고 있다. 비록 그 구축에는 상당한 노력, 비용, 시간이 소요되지만 일단 구축되면 ① 근실시간(near-real-time)의 정보 공유와 협동을 통하여 전장에 대한 상황파악과 이해도를 증진시킴으로써 관련자들이 서로의 시각을 이해하고, 공통의 결론에 도달하게 되며, 서로 조화되는 결정을 내리게 되고, 전체적인 상황에 부합되는 행동을 취하게 된다. ② 질 높은 정보의 실시간 가용성과 신속 및 효과적인 전파를 통하여 지휘속도(Speed of Command)를 증가시킨다. ③ 이러한 결과로서 살상력(lethality)을 증대시키고, 작전의 템포를 통제하게 되며, 생존성을 보장

27) 아키텍처는 "컴퓨터 시스템 전체에 대한 논리적인 기능체계와 그것을 실현하기 위한 구성방식"으로서, 네트워크를 통하여 수행해야할 기능과 연결의 대상인 전체의 구조를 통합하는 개념이라고 할 수 있는데, 체계적인 아키텍처를 구성하여야 네트워크를 통한 연결과 기능수행의 효율성이 커질 수 있다. 예를 들면, 현재와 동일한 부대구조를 유지하면서 단순히 네트워크만으로 연결할 경우에는 네트중심작전환경의 이점을 극대화할 수 없기 때문에 미래지향적인 군사작전 수행개념에 근거하여 모듈화되고 융통성이 있는 부대구조로 변화시키고 그러한 구조에 맞는 네트워크를 설계해야 하는데, 이와 같이 네트워크, 개념, 부대구조를 결합시켜 인식하는 것을 아키텍처라고 한다.

하게 되고, 전투근무지원을 효율화하며, 자율 동시통합과 자율 조직 편성을 보장하며, 모든 업무에 있어서 기민성(agility)과 효율성(efficiency)을 향상시킨다.[28)]

즉 네트중심환경을 구축하여 성공적으로 활용하는 군대는 진행되는 상황을 정확하게 파악하여 공유한 상태에서 가용한 전투력을 최대의 효율성으로 운용하게 되지만, 그렇지 못한 군대는 그 효율성이 무척 낮아지고, 결과적으로는 전쟁에서 패배할 확률이 높아진다는 것이다. 따라서 다른 군대가 체계적인 네트중심환경을 보유하고자 노력하고 있는데도 불구하고 그와 유사한 방향과 노력으로 추진하지 않을 경우 결정적인 위험에 처할 수 있다. 이의 구축에는 장기간이 소요된다는 측면에서 보면 초기단계에서부터 적절한 관심과 노력을 투입하지 않을 수 없다.

3. 네트중심환경 구축을 위한 과제

기술적 연결: 전군적 네트워크의 구성

네트중심환경의 기초적인 조건은 전체 군대 차원에서 단일화된 네트워크를 개발하고, 이를 중심으로 각 부대의 네트워크를 통합해 나가는 것으로서, 모든 부대 및 개인들이 컴퓨터로 연결되어 있는 상태라고 할 수 있다. 미군이 구상하고 있는 아키텍처는 "지구정보격자"(GIG: Global Information Grid)로서, "전투원, 정책결정자, 지원요원들의 요구에 부응할 수 있도록, 정보의 수집, 처리, 저장, 전파 및 관리에 필요한, 지구적으로 연결된 전체적인(end-to-end)[29)] 정보역량(information capabilities), 관련된 절차(associated processes), 인력(personnel)의 세트이다."[30)] 현재 육군은 LandWarNet, 해군은 Force-Net,

28) DoD, *DoD Global Information Grid Architectural Vision: Vision for a Net-Centric, Service-Oriented DoD Enterprise*, version1.0 (Washington D.C.: DoD, June 2007), pp. 9-10.

29) 'end-to-end'의 어의적 뜻은 한 쪽의 끝에서 다른 끝이 모두 연결되는 상태를 말하는 것으로서, 정보의 경우 정보의 최초 생산자로부터 정보의 최종 소비자까지 (군수의 경우에는 물품의 생산자로부터 물품의 최종소비자까지를 의미)를 연결하는 것을 말한다.

공군은 ConstellationNet를 사용하고 있기 때문에 이들을 효과적으로 통합하여 단일의 네트워크를 형성함으로써, "국방부 내의 모든 사용자와 임무수행 파트너 상호 간에 모든 정보와 서비스에 대한 가시성(visibility), 접근성(accessibility), 공유(sharing), 그리고 이해(understanding)를 보장"[31]하고자 노력하고 있다. 미군이 구상하고 있는 지구정보격자의 특성은 <표 부록-1>에서 제시되고 있다.

〈표 부록-1〉 지구정보격자의 특성

특 성	설 명
인터넷	인터넷 구조와 표준에 적응하되 기동성, 보장성, 군사적 특성 강화
정보의 유통보장 및 가용성	핵심 유통기반은 암호화: edge to edge를 목표로 추진, 서비스가 거부될 경우에 효과적으로 대응
정보/자료 보호 및 보장성	정보의 생산/게재자가 정보자료의 분류와 처리까지 담당. 정보의 진실성, 정확성 보장
병행 게재	필요시 필요한 형태로 사용자가 정보를 획득할 수 있도록 정보의 생산/게재자가 정보를 가시화하고 접근 보장
지능적 자료 당김(smart pull)	사용자가 개발한 서비스를 직접 발견, 당겨서 획득, 구독 또는 사용. 사용자가 정의하는 공통작전상황도 구축 및 활용
정보/자료 중심	정보/자료를 응용 프로그램과 서비스로부터 분리. 특수한 소프트웨어의 필요성 최소화
응용프로그램과 서비스 공유	사용자는 복수의 응용 프로그램을 통하여 동일한 자료 확보가 가능하고, 동일한 프로그램을 사용하여 다수의 사용자가 협동
신뢰성이 보장된 맞춤형 접근	정보유통, 정보/자료, 응용 프로그램과 서비스에 대한 접근성을 사용자의 역할, 신원, 기술적 역량에 부합되도록 조정
서비스 질	음성, 정지영상, 비디오/동영상, 자료 등 정보의 형태에 부합되도록 맞춤화하면서 협동 보장.

출처: DoD, Department of Defense Global Information Grid Architectural Vision: Vision for a Net-Centric, Service-Oriented DoD Enterprise, version1.0 (Washington D.C.: DoD, June 2007), p. 8.

네트워크를 통한 전군적 연결은 정보기술의 발전에 의존하는 측면이 크다. 연결 자체가 중요한 것이 아니라 연결의 상태와 활용도가 적보다 우월하여야 하고, 연결을 통하여 인접되어 위치하는 것과 동일한 효과를 산출할 수 있어야 하기 때문이다. 따라서 컴퓨터 네트워

30) DoD, *Data Sharing in a Net-Centric Department of Defense*, p. 7.

31) Ibid., p. 2.

크 이외에 기본적으로 지구위치표정체계(GPS: Global Positioning System)를 통한 위치식별기술이 개발되어야 하고, 폭발적으로 증대되는 통신량을 수용할 수 있는 주파수 대역이 가용해야 하며, 실시간의 정보를 24시간 수집할 수 있는 다양한 무인 정보수집 수단이 가용해야 한다. 그리고 민간영역에서 발전되고 있는 첨단의 나노기술이나 소프트웨어를 적시에 수용하는 등으로 적에 비해서 신속하고 정확한 자료처리를 보장할 수 있어야 한다. 즉 연결 자체가 중요한 것이 아니라 연결의 질이 높아져야 한다는 것이다.

네트워크를 통한 전군적 연결이 말처럼 쉬운 것은 아니다. 전군망부터 완성한 이후에 예하 부대 및 관련요소를 연결할 수 있어야 하는데, 그러한 전군망의 설계와 구축이 쉽지 않고, 예하부대부터 연결시킬 경우 전군망과 일치하지 않아서 곤란함을 겪을 수 있기 때문이다. 그럼에도 불구하고, 이러한 부분에 관해서는 대부분의 군대가 상당한 관심을 투입하여 추진하고 있기 때문에 시간과 더불어 점진적으로 구축되어 나갈 것으로 판단된다. 한국군의 경우에도 1999년부터 지휘소자동화체계(CPAS: Command Post Automation System)를 작전사급 이상 부대에서 운용하고 있고, 이를 대체할 합동지휘통제체계를 연구하고 있으며, 육군 C4I체계를 비롯하여 각군별로 C4I체계를 구축해 나가고 있다. 국방부의 『정보화 비전』에는, 2010년까지 기능별 정보통신망을 "고도화"한다는 목표 하에, "전략통신망 기반확대 구축 및 통합기반 조성, 민간투자유치 방식을 이용한 정보통신망 조기 구축, 전술통신망 기능체계 개선 및 연동계획 수립, 한국군 합동전술데이터링크 기반 구축, SPIDER 성능 개선 및 전술종합정보통신망(TICN) 개발, 주파수 획득 및 관리체계 고도화" 등의 세부적 과제를 식별하고 있고,[32] 2022년까지 더욱 발전된 상태로 격상시키기 위한 과제들을 구체화하고 있다.

---

32) 국방부, 『국방정보화정책서: 국방정보화 비전 2022』(서울: 국방부, 2006), pp. 51-52.

지식의 연결: 자료의 공유 보장

네트중심환경의 구축을 위한 실질적인 측면은 모든 부대 및 관련요소들이 정보 및 자료를 활발하게 공유하도록 보장하는 것이다. 이것은 네트워크를 통한 연결의 직접적인 성과라고 할 수 있는 사항으로서, 이를 통하여 모든 부대 및 관련요소들이 시간적이거나 지리적인 제약을 극복하고, 의사결정의 신속성과 질을 보장함으로써 주어진 군사력의 운용 효율성을 극대화하게 되며, 결과적으로는 전쟁에서 승리할 가능성이 높아진다.

전군적인 차원에서 자료의 효과적 활용을 보장하는 측면과 관련하여 미군은 두 가지를 중점적으로 강조하고 있다. 하나는 사용 가능한 자료를 증가시키는 것이고, 다른 하나는 자료의 손쉬운 사용을 보장하는 것이다. 전자를 위하여 모든 자료를 가시적(visible), 접근가능(accessible), 제도화(institutionalize)하고. 후자를 위해서는 모든 자료를 이해가능(understandable), 신뢰(trusted), 상호운용(interoperable), 사용자의 요구에 부응(responsive to user needs)하도록 한다는 목표를 설정하고,[33] 각 목표별로 세부적인 과제를 식별하여 실천하고 있다. 특히 미군은 지금까지 추진해오던 자료의 표준화(standardization)에서 탈피하여 가시성(visibility)과 접근성(accessibility)을 중시하고 있다.[34] 지금까지 추진해오던 자료의 표준화가 워낙 많은 시간과 노력을 소요하기 때문에 앞으로는 표준화없이도 다수와 다수(many to many)간의 자유로운 자료교환을 보장할 수 있는 환경을 구축한다는 것이다.

정보화시대에는 방대한 자료 중에서 필요한 자료를 필요한 인원이 신속하게 활용할 수 있도록 하는 것이 중요해지고 있는데, 이러한 측면에서 미군이 노력하고 있는 중요한 사업은 속성자료(metadata)[35]

---

33) DoD, *DoD Net-Centric Data Strategy* (May 9, 2003), p. 10.

34) Ibid., p. 2.

35) meta라는 말은 그리스어로서 'after, about, beyond'라는 뜻인데, 여기서는 주로 'about'로 사용되고 있어 뜻 자체로는 'data about data' 즉 '자료에 관한 자료'라고 할 수 있는 데, 한국에서는 메타데이타 등으로 원어를 음역하여 사용한다. 이 경우에는 meta라는 말이 워낙 생소하여 보통사람들이 그 뜻을 이해하기는 어렵다. 현재 사회에서 속성자료, 속성정보 등으로 사용하고 있고, 그 용어가 내용을 적절하게 표현하고 있는 것으로 판단하여 본 연구에서는 "속성자료"로 번역하여 사용하고자 한다.

의 생산과 활용이다. “속성자료는 다른 자료의 의미에 관하여 기술한 정보”(descriptive information about the meaning of other data),[36] 또는, “자료의 특성, 자료에 대한 자료 또는 정보를 설명하는 정보이거나, 또는 실체에 대한 자료, 자료 관련 활동, 체계, 내용에 대한 서술적 정보”[37]인데, 실제적인 자료를 쉽게 찾아서 이용할 수 있도록 그 자료에 대하여 설명하는 자료이다. 미군은 속성자료 등록부(Metadata registries), 속성자료 목록(metadata catalogs), 공유공간(shared spaces)을 통하여 모든 사람들의 손쉬운 자료검색 및 활용을 보장하고 있다.[38]

네트워크 중심환경에서 자료공유를 효과적으로 보장하기 위하여 미군이 활용하고 있는 새로운 개념은 “관심공동체(Community of Interest)”이다.[39] 이는 특정한 임무와 관련된 공식적이거나 비공식적인 제반요소들의 모임을 말하는 것으로서, “공동의 목표(goals), 관심(interests), 임무(missions), 업무수행 절차(business processes)를 달성하는 과정에서 정보를 교환해야만 하고, 그로 인하여 교환되는 정보에 관한 공동의 용어(shared vocabulary)가 필요한 사용자들 간의 협동적인 단체(collaborative groups)”[40]를 말한다. 상호간의 정보교환이 필요한 도메인(domain), 조직(organization), 특별임무부대(task force), 과제팀이나 집단(project team or group) 등은 모두 관심공동체로 간주될 수 있고, 국가기관(NASA나 국토안보부 등), 연합국 요원(NATO나 일본 등)도 포함될 수 있다.[41] 그리고 <그림 부록-1>에서 제시되고 있

---

36) DoD, *DoD Net-Centric Data Strategy* (May 9, 2003). p. 5. Available: http://www.dod.mil/ nii/org/ cio/ Net-Centric-Data-Strategy-2003-05-092.pdf (검색일: 2007. 8. 29).

37) DoD, *Data Sharing in a Net-Centric Department of Defense*, p. 8.

38) DoD, *DoD Net-Centric Data Strategy*, p. 7.

39) 관심공동체의 적절한 번역도 쉽지 않다. 그러나 interest를 ‘이익’이나 ‘이해’로 번역하는 것은 공동체의 성격과 맞지 않다. ‘관련 공동체’로 하면 우선 뜻은 통하는 것 같으나 자세히 따져보면 번역이나 뜻이 불분명하다. 군대에서는 관심지역(Area of Interest, Area of Influence보다 큰 지역)이라고 하여 interest를 ‘관심’으로 번역한 예도 있고, 현 문맥에서 interest의 뜻에 가장 가까운 것이 ‘관심’이라고 판단하여 ‘관심공동체’로 번역하였다.

40) DoD, *DoD Net-Centric Data Strategy*, p. 4.

41) DoD, *Communities of Interest in the Net-Centric DoD Frequently Asked Questions* (May 19, 2004). p. 3. Available: http://www.dod.mil/nii/net-centricity.html (검색일: 2007. 8. 29).

듯이 앞으로는 개인 차원의 정보가 차지하는 비중을 줄이고, 전군 차원과 관심공동체 차원에서 관리하는 정보를 증대시킴으로써 자료의 전문성과 활용성을 강화해 나간다는 개념이다.

〈그림 부록-1〉 네트중심환경에서의 자료 비중의 변화

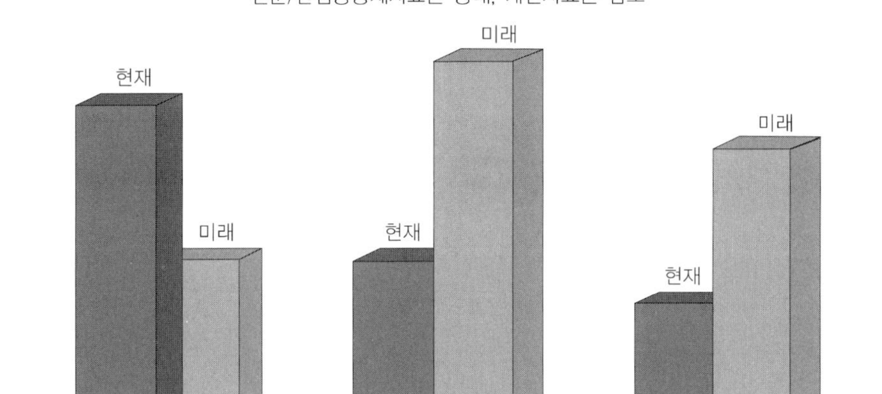

출처: DoD, *DoD Net-Centric Data Strategy* (May 9, 2003), p. 4.

문화적 연결

네트중심환경의 구현을 위해서는 기술적 연결이나 지식의 공유도 중요하지만, 이보다 더욱 근본적인 것은 그러한 환경을 구축 및 지속할 수 있는 문화의 발전이라고 할 수 있다. 모든 개인이나 부대가 네트워크로 연결되어 모든 정보를 공유할 수 있는 환경이 구축되어 있다고 하더라도, 그것을 수용할 수 있는 문화적인 토대가 미흡할 경우 전체적인 효율성은 떨어지지 않을 수 없기 때문이다.

전체 군대 차원에서 사고하는 관행이 생활화되어 있지 않거나, 수평적 조직관계를 받아들일 수 있는 의식과 문화가 형성되지 못하였거나, 담당 분야에 대한 절대적인 책임성과 전문성이 육성되어 있지 않을 경우에는 현대적인 네트중심환경이 구축되어 있다고 하더라도 실제적인 효과는 제한될 가능성이 크다. 기술과 체제가 다소 미흡하더라도 전군적이고, 수평적이며, 책임성있는 문화가 형성되어 있다면 정보의 공유와 이를 통한 전체 군대의 효율성은 더욱 클 수 있다.

서양에 비해서 그러한 방향으로 문화를 발전시켜온 기간이 짧은 동양의 경우에는 네트중심환경을 위한 기술과 체제의 발전 이외에 문화적 토양을 구축해야할 필요성이 더욱 절실하다고 할 것이다.

네트중심환경의 구축에 관하여 선도적인 노력을 경주하고 있는 미군의 경우에도 향후 해결해야 할 최우선적인 과제로 자료공유를 활성화할 수 있는 문화로의 변화를 열거하고 있고,[42] 당면한 과업이라고 할 수 있는 지구정보격자의 구현을 위해서는 상호간의 신뢰와 자료공유를 저해하는 문화적 장애(cultural barrier)의 해결이 전제되어야 한다고 인식하고 있다.[43] 실제로 자기가 속한 조직의 입장만을 우선시하거나(parochialism), 지시-복종의 관계만을 강조하거나, 무책임하게 자료를 게재하거나 오용하는 문화 속에서는 모든 부대와 개인이 네트워크로 연결되어 있다고 하더라도 정보가 활발하게 공유되거나 군사력 운용의 효율성이 극대화되기 어렵다.

네트중심환경과 관련한 문화적 사항 중에서 강조되고 있는 요소는 협동(collaboration)이다. 분산된 상태에서 수평적으로 연결된 부대들의 노력을 통합하는 데는 자발적 협동 이외에는 방법이 없기 때문이다. 관심공동체의 개념에서 보듯이 장차에는 특정한 상황의 해결에 관련된 다양한 조직들이 일시적으로 공동의 임무수행 집단을 형성하게 되는데, 이러한 경우에 과거와 같은 지시-복종의 관계는 적용될 수 없다. 네트워크에 의하여 연결된 모든 부대 및 개인들이 협동의 정신을 바탕으로 자신이 지니고 있는 강점을 자발적으로 제공함으로써 다른 부대 및 개인들을 지원하고, 자신이 미흡한 분야는 다른 부대 및 전투원으로부터 지원을 받을 수 있는 문화가 형성되어야 한다. 그리고 이러한 것은 군대 내에만 적용되는 것이 아니라 정부 및 연합국 요소들에게도 적용될 수 있어야 한다.

---

42) DoD, *DoD Net-Centric Data Strategy,* p. 22.

43) Ibid., p. 1.

발전체제의 구축

네트워크 중심환경의 구축은 일정한 시간에 걸쳐 한꺼번에 완료되는 사업이 아니라 지속적인 노력이 누적되어 형성된다. 따라서 변화되는 환경과 미래전 요구에 효과적으로 부응할 수 있도록 네트중심환경 구축의 방향을 정립하고 필요한 조치들을 시행해 나가는 체제를 구비할 필요가 있다. 국방부 차원에서 네트중심환경 구축에 관한 정책을 수립하고 전반적인 시행을 지시하고 감독하는 부서가 설치될 필요가 있고, 이 부서를 중심으로 업무의 추진을 위한 하부조직들이 구성되어 있어야 한다.

미군의 경우 네트중심환경의 구축에 관한 최고의 책임부서는 국방부의 "네트워크 및 정보통합 차관보"(Assistant Secretary of Defense for Networks & Information Integration)이다. 이 차관보는 최고 정보책임자(CIO: Chief Information Officer)의 직책도 겸하고 있다. 2005년 5월 창설된 이 차관보실은 네트워크와 관련된 정책 및 개념 사항, 지휘통제에 관한 사항, 통신에 관한 사항, 정보와 관련되지 않은(non-intelligence) 우주 관련사항 등 정보화에 관한 국방부의 모든 사항에 관하여 책임을 진다.[44] 한국군의 경우에도 국방부의 정보화기획실에서 이와 유사한 역할을 수행하고 있다.

미군의 "네트워크 및 정보통합 차관보실"은 네트중심환경의 구축을 위한 정책의 수립, 사업의 감독, 자원의 할당, 필요한 지원을 제공하는 것을 임무로 부여받아, ① 모든 요원들이 의존하고 신뢰하는 네트워크 상에 가용한 정보들을 게재시키고 ② 새롭고 역동적인 정보들을 제공하여 적에 비해 우위를 확보하며 ③ 네트중심환경과 관련된 적의 유리점을 거부하고 적의 약점을 활용한다는 목표를 정립하여 추진하고 있다.[45]

네트중심환경은 전체적인 체계성과 일관성이 중요하기 때문에 이

---

44) DoD, *Assistant Secretary of Defense for Networks and Information Integration/DoD Chief Information Officer*, Directive No. 5144.1 (May 2, 2005), p. 2.

45) Ibid.

의 구축 및 운용과 관련된 제반 정책, 제도, 조직, 인력, 교육, 표준 및 기술 들이 유기적으로 통합되어야 하고, 이를 위해서는 국방부 차원에서 이러한 사항들에 관한 기본적인 방향과 지침을 제공해야 하며, 이를 바탕으로 각군, 모든 부대 및 개인들이 필요한 과제를 식별하여 구현할 필요가 있다. 이러한 차원에서 미군은 1999년에 『국방부 정보관리 전략계획(DoD Information Management Strategic Plan)』을 수립한 이래 네트중심환경 구축 및 운용에 필요하다고 판단되는 다양한 지침들을 발전시켜 왔고, [46] 한국의 경우에도 2003년 『국방정보체계 상호운용 및 표준화 관리지침』[47] 등에서 보듯이 정보체계 개발시 표준의 적용, 공통운용 및 자료 공유를 위한 환경의 제공, 속성자료의 작성 등에 관한 내용을 규정하는 등 필요한 노력을 추진하고 있다. 이러한 사항들이 요망하는 대로 구현되고 그 결과들이 누적될 때 현대적인 네트중심환경은 구축된다고 할 것이다.

4. 결　론

한국군의 경우 정보화된 군대로의 변신, 네트워크중심전이나 네트중심환경이 지니는 중요성은 충분히 인식하고 있으나, 아직은 그의 구현을 위한 구체적 내용보다는 개념의 소개, 정보화된 미래 환경에 대한 예측, 비전의 제시, 조직 및 예산의 필요성 강조 등 일반적 내용의 토의에 국한되어 있는 수준이라고 판단된다. 또한 네트중심환경 중에서도 기술적 연결을 위한 경성요소(hardware)에만 치중하는 경향을 보이고 있다.

그러나 경성요소의 구축과 병행하거나 더욱 중요하게 추진되어야 할 사항은 그것을 활용하여 모든 정보와 자료들을 신속하게 유통시키고, 필요한 사용자가 필요한 정보와 자료를 쉽게 활용하며, 그러한

---

46) 네트중심환경과 관련하여 미군이 작성한 다양한 문서는 다음 사이트를 참조. http:// www. dod.mil /nii/ doc/docArchive.html.

47) 국방부, 『국방정보체계 상호운용성 및 표준화 관리지침』(2003. 2. 10).

결과로서 모든 부대에서 신속하고 정확한 의사결정이 보장되고, 최종적으로 전쟁에서 승리할 수 있도록 하는 연성요소(software)의 발전으로서, 이것이 네트중심환경의 궁극적 목표라고 할 수 있다. 그리고 컴퓨터 전문가가 주도하는 것이 아니라 모든 간부들이 적극적으로 동참하여 실질적인 네트중심환경을 구축할 수 있어야 하고, 기술적 용어를 사용하여 어렵게 인식하도록 할 것이 아니라 모든 간부들이 쉽게 이해하고 토의할 수 있도록 용어와 개념을 정립하고 발전시켜 나갈 필요가 있다.

특히 네트중심작전환경은 미래지향적 군사력 운용개념이나 문화의 발전과 결합될 때 제 기능을 발휘할 수 있다. 아무리 첨단의 네트워크로 부대와 관련요소들을 연결시켰다고 하더라도 전반적인 군사력을 운용하기 위한 효과적인 방향이 정립되어 있지 못할 경우에는 전쟁의 승리로 연결될 수 없고, 네트워크를 통한 연결의 이점을 극대화할 수 있는 수평적, 분권적, 자발적인 참여의 문화가 발전되어 있지 않을 경우에는 그러한 연결이 형식에 그칠 우려가 적지 않다. 문화적인 사항은 금방 변화되거나 형성되지 않는다는 측면에서 정보화시대에 부합되는 군대문화를 형성하기 위한 장기적인 노력이 필요하다.

추가적으로 고려할 필요가 있는 사항은 정보와 자료의 자유로운 교환을 보장해야하는 측면과 보안성 확보 간의 균형을 중시해야 한다는 점이다. 자동차에 비유할 경우 전자가 가속페달이라면 후자는 브레이크이다. 브레이크는 지나친 가속을 방지하거나 비상시에 대비하는 필수적인 요소이지만, 너무 자주 사용하거나 가속 자체를 저해해서는 곤란하다. 정보화시대에도 과거와 같은 차단, 제한, 거부 등의 보안기법을 적용한다면, 아무리 효과적인 네트중심작전환경을 구축하고 운용한다고 하더라도 실질적인 성과를 나타내지 못할 가능성이 크다. 정보와 자료의 자유로운 유통을 저해하지 않으면서 보안성을 유지해야하기 때문에 현 시대의 보안이 어려운 것이다.

분산작전(Distribution Operation)

정보화시대의 군사작전 수행개념 중에서 최근 들어서 그 비중이 강화되고 있는 개념은 '분산작전'(DO: Distributed Operation)이다. 이 용어는 미 해병대를 중심으로 발전되어 왔으나 최근에는 미 합참에서도 사용을 확대하면서 그 위상이 높아지는 경향을 보이고 있다. 미 합참이 정규전을 중심으로 미래 군사작전을 수행하는 개념을 제시하고 있는 『주요전투 합동운용개념서』(Major Combat Operations Joint Operating Concept)에서는 2006년 12월의 개정판을 통하여 분산작전을 고유명사로 사용하면서 미군이 활용해야할 "작전의 접근방법"(Operating Approach)이라고 지칭하고 있다.[48]

한국의 경우에는 아직 최근의 분산작전에 관한 내용이 적극적으로 논의되고 있는 상태는 아니지만, 이미 90년대 후반에 정보화시대의 중요한 군사작전 수행개념의 하나로 제시한 바 있다. 1997년에 합참에서 정보화시대 군사작전 수행에 관한 그림을 그리기 위하여 작성한 『합동전장운영개념』에서는 미래전의 주요 양상으로서 "비선형 및 분산작전," "정밀작전," "동시통합작전"을 열거하고, 분산작전에 대하여 다음과 같이 설명하고 있다.[49]

> 분산작전은 결정적인 작전을 수행할 것을 전제로 하여 유리한 작전여건을 조성할 목적으로 그 전에 부대방호와 생존을 도모하기 위해서, 또는 전투력을 결정적인 장소에 집중시킬 여건이 되지 않을 때 수행된다. 분산작전의 원리는 분산합력으로서, 비록 전투력은 공간적으로 분산되어 있으나 시간적으로 집중 및 통합함으로써 결정적인 전장에 집중적인 효과를 달성하는 데 있다.

특히 효과기반작전은 군사작전 수행개념이라기보다는 군사작전의

48) DoD, *Major Combat Operations Joint Operating Concept, Version 2.0* (December 2006), p. 11.

49) 합동참모본부, 『합동전장운영개념』(1997. 8. 30), p. 63.

계획 및 수행에 관한 접근방법의 성격이 강하고, 네트워크중심전은 컴퓨터를 통한 부대 및 관련요소들의 연결에만 치중하고 있다는 점에서, 정보화시대의 실질적인 군사작전 수행개념으로서 분산작전이라는 용어가 점차 부각되는 상황이라고 할 수 있다.

2. 관련 이론

현대에 들어서 창안된 군사작전 수행개념들의 경우, 그의 명칭은 다를지라도 공통적으로 강조하고 있는 요소는 분산된 상태에서 네트워크로 연결되어 있다가 실시간에 목표에 집중하여 공격하는 것이다. 이러한 측면에서 분산작전은 네트워크중심전(앞 장의 분석 참조), 스와밍, 그리고 이론으로서는 미흡한 점이 있기는 하지만 제4세대전과 연관되어 있다.

스와밍(Swarming)

스와밍은 짧은 시간 내에 특정한 지점에서 집중을 달성하는 방식을 강조하는 용어이다. 벌이나 파리 등이 일순간에 모여들 듯이 부대들이나 전투원들이 짧은 시간에 일정지점에 집중하여 순간적인 전투력의 우세를 달성하는 방식이다. "스와밍은 다수의 부대가 다수의 방향으로부터 하나의 표적에 대하여 결집된 공격(convergent attack)을 수행할 때 발생한다."[50] 스와밍은 1990년대부터 미군의 후원을 받은 미 랜드연구소의 아퀼라(John Arquil) 등에 의하여 집중적으로 연구 및 발표되었는데,[51] 전혀 새로운 개념이었다고 보기는 어렵지만, 최소한 과거부터 존재했던 개념을 정보화시대의 환경에 맞도록 재구성했다고는 할 수 있다.

---

50) Sean J. A. Edwards, *Swarming and the Future of Warfare*, doctoral degree dissertation (RAND: 2004), p. 2.

51) 스와밍을 직접적으로 연구한 랜드연구소의 책자는 다음을 참조. John Arquila, David Ronfeldt, *Swarming: The Future of Conflict* (RAND, 2000); Sean J. A. Edwards, *Swarming on the Battlefield: Past, Present, and Future* (Rand: 2000); Sean J. A. Edwards, *Swarming and the Future of Warfare.*

아퀼라는 역사를 통하여 인간의 교전형태는 혼전(the melee), 집중(massing), 기동(maneuver)의 순서로 진화되어 오다가 현대에는 스와밍(swarming)으로 진화되고 있다고 주장하고 있다.[52] 이와 같은 진화에는 지휘통신 기술의 발전이 중요한 요소였는데, 현 시대에 일어난 정보혁명은 기동을 특징으로 하는 전통적인 전쟁수행방식의 변화를 강요하고 있다는 것이다. 그에 의하면 스와밍은 자율적이거나 반자율적인 부대들이 공통의 표적에 대하여 통합된 공격을 실시하는 것으로서, 정형이 없는 가운데 협조된 방법으로 모든 방향에서 타격함으로써 군사력이나 화력의 "지속적인 박동"(sustainable pulsing)을 보장하고, 다수의 소규모 부대로 분산되었으되 상호 연결된 상태이며, 정찰활동 · 센서 · C4 간의 통합을 전제로 하고, 원격 및 근접 전투를 병행하며, 적의 격멸보다는 적의 응집성을 와해시키기 위한 공격이다.[53]

아퀼라와 함께 스와밍을 연구한 에드워즈(Sean J. A. Edwards)에 의하면 스와밍은 위치식별(locate), 결집(converge), 공격(attack), 분산(disperse)의 4단계로 진행된다.[54] 즉 스와밍에서 모든 부대들은 적을 식별하게 되면 은밀하게 결집하여 공격하고 바로 분산함으로써 생존성을 보장하여 차후 공격을 대비할 수 있어야 하고, 특히 결집과 동시에 공격을 실시함으로써 취약점을 제공하지 않아야 한다는 것이다. 따라서 스와밍을 성공적으로 수행하기 위해서는 모든 부대들은 은밀성(Elusiveness), 우세한 상황파악(Superior situational awareness), 원격공격능력(Standoff capability)을 구비해야 하고, 스와밍을 통하여 포위(Encirclement)와 동시성(Simultaneity)을 달성할 수 있어야 한다.[55]

스와밍은 분산된 상태에서 짧은 시간 내에 목표를 공격하고 분산한다는 측면에서 네트워크로 연결된 현대 군대의 장점을 극대화할 수 있고 현대전의 요구를 최대한 반영할 수 있는 방식이다. 스와밍은

---

52) John Arquila, David Ronfeldt, *Swarming: The Future of Conflict*, pp. 7-9.
53) Ibid., pp. 21-23.
54) Sean J. A. Edwards, *Swarming on the Battlefield: Past, Present, and Future*, p. 68.
55) Ibid., pp 113-117.

소규모 부대들의 합동작전을 강화시키고, 비정규전 등 다양한 작전형태에서도 유용할 수 있다. 소규모 부대를 중심으로 전쟁을 수행함으로써 예산절감이 가능하고, 군수지원 소요를 감소시키며, 적의 정밀무기에 대한 취약성을 감소시키는 이점이 있다. 그리고 핵무기와 현대의 고도 정밀무기 하에서 생존하기 위해서는 분산해야 하기 때문에 스와밍과 같은 작전형태는 불가피한 선택일 가능성이 크다.

다만, 스와밍을 모든 제대에 보편적으로 적용되는 전쟁수행방식으로 선택하기는 쉽지 않다. 우선, 대규모 적 대형에 대하여 소규모 부대에 의한 스와밍이 결정적이고 신속한 성과를 달성한다는 보장이 없고, 적 전투력의 격멸에는 효과적이라고 하더라도 전쟁 이후의 안정작전에는 그렇지 않을 수 있기 때문이다. 방어의 경우에는 적용하기가 쉽지 않을 뿐만 아니라 유인격멸식으로 적용할 경우 지형의 이점을 포기하는 결과가 되거나 실패할 경우 결정적인 위험에 처할 수 있다. 스와밍을 달성하기 위해서는 소규모 부대가 충분한 살상력, 자체 군수조달력, 신속한 기동력을 갖추어야 하는데, 현실에서 이러한 요소들은 서로 상충되어(살상력을 키우면 기동력이 약화되고 군수지원이 증가되며, 반대로 기동력을 증대시키면 살상력이 감소된다) 구현이 쉽지 않고, 소규모 부대의 살상력 증대는 가능하다지만 군수지원 소요를 결정적으로 감소시키는 것은 어렵다.

제4세대전

제4세대전(The Fourth Generation of War, Warfare)은 미군의 현역 장교들을 중심으로 과거나 현재와는 전혀 다른 형태로 미래전이 수행되어야 한다는 점을 강조하기 위하여 도입된 용어이다. 1989년에 린드(William S. Lind) 육군대령을 비롯한 미 해병 및 육군 장교들이 공동으로 논문을 발표하여 소개된 이 용어는 1648년 Westphalia 조약에 의하여 국가가 군대를 독점적으로 보유하기 시작한 시기를 현대전의 시초로 보면서 그 이후 새로운 기술(technology)과 사고(idea)로 인하여 지금까지 4개의 세대로 전쟁수행 양상이 변화되어 왔다고 주

장하고 있다.56)

이들에 의하면 제1세대전은 활강총 시대의 전쟁으로서 열과 종(line and column)의 대열이 특징이다. 총구에서 장전하는 제2차 발사의 소총화력을 극대화하기 위해서는 대열과 규율을 강조할 수밖에 없었고, 규율을 강조하기 위하여 복장, 경례방식, 계급 등을 통하여 군인의 특수성을 강화하였다.

19세기 중반에 걸쳐 강선총, 총구 후방에서의 장전, 기관총, 철조망 등의 새로운 기술이 등장함으로써 과거와 같은 대열의 질서가 약화되면서 제2세대전이 출현하였다. 제2세대전은 기본적으로는 선형을 유지하지만, 어느 정도의 융통성도 부여하면서 화력과 기동의 결합을 중시하기 시작하였고, 대열의 길이도 연장되었다. 포병에 의한 화력집중이 핵심적인 요소로 등장하여 소모(attrition)가 강조되기 시작하였다. 화력에 의한 소모라는 제2세대전의 핵심개념은 포병 대신에 항공화력으로 대체되었을 뿐 현재까지도 계승되고 있다.

제3세대전은 기술의 발전보다는 사고의 변화에 기인된 점이 큰데, 산업역량이 제한되는 독일이 제1차 세계대전의 교착을 타개하기 위하여 전선에 대한 침투, 우회, 마비를 통하여 기동과 비선형성을 강조함으로써 비롯되었다. 이러한 노력은 제2차 세계대전시 "전격전"(Blitzkrieg)이라는 이름으로 경이적인 전과를 거두게 되었고, 이후부터 세계적인 전쟁수행방식으로 활용되었다. 제3세대전에서는 군대문화도 근본적으로 변화하여 질서정연한 대열이나 지시에 대한 절대적인 복종보다는 부대 및 개인별 주도성과 자율성을 강조하게 되었다.

과거와는 다른 형태가 되어야 한다는 것은 분명하지만, 제4세대전이 어떠한 모습일지는 아직 명확하지 않다. 다만, 미래전은 적국 전체를 대상으로 할 정도로 분산이 확대될 것이고, 중앙에 의한 군수지

---

56) William S. Lind, John F. Schmitt, Joseph W. Sutton, Gary I. Wilson, "The Changing Face of War: Into the Fourth Generation," *Marine Corps Gazette* (October 1989), pp. 22-26. Available: http://www.d-n-i.net/vcs/4th_gen_war_gazette.htm (검색일: 2006. 10. 4). William S. Lind, "Understanding Fourth Generation War," *ANTIWAR.COM* (January 15, 2004). Available: http://antiwar.printthis.clickability.com (검색일: 2006. 10. 4).

원보다는 자체조달이 강화될 것이며, 고도의 기동력을 보유한 소규모 기민한 군사력의 중요성이 증대될 것이고, 적을 외부적으로 파괴하는 것보다는 내부적으로 붕괴시키는 측면이 강조될 것이다. 특히 지능적인 군인과 고도의 무기로 구성된 소규모의 기동성있는 부대들이 국가 전체 차원에서 핵심적인 표적들을 공격하게 될 것이고, 이로써 군대의 조직과 구조도 근본적으로 변화하게 될 것이다.

제4세대전의 개념은 전혀 다른 형태로 미래전이 전개될 것이고, 따라서 전혀 다른 방향으로 대비해야 한다는 점을 강조하는 데는 성공하였으나 군사이론적인 충분성은 구비하지 못한 것으로 평가된다. 논문에서 제시하는 논점을 이론적으로 입증하기 위한 자료나 분석이 부족하고, 구분이 폭이 클 수 있는 세대(generation)라는 말을 사용하였음에도 세대별 전쟁이나 전쟁수행 양상 간의 구분 기준, 논리, 내용이 명확하게 제시되었다고 보기 어렵기 때문이다. 현재의 테러/대테러전쟁이 제4세대전의 좋은 예가 될 수 있다고 설명하고 있는 데서 알 수 있듯이 최근 드러나고 있는 전쟁의 양상을 기준으로 이론을 역구성한 점도 있다. 그들이 논문에서 말하고 있듯이 문제의식은 제기하였으나 정확한 답을 찾은 것으로 보이지는 않고, 그 이후에 이에 대한 후속연구도 활발하게 진행되지 않고 있다.

2. 분산작전에 대한 미군의 동향

미 합참

분산작전의 개념은 정규적인 군사작전에 관한 미군의 핵심적인 개념서라고 할 수 있는 『주요전투작전 합동운용개념서』(MCO JOC: Major Combat Operations Joint Operating Concept)에 포함되어 있다. 2004년에 발간된 이 개념서의 1.0판에서 미군은 "분산된 상태에서 시간적 및 기습적으로 집중하는 방식이다"라는 설명과 함께 고유명사가 아닌 일반명사로 분산작전(distributed operation)이라는 용어를 사용하고, 분산적인 형태로 작전을 수행하되 네트워크를 활용하여 밀접히 연결함으로써 분산에 따르는 취약점을 보완하면서 강점을 극대화해야 한다는 점을 강조하고 있다.[57] 그리고 동일한 개념서에서 미군은 미래 군사작전에서 승리하는 데 필요한 11가지의 원칙을 제시하면서, 그 중의 한 가지로 "분산적으로 결정하고 조치함으로써 압도적인 압력을 창출하라"(Generate relentless pressure by deciding and acting distributively)는 내용을 포함시키고 있다.[58]

2006년 12월에 발간된 『주요전투 합동운용개념서』2.0판에서 미군은 분산작전의 위치를 크게 격상시켰다. 분산작전을 고유명사로 사용하고 있을 뿐만 아니라 <표 부록-2>에서 보듯이 미군이 활용해야할 "작전의 접근방법"(Operating Approach)이라고 명시하였다.[59] 아직 미군이 미래에 수행해야할 작전을 대표하는 용어로 분산작전을 사용하고 있지는 않지만, 상당한 대표성을 가진 개념으로 분산작전을 인식하기 시작하였다고 할 수 있다.

즉 미군은 현대전에서 승리하려면 전장의 모든 폭과 종심에 걸쳐 분산을 유지한 상태에서, 공통의 작전적 구상(operational design)에 바탕을 두고, 모든 영역과 차원에 걸쳐 조정 및 통합된 군사행동을 취함으로써 "동시적으로나 연속적인" 분산작전을 수행할 수 있어야 한다는 것이다.[60] 분산작전은, "전장감시, 이동성, 연결성을 구비한 상태에서, 다수의 방향에서 적의 중심(Center of Gravity)을 직접 공격하고, 우리의 중심을 방호"[61]하는 것이고, 분권화된 의사결정, 민첩한 지휘체제, 적응성높은 지휘관계, 모듈화된 군사력의 패키지, 네트워크로 연결된 전투부대 등을 활용하여 어떤 시점에서도 적에 비해 우세한 전투력으로 교전한다는 개념이다.[62] 특히 "미군은 모든 역량을 집중적으로 적용함으로써 요망효과를 달성하고", "네트중심작전환경을

57) DoD, *Major Combat Operations Joint Operating Concept,* Version 2.0 (September 2004), p. 36.

58) Ibid., pp. 35-36.

59) DoD, *Major Combat Operations Joint Operating Concept*, Version 2.0 (December 2006), p. 11.

60) Ibid., p. 14.

61) Ibid.

62) Ibid., p. 16.

〈표 부록-2〉 미군의 주요전투작전 수행개념 요약

중심개념(Central Idea): 국가 및 다수 국가의 국력요소에 의하여 지원되는 합동군은, 다수의 영역에서 상승적이면서 높은 템포의 조치를 취함으로써, 적의 계획 및 배치의 응집성을 깨뜨리고, 우리의 전략적 목표달성을 군사적으로 방해할 수 없거나 하려고 하지 않도록 한다.	
적 격멸방식(Defeat Mechanism): 통합된 파괴 및 이탈강요를 통하여 적을 분열시킴(disintegration)으로써 - 적의 계획과 배치를 깨뜨리고, - 적의 적응, 회복, 복원을 사전에 방지하며 - 조직적 저항을 위한 적의 의지를 붕괴시킨다	
작전의 접근방식(Operating Approach): 분산작전(Distributed Operations)	
작전적 수준의 목표	**지원 개념**
- 적을 고립 - 작전적 접근성의 획득과 유지 - 적의 전장파악 거부 - 적의 행동자유 거부 - 적의 군사력 지휘통제 능력 와해 - 대량살상무기 및 기타 치명적 능력의 사용을 거부하거나 봉쇄 - 적의 지속능력체계 와해 - 적의 긴요기반구조 및 생산능력을 선별적으로 저하	- 지구적 역량을 조정, 투사, 투입, 지속 - 상호의존적인 합동능력을 투입 - 국가간 및 기관간 조치를 통합 - 정보화된 환경에서 우세를 획득 및 유지 - 분산된 작전을 지휘통제 - 우군조치와 적 반응의 템포 통제 - 속도, 정밀성, 분별성, 치명성을 통하여 조치

출처: DoD, *Major Combat Operations Joint Operating Concept, Version 2.0* (December 2006), p. 11.

활용하여 지속적인 감시와 주도권을 확보 및 유지한다"라고 하여 분산작전이라는 명칭 하에서 효과기반의 접근방식과 네트중심환경을 통합하고자 노력하고 있다.[63]

미 해병대

미 해병대는 미래 전장에서 추구해야 하는 대표적인 작전의 형태로 분산작전을 인식하고, 이를 위한 개념의 발전, 실험,[64] 그리고 구현을 추진하고 있다. 미 해병대는 2005년 4월에 해병대 사령관 명의

63) Ibid., p. 17.

64) 해병대는 2004년 12월에 분산작전에 대한 워게임을 실시한 이래 지금까지 조건을 바꿔가면서 개념의 타당성과 소요도출을 위한 실험을 계속하고 있다. 최초 워게임에 대해서는 Marine Corps Warfighting Laboratory Sea Viking Division, *Sea Viking 2006 Distributed Operations Seminar Wargame #1 Assessment Report* (Quantico: Marine Corps Combat Development Command, 2004).

의 『분산작전의 개념』이라는 책자를 통하여 분산작전의 내용을 설명하고,[65] 이에 대한 공감대를 강화해 나가고 있다.

미 해병대에 의하면, "분산작전은 지원기능이 언제나 제공될 수 있도록 조치한 상태에서 소부대 수준에서의 전투능력을 향상시킴으로써, 분리(separation)된 상태이지만 조정되고 상호의존적인 전술적 조치들을 정확하게 사용하도록 하여 적에 대해 유리한 측면을 창출하게 하는 작전의 접근방법(operating approach)이다. 이 개념의 핵심은, 전장의 정면과 종심에 걸쳐서 분산되어 있고, 공통목표를 지향하는 작전적 구상에 의하여 연계 및 통제되는 부대들이 협조된 조치들을 취하는 능력이다."[66]라고 설명하고 있다. 이러한 내용으로 볼 때 분산작전에 대한 미 해병대의 이러한 시각이 분산작전에 대한 미 합참의 최근 인식을 강화시키는 데 공헌한 것으로 판단된다.

3. 분산작전의 핵심요소

네트중심작전 환경의 구축

현대적 분산작전의 수행을 위한 가장 기본적인 요소는 네트워크를 통한 부대의 연결, 즉 네트중심작전 환경의 구축이다. 부대의 연결을 통하여 모든 정보를 실시간에 공유할 수 있어야 분산에 따른 불리점을 최소화할 수 있고, 그러한 것이 전제되기 때문에 부대들이 분산을 하게 된다. 무기체계들이 전장공간 내 어느 곳에 위치하든 간에 네트워크 상에 존재하기만 하면 필요할 경우 신속하게 공격에 참가할 수 있을 뿐만 아니라 이동과 수송 소요도 대폭 축소시킬 수 있다는 개념이다. 그래서 소규모 군사력으로도 상당히 많은 임무를 동시에 수행할 수 있고, 결과적으로는 전체 군대의 전투력이 증폭되는 결과를 가져오게 된다.

---

65) Commandant of the Marine Corps, *A concept for Distributed Operations* (Washington D.C.: Department of the Navy, 25 Apr. 2005).

66) Ibid., p. Ⅰ.

공간적 분산

정보화시대 전쟁의 수행에 있어서 가장 큰 특징이면서 강점인 사항은 부대를 분산시키되 그 분산에 따른 불리점을 최소화할 수 있다는 것이다. 정보화시대에는 지리적 제약이 줄어들고 정보의 실시간 공유가 보장되어 과거와 같은 집결이나 인접배치의 필요성이 줄어들기 때문이다. 그리고 분산되면 적의 공격으로부터 방호하기에 용이할 뿐만 아니라, 분산된 상태에서 특정한 시간과 장소에 집중하였을 경우 군사력 운용의 효율성과 기습효과가 클 수 있다. 이러한 분산은 지구적 차원에서부터 전술적 차원에 이르기까지 다양한 수준에서 이루어질 수 있다.

분산을 보장하기 위해서는 부대들의 기동력을 향상시키고 균형을 이룰 수 있어야 한다. 네트워크로 연결되어 공간적인 제약이 극소화되어 있다고 하더라도 기본적인 기동력이 구비되어야 이격된 공간을 쉽게 극복할 수 있기 때문이다. 그렇기 때문에 부대, 무기 및 장비의 기동력이 클수록 넓게 분산하고 그렇지 못할수록 목표지역에 근접하게 된다. 따라서 기동력의 크기는 분산의 정도와 직결되고, 결과적으로는 부대의 생존력 증감과도 직결된다. 기동력이 높은 부대는 더욱 안전한 지역으로 분산할 수 있다.

시간적 집중

시간적 집중은 공간적으로 분산된 군사력을 사용하여 요망하는 성과를 달성하는 방법이다. 짧은 시간 내에 필요한 장소에 필요한 요소들만 집중하여 임무를 달성한 다음, 곧바로 분산하여 또 다른 임무수행에 대비하는 사항으로서 분산작전의 핵심적인 부분이라고 할 수 있다.

시간적 집중과 관련하여 지속적으로 강화되고 있는 개념은 동시통합(synchronization)[67]으로서, 모든 군사적 조치들이 사전에 조정된

67) 이의 번역도 '통합', '동시화', '동시통합' 등으로 다양하지만, 'integration'이나 'simultaneity' 등과의 구별을 보장하고 뜻을 분명히 한다는 차원에서 육군에서 사용하고

대로 짧은 시간에 함께 발생함으로써 전체적인 효과를 극대화하게 되고, 단순한 통합에 비해서 시간적인 일치성과 계획의 일관성이 강조된다. 이러한 동시통합은 정보화시대에 진입하여 한 차원 높게 발전하고 있는데, 현대의 모든 부대는 외부의 지시나 요구에 의해서가 아니라 스스로 모든 활동을 최적의 상태로 동시통합할 수 있어야 한다는 차원에서 "자율통시통합(self-synchronization)"이 강조되고 있다.

분권화(Decentralization)

분산작전의 성공적 수행을 위한 기초는 권한의 위임을 통한 분권화이다. 각 부대들이 분산되어 있더라도 네트워크로 연결되어 있기 때문에 지리적 이격 자체가 문제가 되지는 않지만, 상황에 대한 대응의 신속성과 정확성을 보장하기 위해서는 분산된 부대들이 현지에서 발생하는 상황에 관하여 우선적인 책임을 져야 하기 때문이다. 특정한 지역에 상황이 발생할 경우 그 상황에 직접적으로 노출된 부대나 개인이 그 상황 해결의 주체가 되어 상급, 하급, 인접 부대의 모든 노력을 통합할 수 있어야 하고, 이를 위해서는 권한의 위임이 필수적이다.

분권화의 성공을 위해서는 지휘관 및 참모들이 고도의 상황해결 능력을 구비하는 것이 핵심적인 사항이다. 자신의 부대가 언제 특정 상황을 해결하는 주체가 될 지 알 수 없기 때문에, 모든 지휘관과 참모들은 자신이 책임져야할 상황이 발생하였을 경우 최선의 해결방법을 제시하거나 필요한 지원을 요청하고 통합할 수 있는 역량을 구비해야 한다. 그리고 분산된 상태에서 각 부대가 조치하더라도 전체 군대 차원에서 일관성이 보장되도록 모든 간부들은 상급자 및 상급 부대의 의도와 작전수행개념을 정확하게 이해하고, 예상하지 못하는 상황에서도 상급부대와 상급자의 의도에 부합되는 방향으로 상황을 처리할 수 있어야 한다. 그렇기 때문에 분권화를 보장하기 위해서는 간부들에 대한 질 높은 군사교육을 실시하는 것이 가장 중요한 과제가 된다.

있는 '동시통합'이라는 합성어를 선택하였다.

분산작전의 성공적인 수행을 위해서는 수직적이거나 고정적인 전통적 지휘관계(command relations)도 변화될 필요가 있다. 모든 부대들은 자신이 수행할 수 있는 고유 기능을 충분히 구비한 상태로 독립된 지위를 지니고 있다가, 임무 수행을 위하여 지휘를 받거나 다른 부대의 기능을 활용할 필요가 있을 경우에 지휘관계를 형성하고, 그러한 임무가 변화되면 그 관계를 변화시키는 형태를 도입할 필요가 있다. 지휘관계는 노력의 효율적인 통합을 위한 수단일 뿐 더 이상 상하급부대 등으로 질서를 부여하는 수단이 되어서는 곤란하다. 지시-복종의 관계가 고정되어 있는 것이 아니라, 특정한 상황이 발생하면 그 상황의 해결에 최적이라고 판단되는 부대나 개인이 행동 통일의 주체가 되고, 나머지는 그의 지침에 따라 지원하는 역할을 수행하게 된다. 상황과 임무가 변화하면 그러한 관계가 달라지는 것은 물론이다.

4. 결 론

분산작전은 그 용어의 사용 여부와 상관없이 모든 전쟁에 내재된 특성으로서, 고유명사로보다는 일반명사로 사용될 정도로 보편적인 내용이었다. 집중이 포함된 대부분의 승전사례에는 분산의 개념이 내재되어 있고, 분산과 집중은 동전의 양면과 같이 동일한 현상에 대한 다른 표현일 뿐이다. 다만, 정보화시대에 들어서면서 분산작전의 내용이 더욱 충실해졌다고 할 수 있다. 특히 전선이 명확하지 않은 상황에서 분산된 상태로 취약성을 최소화하고 있다가 나타나는 적에 대하여 가장 적합한 부대와 무기 및 장비들이 집중하는 분산작전의 개념은 정규전은 물론이고 테러나 반란 등의 진압에도 효과적으로 활용될 수 있다.

분산작전의 효과적인 구현을 위해서는 기본적으로 모든 부대 및 전투원들은 네트워크를 통하여 연결되어 있어야 하고, 그를 바탕으로 공간적으로 분산함으로써 취약성을 최소화하고 생존성을 보장해야하며, 시간적 집중을 통하여 군사력 운용의 효율성을 극대화하고 기습을 달성할 수 있어야 하지만, 가장 근본적이면서 구현이 쉽지 않은 과제는 권한의 위임이라고 할 수 있다. 이것은 군대문화 전체가 그러한 방향으로 변화되어야 하는 사항으로서, 말하기는 쉬워도 실천하기는 어려운 문제이다. 상급자나 상급부대가 자신의 권한을 과감하게 위임하고자 하는 자세를 가져야 하고, 모든 간부들은 위임된 권한을 효과적으로 행사할 수 있는 의식과 지적 능력을 구비해야 하며, 수평적 지휘관계 및 상호의존성을 바탕으로 자발적으로 협동할 수 있어야 하기 때문이다.

분산작전의 수용을 위하여 한국군이 가장 시급하게 개선해야할 과제는 합동성의 강화이다. 이것이 되지 않은 상태에서의 분산은 의미가 없기 때문이다. 모든 군사력들이 상황해결의 적절성만을 중심으로 노력을 효과적으로 통합하고, 종료되면 또다시 분산되는 방식을 구현하기 위해서는 육군, 공군, 해군 별로 자산이 엄격하게 구분되어서는 곤란하다. 분산된 소규모 부대들 간에 필요에 따라 자연스럽게 합동작전이 보장될 수 있을 정도로 의식, 체제, 교리, 무기체계를 발전시키고 통일시킬 수 있어야 한다. 정부기관 및 다른 국가의 필요한 역량도 효과적으로 통합해야할 현대적인 상황에서 합동작전조차 미흡해서는 곤란하다고 할 것이다.

참고 문헌

1. 국내 문헌

〈단행본〉

국방부. 『국방기획관리기본규정』. 서울: 국방부, 2006.

______. 『국방백서 2004』. 서울: 국방부, 2005.

______. 『국방백서 2006』. 서울: 국방부, 2006.

______. 『국방개혁: '03년 실적 및 '04년 추진계획』. 서울: 국방부, 2004.

______. 『국방정보화 정책서: 국방정보화 비전 2022』. 서울: 국방부, 2006.

______. 『율곡사업의 어제와 오늘 그리고 내일』. 서울: 국방부, 1994.

______. 『참여정부의 국방정책』. 서울: 국방부, 2003.

______. 『한국적 군사혁신의 비전과 방책』. 서울: 국방부, 2003.

국회국방위원회. 『국방개혁 2020(안)에 관한 공청회』. 2006. 4. 18.

김재두 외. 『2025년 미래 대예측』. 서울: 한국국방연구원, 2005.

남주홍. 『통일은 없다』. 서울: 랜덤하우스중앙, 2004.

노정현 외. 『행정개혁론』. 서울: 나남출판사, 1994.

문광건 · 서정해 · 이준호. 『국방업무혁신을 통한 군정예화』. 서울: 한국국방연구원, 2004.

민진 외. 『국방행정』. 서울: 대왕출판사, 2005.

연세대학교 · 국가관리연구원, 국방대학교 안보문제연구소. 『세계적 국방개혁 추세와 한국의 선택』. 제8회 공군력 국제학술회의 발표논문집, 2005. 9. 8.

오석홍. 『행정개혁론』. 제5판, 서울: 박영사, 2006.

원태재. 『영국육군개혁사: 나폴레옹전쟁에서 제1차 세계대전까지』. 서울: 도서출판 한울, 1994.

육군사관학교. 『국가안보론』. 서울: 박영사, 2001.

이성연. 『국방의사결정론』. 영천: 제3사관학교, 2002.

이종인・독고순・김인국. 『군 리더십』. 서울: 한국국방연구원, 1999.

장기덕 외. 『국방경영혁신: 선택과 도전』. 연구보고서 자05-2210, 서울: 한국국방연구원, 2005.

전제국. 『지식정보화시대의 전략환경과 국방비』. 서울: 한국국방연구원, 2005.

전경만 외. 『중장기 안보비전과 한국형 국방전략』. 서울: 한국국방연구원, 2004.

조기형. 『자주국방을 지향한 국방개혁 발전을 위한 제언』. 안보과정 연구논문, 서울: 국방대학교, 2004.

한용섭 편. 『자주냐 동맹이냐』. 서울: 도서출판 오름, 2004.

〈논 문〉

김상범. "국방개혁의 추진에 따른 공중전력 발전과제와 방향." 『국방정책연구』 제72호. 서울: 한국국방연구원, 2006. 여름.

김선명. "공공부문 혁신의 접근방법에 대한 인식론적 비평: 현상학적 접근방법을 중심으로." 『한국행정학보』. 제39권 제4호, 2005년 겨울.

민진. "국방개혁입법 연구: 프랑스 국방개혁을 중심으로." 국방대학교 안보문제연구소. 안보연구시리즈 제6집. 『국방개혁과 국방관리체제의 혁신』, 2005.

백재옥. "국방개혁 2020안 효율성 제고를 위한 과제." 『군사논단』. 통권 제47호, 2006년 가을.

이수형・전재성. "국제안보 패러다임의 변화와 동북아 안보체제." 『국방연구』, 제48권 제2호, 2005. 12.

이규열. "한미동맹체제의 발전방향과 국방개혁의 추진." 『국방정책연구』. 제72호, 2006년 여름.

이철기. "국방개혁과 남북관계의 상관성." 『국방개혁과 21세기 한국의 안보』. 2006 국방안보학술회의, 한국 국제정치학회, 2006.

임길섭. "국방개혁의 비전과 추진방향." 『합참』. 제26호, 2006. 1.

조성환. "미국의 해외주둔군배치(GPR)와 동북아 신군사·안보 질서." 『국제정치연구』. 제8집 2호, 2005.

2. 외국 문헌

〈단행본〉

Bankston, Boyd and Key, Todd. *White Paper on Capabilities Based Planning*. 2006. Available: http://www.mors.org/meeting/cbp_ll/briefs/bankston_key/pdf.

Bennett, Bruce W. *A Brief Analysis of the Republic of Korea's Defense Reform*. Santa Monica, CA: Rand, 2006.

Binnendijk, Hans. *Transforming America's Military*. Washington D.C.: National Defense Univ. Press, 2002.

Blackwell, James A. Jr. and Blechman, Barry M. ed. *Making Defense Reform Work*. Washington D.C.: Brassey's Inc., 1990.

Braybrooke, David and Lindblom, Charles E. *A Strategy of Decision: Policy Evaluation as a Social Process*. N. Y.: Macmilan Publishing Co., 1970.

Buzan, Barry. People, *States and Fear: An Agenda for International Security Studies in the Post-Cold War Era*. 김태현 역. 『세계화시대의 국가안보』. 서울: 나남출판, 1995.

Buzan, Barry and Little, Richard. *International Systems in World History*. New York: Oxford Univ. Press, 2000.

Cohen, William S. Secretary of Defense. *Report of the Quadrennial Defense Review*. May 1997.

Conetta, Carl. *We Can See Clearly Now: The Limits of Foresights in the pre-World War II Revolution in Military Affairs(RMA)*. Project on Defense Alternatives Research Monograph #2, 2 March 2006. Available: http://www.comw.org/fulltext/0603rm12.pdf.

Daft, Richard L. Organization *Theory and Design*. 8th ed. South-Western College

Publishing, 2005. 김광점 외. 역. 『조직이론과 설계』. 서울: 한경사, 2005.

Davis, Paul K. *Analytic Architecture for Capabilities-Based Planning, Mission-System Analysis,* and Transformation. Rand, 2002. Available: http://www.rand.org/pubs/monograph_reports/mr1513/mr1513.PDF.

Deptula, David A. *Effects-Based Operations: Change in the Nature of Warfare.* Virginia: Aerospace Education Foundation, 2001. Available: http//www.aef.org/pub/psbook.pdf.

DoD. *Capstone Concept for Joint Operations.* v 2.0, Aug 2005.

______. *Data Sharing in a Net-Centric DoD.* Directive No. 8320.2, December 2, 2004.

______. *Department of Defense Enterprise Transition Plan: Excerpts from Volume I.* Washington D.C.: DoD, 30 Sep 2005.

______. *Department of Defense Performance and Accountability Report Fy 2006.* Nov 15, 2006..,

______. *DoD Net-Centric Data Strategy.* DoD, May 9, 2003). Available:http://www.dod.mil/nii/org/ cio/Net-Centric-Data-Strategy-2003-05-092.pdf.

______. *Elements of Defense Transformation.* 2004.

______. *Quadrennial Defense Review.* Washington D.C.: DoD, Feb 6. 2006.

______. *Quadrennial Defense Review.* Washington D.C.: DoD, Sep 30. 2001.

______. *Status of the Department of Defense's Business Transformation Efforts.* Annual Report to the Congressional Defense Committee (Washington D.C.: DoD, 15 March 2007).

______. *The National Defense Strategy of the United States of America.* Washington D.C.: DoD, March 2005.

______. *Transformation Planning Guidance.* April 2003.

DoD Office of Force Transformation. *The Implementation of Network-Centric Warfare.* DoD, 2004.

DoD Office of the Assistant Secretary for Public Affairs. *Facing the Future: Meeting the Threats and Challenges of the 21st Century.* Washing D.C.: DoD, Feb. 20, 2005.

Dombrowski, Peter and Gholz, Eugene. *Buying Military Transformation.* New York: Columbia Univ. Press, 2006.

George, Jennifer M. and Jones, Gareth R. *Understanding and Managing Organizational Behavior.* 4rd ed. Upper Saddle River: Prentice-Hall, 2005.

Gray, Colin S. *Recognizing and Understanding Revolutionary Change in Warfare: The Sovereignty of Context.* February 2006. Available: http://www.strategic-studiesinstitute.army/mil/pdffiles/PUB640.pdf.

Hendrickson, David C. *Reforming Defense.* Baltimore: Johns Hopkins Univ. Press, 1988.

HQ USAF. *The U.S. Air Force Transformation Flight Plan 2004.* 2004.

Hundley, Richard O. Past Revolution, *Future Transformation: What Can the History of Revolution in Military Affairs Tell Us about Transforming the U.S. Military.* Santa Monica: Rand, 1999.

Huntington, Samuel P. *Political Order in Changing Societies.* New Haven and London: Yale University Press, 1968.

Knox, MacGregor and Murray, Williamson. *The Dynamics of Military Revolution, 1300-2050.* United Kingdom, Cambridge: Press Syndicate of the University of Cambridge, 2001.

Lamb, Christopher J. *Transforming Defense.* Washington D.C.: National Defense Univ. Press, Sep. 2005.

Lederman, Gordon Nathaniel. *The Goldwater-Nicholas Act of 1986.* 권영근 역. 『합동성 강화: 미 국방개혁의 역사』. 서울: 연경문화사, 2002.

Levin, Norman D. *Do the Ties Still Bind?: The U.S.-RoK Security Relationship After 9/11.* Santa Monica: RAND, 2004.

Lindblom, Charles E. *The Policy-Making Process.* 2nd ed. Englewood Cliffs:

Prentice-Hall, 1980.

Macgregor, Douglas A. *Breaking the Phalanx*. Westport: Praeger Publishers, 1997.

Macgregor, Douglas A. *Transformation Under Fire: Revolutionizing How America Fights.* Westpoint: Prager Publishers, 2003.

Mann, Edward C., III. et al. *Thinking Effects: Effects-Based Methodology for Joint Operation,* CADRE Paper No. 15 (Maxwell Air Force Base: Air University Press, 2002. 10), p. 30.

McIvor, Anthony D. ed. *Rethinking The Principles of War.* Annapolis: Naval Institute Press, 2005.

Mitchell, Derek J. ed. *Strategy and Sentiment: South Korean Views of the United States and the US-RoK Alliance.* CSIS, June 2004.

National Intelligence Council. *Mapping the Global Future.* Dec 2004. Available: http://www.dni.gov/ nic/NIC_globaltrend2020_s1.html.

Office of the Under Secretary of Defense for Acquisition, Technology, and Logistics. *Defense Science Board Summer Study on Transformation: A Progress Assessment Volume I.* Washington D.C. DoD, Feb 2006.

O'Hanlon, Michael E. *Defense Strategy for the Post Saddam Era.* Washington D.C.: Brookings Institution Press, 2005.

O'Rouke, Ronald. *Defense Transformation: Background and Oversight Issues for Congress.* CRS Report for Congress RL32238, Washington D.C.: The Library of Congress, Updated Nov. 17, 2006.

Record, Jeffrey. *Beyond Military Reform: America Defense Dilemmas.* Pergamon-Brassey's International Defense Publishers, 1988.

Reynolds, Kevin. *Defense Transformation: to What, for What?* Carlisle, PA: Army War College, November 2006. Available: http://www.StrategicStudiesInstitute.army.mil.

Smith, Edward A. *Network-Centric Warfare: What's the Point.* Available: http://www.nwc. navy.mil/press/Review/2001/Winter/art4-w01.htm.

The Library of Congress. *Network Centric Warfare: Background and Oversight Issues for Congress.* CRS Report for Congress, June 2, 2004.

Toffler, Alvin and Heidi. *War and Anti-War: Survival At the Dawn of the 21st Century.* 이규행 역. 『전쟁과 반전쟁』. 서울: 한국경제신문사, 1994.

Tucker, David. *Confronting the Unconventional: Innovation and Transformation in Military Affairs.* October 2006. Available: http://StrategicStudiesInstitute.army.mil/

U.S. Air Force. *'05 Air Force Transformation: The Edge.* Washington D.C: DoD, 2005. Available: http://www.af.mil/library/transformation/edge.pdf.

USJCS. *Concept for Future Joint Operations: Expanding Joint Vision 2010.* Washington D.C: DoD, May 1997.

______. *Joint Capabilities Integration and Development System. Chairman of the Joint Chiefs of Staff Instruction 3170.01E.* Washington D.C: DoD, 2005.

______. *Joint Operations Concepts(JOpsC) Development Process. Chairman of the Joint Chiefs of Staff Instruction.* Final Draft, Submitted for CJCS Signature. Washington D.C: DoD. 2005.

______. *Joint Vision 2010.* Washington D.C: DoD, 1996.

______. *Joint Vision 2020.* Washington D.C: DoD, June 2000.

U.S. Marine Corps Headquarters. *The 21st Century Marine Corps: Exploiting Our Edge.* Washington D.C: DoD, 2005. Available: http://hqinetool.hqme.usmc.mil/q&r/concepts/2005/TOC1.HTM.

US National Intelligence Council. *Mapping the Global Future.* 국가정보원 역. 『2020년 미래세계 예측』. 국가정보원, 2005. 2.

U.S. Navy Headquarters. *VISION/PRESENCE/POWER 2004.* 2004. Available: http://www.chinfo. navy.mil/navpalib/policy/vision/vis04/top-v04.html

〈논 문〉

Binnendijk, Hans and Kugler, Richard L. "Revising the Two-Major War Standard." *Strategic Forum.* INSS of National Defense University, April

2001.

Brownlee, Les and Schoomaker, Peter J. "Serving a Nation at War: A Campaign Quality Army with Joint and Expeditionary Capabilities." *Parameters.* Vol. XXXIV, No.2, Summer 2004.

Cebrowski, Arthur K. Director, Force Transformation. "Special Briefing on Force Transformation." Nov 27, 2001. Available: http://www.defenselink.mil/news/Nov2001/t11272001_t1127ceb.html.

Cimbala, Stephen J. "Transformation in Concept and Policy." *Joint Forces Quarterly.* No. 38, July 2005.

Cohen, Eliot. "A Tale of Two Secretaries." *Foreign Affairs.* May/June 2002.

Crowder, Gary L. "Effects Based Operations Briefing." *Pentagon Briefing.* 2003. 3. 19. Available: http://www.defenselink.mil/news/march2003/t03202003-t0319effects.html

Dudney, Robert S. "A Force for the Long Run." *Air Force Magazine,* December 2006.

Fairbanks, Walter P. "Implementing the Transformation Vision." *Joint Forces Quarterly.* 3rd Quarter 2006.

Yong-sup, Han. "Analyzing South Korea's Defense Reform 2020." *The Korea Journal of Defense Analysis.* Vol. XVIII, No. 1, Spring 2006.

Harvey, Franscis J. " A Letter to the Soldiers of the United States Army." January 2005. Available: http:www.army.mil/leaders/leaders/sa/messages/2005Feb21.html.

Hooker, Rochard D. Jr., Macmaster, H. R. and Grey, Dave. "Getting Transformation Right." *Joint Forces Quarterly.* No. 38, July 2005.

Jean Michel Palagos. "프랑스 국방개혁의 경험과 교훈." 『세계적 국방개혁 추세와 한국의 선택』. 제8회 공군력 국제학술회의 발표논문집, 2005. 9. 8.

Kem, Jack D. "Military Transformation: Ends, Ways, and Means." *Air & Space Power Journal.* Fall 2006.

Krauthammer, Charles. "The Unipolar Moment." *Foreign Affairs,* Vol 70, 1990-1991.

______. "The Unipolar Moment Revisited." *The National Interest.* Winter 2002/03.

Krause, M. E. "Transformation During War." *Joint Forces Quarterly.* No. 38, July 2005.

Light, Paul C. "Rumsfeld's Revolution at Defense." in The Brookings Institution. *Policy Brief* #142, July 2005.

Lira, Leonard L. "To Change an Army: Understanding Defense Transformation." *A paper for presentation at the 2004 ISSS/ISAC Annual Conference* (8-30 Oct 2004). Available: http://www. dean.usma.edu/sosh/Research/Lira-To%20change%20an%20Army.pdf.

Mahnken, Thomas G. and FitzSimonds, James R. "Revolutionary Ambivalence: Understanding Officer Attitudes toward Transformation." *International Security.* Vol. 28, No. 2, Fall 2003.

Murray, Williamson and O'leary, Thomas. "Military Transformation and Legacy Force." *Joint Forces Quarterly.* Spring 2002.

O'Hanlon, Michael E. "Rethinking Two War Strategies." *Joint Forces Quarterly.* Spring 2000.

Peters, Ralph. "In Praise of Attrition." *Parameters.* Vol. XXXIV, No.2, Summer 2004.

Pendall, David W. "Effects-Based Operations and the Exercise of Nation Power." *Military Review.* January-February 2004.).

Pudas, Terry J. "Disruptive Challenges and Accelerating Force Transformation." *Joint Forces Quarterly,* 3" quarter 2006.

Reese, Timothy R. "Precision Firepower: Smart bombs, Dumb Strategy." *Military Review.* July-August 2003.

Rumsfeld, Donald H. "DoD Acquisition and Logistics Excellence Week Kickoff-Bureaucracy to Battlefield." September 10, 2001. Available:

http://www. defenselink.mil/speeches/2001/s20010910-secdef.html.

______. "Prepared Testimony to the Senate Armed Services Committee." June 21, 2001. Avaliable: http://www.defenselink.mil/speeches/2001/s20010621-secdef.html.

______. "Transforming the Military." *Foreign Affairs*. May/June 2002.

Snider, Don M. "Jointness, Defense Transformation, and the Need for a New Joint Warfare Profession." *Parameter*. Autumn 2003.

3. 저자의 관련 논문

박휘락. "2006년 QDR보고서와 미군의 변혁." 『군사논단』. 통권 제45호, 2006년 봄.

______. "9.11 테러이후 미국의 대테러 대응방향과 조치." 『국방정책연구』. 제57호, 2002년 가을.

______. "국방개혁의 회고와 국방개혁 2020에 대한 교훈." 『전략논단』. 통권 제50호, 2007. 6.

______. "군사혁신과 우리의 미래전 수행방식." 『국방정책연구』. 제48호, 2000년 봄.

______. "네트워크 중심전의 이해와 추진현황." 『국방정책연구』. 제69호, 2005. 10.

______. "능력기반 국방기획과 한국군의 수용방향." 『국가전략』. 통권 제40호, 2007. 6.

______. "미 군사변혁의 분석과 교훈." 『국제문제연구』. 제6권 1호, 2006년 봄.

______. "미국의 군사력 변혁 추진 방향 소개." 『군사평론』. 제 357호, 2002. 6.

______. "미군의 개념발전체계와 한국군의 과제." 『국방정책연구』. 제73호, 2006년 가을.

______. "부시행정부의 국방정책 발전방향에 대한 분석." 『국방정책연구』. 제54호, 2001년 겨울.

______. "분산작전의 개념과 핵심 요소." 『정치전문대학원 논문집』. 창간호, 2007.

______. "비선형전 수행개념 및 교리의 발전방향." 『합동군사연구』. 2006. 12.

______. "지도자 주도의 국방개혁 모형: 럼스펠드 장관의 변혁." 『군사논단』. 통권 제 49호, 2007. 3.

______. "한미 연합작전 수행을 위한 효과기반작전 이해." 『군사평론』. 제389호, 2007. 10.

______. "합동성 개념의 확대와 과제." 『합동군사연구』. 2007. 12.

색 인

[저자 약력]

박 휘 락

육군사관학교 졸업(34기, 1978)
대대장, 연대장, 주요 정책부서 근무
육군대학, 합동참모대학 수석 졸업
연세대학교 대학원 정치외교학과(석사)
미국 National War College 졸업(석사)
경기대학교 정치전문대학 졸업(정치학 박사)
현, 육군대령
국방대학교 안전보장대학 교수
e-mail: hrpark5502@hanmail.net

— 저 서 —

소련군사전략연구(법문사, 1987)
한국군사전략연구(법문사, 1989)
한국안보전략연구(법문사, 1993)
현대군사연구(법문사, 1998)
전쟁・전략・군사입문(법문사, 2005)

정보화시대 국방개혁의 이론과 실제

2008년 2월 15일 초판인쇄
2008년 2월 20일 초판 1쇄발행

저 자 박 휘 락
발행인 배 효 선
발행처 도서출판 法 文 社
413-756 경기도 파주시 교하읍 문발리 526-3
등 록 1957년 12월 12일/제2-76호(윤)
전 화 (031)955-6500~6 FAX (031)955-6525
E-mail (영업) bms@bobmunsa.co.kr
(편집) edit66@bobmunsa.co.kr
홈페이지 http://www.bobmunsa.co.kr
조 판 (주) 성 지 이 디 피

정가 18,000원 ISBN 978-89-18-00052-7